rororo

Keine Angst! Dies ist kein Fachbuch. Es verlangt keine mathematischen Vorkenntnisse – nur die Bereitschaft des Lesers, die Welt, in der er lebt, als eine zu entziffern, die mit Mathematik durchtränkt ist. Das zwanzigste Jahrhundert war ein goldenes Zeitalter dieser Wissenschaft. Ihre abstrakten Strukturen werden hier anhand der Schilderung von zwanzig mathematischen Persönlichkeiten »begehbar« gemacht. Cantor, Hilbert, Poincaré sind Portalfiguren des Jahrhunderts, aber wie ist es mit Emmy Noether, Paul Dirac oder Zeitgenossen wie Stephen Wolfram?
Zwanzig Gehirne, das sind auch zwanzig Schicksale. Hier ist mit braver Nacherzählung nichts auszurichten. Dietmar Dath spielt souverän mit den unterschiedlichsten Genres, vom klassischen Essay über die Briefform, den Dialog, die Sciencefiction-Geschichte bis hin zur E-Mail-Kommunikation. Und immer geht es um grundlegendes mathematisches Gedankengut. Das ist faszinierend, unterhaltsam und niemals langweilig, weil alle mathematischen Gehirne einem in ihren Geschichten ans Herz wachsen.

Dietmar Dath, geboren 1970, Publizist und Übersetzer aus dem Englischen, schreibt journalistische und literarische Texte über Wissenschaftliches und Unwissenschaftliches. Von 1998 bis 2000 Chefredakteur der Zeitschrift »Spex – das Magazin für Popkultur«, seit 2001 Redakteur im Feuilleton der »Frankfurter Allgemeinen Zeitung«. Mehrere Buchveröffentlichungen, unter anderem die Romane »Die Ehre des Rudels« (Berlin 1996), »Am blinden Ufer« (Berlin 2000), »Schwester Mitternacht« (mit Barbara Kirchner, Berlin 2002) und das Sachbuch »Schöner Rechnen. Die Zukunft der Computer« (Berlin 2002). Sein jüngstes Projekt ist der Entwurf einer Ästhetik des Phantastischen in der Populärkultur: »Sie ist wach« (Informationen bei »Implex« unter www.pfadintegral.de).

Dietmar Dath

Höhenrausch

Die Mathematik des 20. Jahrhunderts in zwanzig Gehirnen

Rowohlt Taschenbuch Verlag

rororo science
Lektorat Ludwig Moos

*Für Cathrin Calvin, die dem Fach Mathe
aus guten Gründen immer mißtraut hat.*

Veröffentlicht im Rowohlt Taschenbuch Verlag,
Reinbek bei Hamburg, März 2005

Fachliche Beratung der Reihe Eva Ruhnau,
Humanwissenschaftliches Zentrum
der Ludwig-Maximilians-Universität, München
Umschlaggestaltung any.way, Barbara Hanke
(Abbildung des Schmetterlings: mauritius images/Studio M)
Druck und Bindung Clausen & Bosse, Leck
Printed in Germany
ISBN 3 499 61946 6

INHALT

Vorbemerkung

Dieses Buch enthält nacherzählte (in den Essays), neu kombinierte (in einigen der Geschichten) und hoffentlich gut erfundene (in den übrigen Geschichten) Muster aus dem Leben großer Mathematikerinnen und Mathematiker des zwanzigsten Jahrhunderts. Vieles, was hier steht, ist nicht wahr: Georg Cantor war nicht, wie in der ersten Geschichte behauptet, zwei Zahlen, Poincaré ist bis jetzt nicht auferstanden, Emmy Noether ist keinem sprechenden Schmetterling begegnet, Gödel spukt nirgends, Dirac hat sich nicht mit Bohemiens gezankt, Turing ist nicht Patenonkel eines geheimen Kunstprojekts, Kolmogorow hatte nichts mit Werwölfen am Hut, John von Neumanns Wiedergeburt ist unbemerkt geblieben, Gregory Chaitin ist kein Künstler, Julia Robinson war nicht medizinisch tätig, Benoît Mandelbrot ging nirgends verloren, Edward Witten ist nicht in Colorado abgestürzt, und von Lena Dieringshofen kann man außerhalb dieses Buches (noch) nirgends etwas lesen.

All diese Spiele mit Leuten, die größtenteils wirklich leben oder gelebt haben, schmiegen sich dem Thema, der Mathematik des zwanzigsten Jahrhunderts, dadurch an, daß sie zu ihrer Erfindung und zum Nachvollzug zwar Phantasie erfordern, aber eine präzise Phantasie; nicht irgendwelche Einfälle, sondern sinnvolle Einfälle.

Das geht auf und soll Lust machen, entlang den hier vorgezeichneten Bahnen ein bißchen tiefer ins Präzise zu gehen, das oft nicht weniger phantastisch ist.

Die Auswahl ist trotz des so verbindlichen und objektiven Themas einigermaßen subjektiv: warum dieser und jene dabei sind, aber nicht Paul Erdös, Roger Penrose, Felix Klein, Saunders Mac Lane oder Stephen Smale, die doch genauso interessant gewesen wären, hat entweder keinen Grund oder sehr viele Gründe. Sagen wir also: Wenn ich das Gefühl hatte, ich hätte zu jemandem eine Geschichte zu erzählen, dann kam die Person samt Geschichte auch ins Buch. Einen Kanon aufstellen zu wollen wäre Größenwahn, auch fehlt mir dafür die allseitig gültige Übersicht, die andererseits für all die vielen Gebiete, die prinzipiell in Frage kämen, wohl sowieso kaum noch jemand für sich reklamieren kann.

Ich danke Daniela Burger, Dr. Barbara Kirchner, Dr. Markus Reiher, Michael Staudt, Dr. Tom Holert, Diedrich Diederichsen, Thomas Brill, Peter Weibel (für die Gelegenheit, Gregory Chaitin kennenzulernen), Jan Werner, Thomas Weber, Oliver Dombrowski, Jörg Sundermeier, Werner Labisch, Elke Schuch, Gadi Taub, Orna Coussin, Gero von Randow, Michael Nauert, Anneliese Ruppel, allen Kolleginnen und Kollegen bei der Zeitung – vor allem Henning Ritter, Hannes Hintermeier, Edo Reents, Andreas Platthaus, Michael Hanfeld, Lorenz Jäger, Tilman Spreckelsen, Felicitas von Lovenberg, Dieter Bartetzko und Carina Villinger –, Marti Noxon, Joss Whedon, außerdem diversen freundlichen, kritischen oder schimpfenden Schreibern von Leserbriefen zu mathematischen Themen, seien diese Korrespondenten nun Universitätsprofessoren oder freischaffende Einstein-Widerleger, und ganz besonders Melina Rauch, die mir 1985 erklärt hat, daß Klammern zwar in der Mathematik, nicht aber in der Prosa die Dinge einfacher machen.

Das Gute an den Texten gab's geschenkt oder im Tausch; die verbleibenden Fehler sind meine.

Frankfurt am Main, März 2003

EINS

Shakespeare hat alles vorausgewußt

Georg Cantor

1845 bis 1918

»Spätere Generationen werden die Mengenlehre als eine Seuche betrachten, von der wir uns erholt haben werden.« Jules Henri Poincaré

Zwei Männer, 1 und 2, sitzen einander an einem schmucklosen Holztisch in fast leerem Zimmer auf hölzernen Stühlen gegenüber. Hinter ihnen steht eine Bücherwand, gut bestückt, man kann die Buchrücken aber nicht lesen. Die elektrische Deckenlampe leuchtet unter einem schlichten dunkelblauen Stoffschirm. Es ist früher Abend oder früher Morgen, im Fensterkreuz erkennt man als Schattenriß einen Baum ohne Blätter, der Himmel darüber ist dämmrig, hinterm Baum stehen womöglich Gebäude, die aber weder von Scheinwerfern erhellt sind noch erleuchtete Fenster haben. 1 läßt während des Gesprächs die Hände im Schoß verschränkt, 2 hat sie auf dem Tisch liegen.

1: Erzählen Sie mir was.

2: Das ist keine sehr genaue Bitte. Ich kann mir alles aussuchen, aus dem Unendlichen, wenn Sie so formulieren.

1: Über Ihren Vater, wenn Sie möchten.

2: Mein Vater ist tot. Was wollen Sie noch wissen?

1: Haben Sie ihn als Gespenst gesehen? Freunde haben mir gesagt, Sie hätten ihn als Gespenst gesehen. Was können Sie mir darüber sagen?

2: Ihre Fragen sind nicht genau. Ich könnte jetzt irgend etwas reden, was mir dabei einfällt, Gespenstergeschichten, die ich gehört habe, oder Persönliches.

1: Wäre das so falsch?

2: Ich wüßte nie, ob Sie zufrieden sind. Ob ich Ihnen gebe, was Sie von mir haben wollen.

1: Ihr Vater war mit Ihren Studien nicht einverstanden, stimmt das? Er wollte, daß Sie näher an dem Ort sind, an dem ...

2: Nicht mein Vater; erst mein Onkel hat mich von Wittenberg zurückrufen lassen, wieder nach Dänemark. Da war mein Vater schon tot.

1: Ihr Vater wollte, daß Sie Ingenieurwissenschaften studieren, nicht reine Mathematik. Ist das richtig?

2: Mein Vater wollte, daß ich ihn räche. Mein Onkel hat ihn umgebracht oder umbringen lassen, genauso wie er später versucht hat, mich umbringen zu lassen. Aber das führt doch alles nirgendwohin. Was soll dieses Geschwätz?

1: Sie können vom Hundertsten ins Tausendste kommen, so wie wir uns jetzt unterhalten, das ist richtig. Aber genau dagegen habe ich nichts. Sie sagen, Sie könnten sich was aussuchen aus dem Unendlichen. Genau das möchte ich von Ihnen haben. Da kennen Sie sich ja aus, nicht wahr? Im Unendlichen? Bei den transfiniten Zahlen? Bei verschiedenen Unendlichkeiten und ...

2: Verschiedene Unendlichkeiten, wenn ich das schon höre! Ich will Ihnen was verraten: Es gibt Leute, die bestreiten, daß es überhaupt etwas Unendliches geben kann, das heißt, ein potentielles Unendliches akzeptieren sie – die Idee zum Beispiel, daß man bei den natürlichen ganzen Zahlen potentiell endlos weiterzählen kann, ist ihnen klar – man kommt da nie an ein Ende. Aber diese Unendlichkeit der ganzen Zahlen ist kein Gedankenspiel, es gibt sie, sonst würde nichts das unendliche Weiterzählen gewährleisten, und deshalb darf man mit tatsächlichen Unendlichkeiten kalkulieren ...

1: Sein oder Nichtsein, das ist hier die Frage.

2: Kommt mir bekannt vor.

1: Es ist eigentlich Ihr Satz, Entschuldigung.

2: Ach, ich lege keinen Wert drauf. Behalten Sie ihn.

1: Aber darauf, daß es nicht nur das potentielle, sondern auch das aktuale Unendliche gibt, darauf legen Sie Wert? Daß man den logischen Satz vom ausgeschlossenen Dritten auf Aussagen über Unendliches anwenden kann – etwas ist entweder mit der Eigenschaft a ausgestattet oder nicht, es gibt kein Drittes –, das ist Ihnen wichtig?

2: War es wohl mal, ja. Lange her. Weit weg. Vor der Geschichte mit meinem Onkel und meiner Mutter, die ihn dann auch noch geheiratet hat.

1: Bevor wir darauf zurückkommen – können Sie versuchen, mir zu erklären, wie das gemeint ist mit den verschiedenen Unendlichkeiten? Man hört immer wieder davon. Sie werden dafür verantwortlich gemacht.

2: Für was ich alles verantwortlich sein soll! Die Toten zum Beispiel: was kann ich für Ophelia, was kann ich für ihren Vater? Ich habe mir das alles nicht ausgesucht.

1: Vielleicht stimmt das. Aber wir waren bei etwas anderem: verschiedene Unendlichkeiten. Ich bestehe darauf.

2: Na gut. Was Sie da verschiedene Unendlichkeiten nennen, das ist die Frage nach der Mächtigkeit unendlicher Mengen. Nach dem ... Umfang – um ein sehr unscharfes geometrisches Bild zu benutzen – dieser Unendlichkeiten.

1: Es gibt also verschiedene Umfänge bei verschiedenen Mengen, trotzdem sind alle diese Mengen unendlich.

2: Richtig. Die Menge der natürlichen Zahlen zum Beispiel, die ist abzählbar unendlich. Man fängt mit Eins an, dann Zwei, Drei ... Aber das Kontinuum aller reellen Zahlen, aller vorstellbaren unendlich teilbaren Pünktchen auf der Linie zwischen Null und Eins, das ist überabzählbar unendlich.

1: Was sind reelle Zahlen?

2: Na ja, alle Zahlen, die überhaupt ... also erstens die Brüche – die rationalen Zahlen: zwei Drittel und so was, ein Viertel ... und dazu dann die irrationalen, Wurzel aus Zwei und so, und ...

1: Irrationale Zahlen sind solche, die nie aufhören, wenn man sie als Dezimal-Kommazahlen schreibt?

2: Nie aufhören, nie periodisch werden, nie ... es geht halt irgendwie weiter, man weiß vorher nicht, wie. Die Frage bei den reellen Zahlen ist nun aber: Wie viele davon gibt es? Unendlich viele, das ist klar. Aber ist das jetzt dieselbe Art von Unendlichkeit wie beim Abzählen von Eins bis zum sprichwörtlichen Dorthinaus oder eine andere?

1: Sie sagen demnach, es sei eine andere?

2: Richtig. Und ich kann es Ihnen sogar demonstrieren, daß das so ist – vorausgesetzt, Sie sind mit mir einig, daß »abzählbar sein« im wesentlichen bedeutet, daß ich jedes Element der Ansammlung, um die es geht, irgendwie »zu fassen kriege«. Daß ich mir's vorknöpfen kann. Einzeln hernehmen.

1: Sie pochen auf den Tisch. Sind Sie aufgeregt?

2: Es ist mir nur wichtig, daß Sie verstehen, worum es geht. Übrigens: Ich finde dieses Zwielicht hier drin nicht geheuer. Und auch die Geräusche lenken mich ab.

1: Ist Ihnen bewußt, daß Sie krank sind?

2: Ich habe mich wenig bewegt, ich esse nicht gut. Zuwenig Vitamine. Warum lachen Sie?

1: Sie sind sehr witzig, manchmal, in Ihrer Lakonie. Kehren wir zu den Zahlen zurück. Ich gebe Ihnen also gerne zu, weil Sie das gewünscht haben, daß man zum Abzählen alle erwischen muß, daß kein Element fehlen darf.

2: So, gut. Dann will ich Ihnen jetzt zeigen, daß es beim Kontinuum, bei den reellen Zahlen, unmöglich ist, sich alle diese Werte einzeln vorzuknöpfen. Da geht es nicht diskret zu, der Abstand zwischen jedem Wert und jedem andern kann immer noch mal halbiert werden. Nehmen wir an, Sie schrieben eine Liste.

1: Eine Liste?

2: Eine Auflistung aller Zahlen zwischen 0 und 1.

1: In welcher Reihenfolge?

2: Die ist völlig egal. Wenn Sie alle natürlichen Zahlen, deren Menge ja unendlich groß ist, wie Sie mir zugegeben haben, auflisten würden, wäre es im Prinzip auch Wurst für die Abzählbarkeit, ob Sie mit 5 oder 457556 oder 18 anfangen. Hauptsache, es sind alle dabei. Also, Sie schreiben diese Liste aller Zahlen zwischen 0 und 1 hin: Die erste Zahl ist meinetwegen 0,34456547, die zweite 0,45575599540404, die dritte 0,98 und so weiter. Alle sind auf dieser Liste, die endlichen, die periodischen, die irrationalen ... alle. Soweit sieht das nicht anders aus als bei den natürlichen, stimmt's?

1: Bis jetzt ja.

2: Aber ich kann Ihnen verraten, wie diese Liste Sie zur Verzweiflung bringen wird – wie Sie nämlich eine Zahl bauen können, die nicht draufsteht, obwohl doch eigentlich alle draufstehen.

1: Mit welcher Methode also?

2: Sehr simpel: Sie ziehen unter diese Liste einen Strich. Dann schreiben Sie unter die vertikale Nullenreihe am Anfang ihrer Diagonalzahlen noch eine Null, dann ein Komma. Danach gehen Sie die Zahlen, die Sie da haben, von oben bis unten diagonal durch – die erste Nachkommastelle der ersten Zahl auf Ihrer Liste ist eine 3, also sei die erste Nachkommastelle der Zahl, die Sie konstruieren wollen, alles, was Sie wollen, nur keine 3. Die zweite Nachkommastelle der zweiten Zahl auf Ihrer Liste ist eine 5, also sei die zweite Stelle Ihrer neu zu konstruierenden Zahl jede beliebige, nur keine 5. Und so fortan.

1: Ich verstehe, worauf das hinausläuft. Die Zahl kann nicht auf der Liste sein – die erste ist sie nicht, weil ihre erste Nachkommastelle von deren erster Nachkommastelle verschieden ist, die zweite ist sie auch nicht, weil ihre zweite Nachkommastelle ... das ist satanisch.

2: Satanisch ist Brudermord oder Weibesraub. Das hier ist bloß vernünftig.

1: Führen Sie eine glückliche Ehe?

2: Meine Frau Vally ist mir eine große Stütze.

1: Wann und wo sind Sie geboren?

2: Sie schreiben mit, sehe ich. Warum haben Sie nicht mitgeschrieben, als ich Ihnen das mit den Zahlen erklärt habe? Hat Sie das nicht interessiert?

1: Beantworten Sie jetzt bitte nur meine Frage.

2: Ich bin geboren am 3. März 1845 in Petersburg.

1: Wissen Sie, daß das nicht in Dänemark liegt?

$$
\begin{array}{llllllll}
n_1 : 0, & S_{11} & S_{12} & S_{13} & S_{14} & S_{15} & S_{16} & \ldots \\
n_2 : 0, & S_{21} & S_{22} & S_{23} & S_{24} & S_{25} & S_{26} & \ldots \\
n_3 : 0, & S_{31} & S_{32} & S_{33} & S_{34} & S_{35} & S_{36} & \ldots \\
n_4 : 0, & S_{41} & S_{42} & S_{43} & S_{44} & S_{45} & S_{46} & \ldots \\
n_5 : 0, & S_{51} & S_{52} & S_{53} & S_{54} & S_{55} & S_{56} & \ldots
\end{array}
$$

$$n_u : 0, \neq S_{11} \neq S_{22} \neq S_{33} \neq S_{44} \neq S_{55} \ \ldots$$

Schematische Darstellung der »Diagonalmethode«, mit der Cantor die Nichtabzählbarkeit des Kontinuums der reellen Zahlen gezeigt hat – n_1 bis n_5 sind die ersten fünf reellen Zahlen der »Gesamtliste« in Dezimalschreibweise, n_u ist die »unmögliche Zahl«, die nicht auf der Liste steht.

2: Ich muß mich verstellen. Mein Onkel trachtet mir nach dem Leben. Die Leute sind nicht, wer sie zu sein scheinen.

1: Auch Sie selbst nicht?

2: St. Petersburg liegt in Rußland, nicht in Dänemark, das ist mir klar. Für wie dumm halten Sie mich?

1: Wie hieß Ihr Vater mit erstem Vornamen?

2: Georg, wie ich.

1: Wie heißen Sie mit erstem Vornamen?

2: Hamlet.

1: Was sind Sie von Beruf?

2: Ordinarius der Mathematik in Halle.

1: Ist Ihnen klar, daß Hamlet eine Figur in einem Theaterstück von William Shakespeare ist?

2: Selbstverständlich. Interessieren Sie sich für die wahre Identität des Verfassers von »Hamlet«?

1: Noch nicht. Warten Sie damit, bitte. Kehren wir einen Augenblick zu den natürlichen Zahlen zurück. Sie haben eine Ordnung in diese Menge gebracht, nehme ich an?

2: Das war nicht besonders aufregend. Man macht sich einfach klar, daß es immer so weitergeht: 0, 1, 2, 3 ... am Ende kommt irgendwann die größte Zahl, ich nenne sie Klein-Omega. Aber das war's natürlich nicht. Denn man braucht zu diesem Klein-Omega nur 1 zu addieren, dann hat man Klein-Omega plus 1. Und dann plus 2. Und irgendwann Klein-Omega plus Klein-Omega, also 2 mal Klein-Omega. Auch da kann man 1 addieren, und 2, und 3 ... und irgendwann hat man 3 mal Klein-Omega, und 4 mal, und irgendwann Klein-Omega zum Quadrat. Und Klein-Omega hoch Klein-Omega. Und für Klein-Omega hoch Klein-Omega und so weiter und so fort habe ich eine neue Zahl eingeführt – Epsilon Null.

1: Was sind das für Zahlen?

2: Das sind ... ich nenne sie Ordinalzahlen. Damit gebe ich Positionen in Listen an, wie etwa in derjenigen, die Sie in meinem Beispiel mit den reellen Zahlen des Kontinuums bilden sollten. Damit hat man die Möglichkeit einer internen Ordnung. Bei wohlgeordneten Mengen wäre dann jedes Element in der Liste größer als sein Vorgängerelement.

1: Gibt es noch andere Zahlensorten in Ihrer Mengenlehre als die Ordinalzahlen?

2: Es gibt die Kardinalzahlen. Die Ordinalzahlen sind, wie ich eben sagte, Abzählzahlen für die Listendurchnumerierung, die Kardinalzahlen dagegen messen die Mächtigkeit. Was ich vorhin Umfang nannte – die Ausdehnung könnte man's auch nennen.

1: Die Kardinalzahlen brauchen Sie, weil es auch Mengen gibt, die man nicht abzählen und daher nicht allein mit Ordinalzahlen ordnen kann. Mengen wie Ihr ... Kontinuum, richtig?

2: Genau.

1: Sind Sie Prinz Hamlet?

2: Was für ein Unsinn! Wer behauptet das?

1: Gegenfrage: Wer hat Ihrer Ansicht nach Shakespeares Stücke geschrieben?

2: Das waren wohl Sie, nehme ich an. Oder jemand, der vorgibt, Sie zu sein.

1: Es gibt mindestens einen großen Unterschied zwischen mir und Shakespeare.

2: Ach, der verschwindet schon, wenn man die Sache lange genug diskutiert.

1: Wie lange?

2: So lange, bis die Wörter jede Bedeutung verlieren. Sehen Sie, jetzt lachen Sie schon wieder.

1: Erzählen Sie mir mehr von Ihren Kardinalzahlen und Mächtigkeiten, bitte. Wie sind Sie auf all das gekommen? Es liegt ja nicht gerade auf der Hand.

2: Die Probleme, mit denen es losgeht, hatten mit Reihen zu tun, mit langen Reihen von mathematischen Ausdrücken, mit den Funktionen aus der Trigonometrie – das sind die Winkelfunktionen der Dreiecke: wie verändern sich Winkel, wenn man andere Winkel im Dreieck verändert, und so fort. Ich habe dann Mengenüberlegungen angestellt, und so kamen bald Unendlichkeitsfragen auf. Wenn eine Reihe immer weitergeht, immer größer wird ... bis zu mir hat man sich höchstens auf Grenzwerte eingelassen, irgend etwas ging »gegen Unendlich« – aber die Leute hatten Scheu, sich zu fragen, was passiert, wenn es da ankommt. Sie hielten das für Wahnsinn. Ich habe mir zu diesem Wahnsinn die passende Methode ausgedacht, das war alles.

1: Fühlen Sie sich verfolgt? Von Kollegen, die nicht Ihrer Meinung sind, solchen, die das aktual Unendliche ablehnen zum Beispiel?

2: Warum darf ich Ihnen eigentlich nie eine persönliche Frage stellen? Sie dagegen stellen alle möglichen Fragen – zur Mathematik, zum Hamlet, zu meiner Ehe und zum Vornamen meines Vaters. Gerecht ist das nicht.

1: Fragen Sie, wenn es Sie beruhigt.

2: Sind Sie verheiratet?

1: Ja.

2: Schon lange?

1: Ich habe im Jahre 1874 geheiratet.

2: Na gut. Das bringt mir wirklich nichts, ich seh's schon. Reden wir wieder über die Kardinalzahlen.

1: Halt, bevor wir das tun – Sie haben meine Frage nicht beantwortet: Fühlen Sie sich verfolgt?

2: Sollte ich das?

1: Ich weiß nicht, was ich Ihnen darauf antworten kann. Ich erinnere mich an einen Brief eines Kollegen, Richard Dedekind, zur Unendlichkeitsfrage. Dedekind glaubte anfangs, diese Fragen seien unwichtig, Spielerei, Ornament ...

2: Den Brief hat er mir geschrieben, ja, aber als ich mit meinen Diagonalsachen anfing, Zuordnung von Elementen einer Menge zu den natürlichen Zahlen, erste Ergebnisse ... er hat schnell eingesehen, wie bedeutsam das war. Woher wissen Sie von Dedekinds Brief?

1: Ich weiß davon, weil ich der Empfänger war.

2: Warum in aller Welt schreibt Dedekind *Ihnen* Briefe?

1: Warum sollte er nicht? Wir kennen uns ... aus Wittenberg, glaube ich. Horatio kannte ihn auch, mein alter Freund ... ein Spaßmacher von hoher Subtilität, der jetzt leider tot ist. Von dem kenne ich auch den Witz, den Sie vorhin gemacht haben. Bei ihm ging er so: Ich habe nur den zweiten Platz belegt, aber der ist so gut wie der erste, wenn man eine Weile drüber nachdenkt, nämlich so lange, bis die Worte keine Bedeutung mehr haben.

2: Sehen Sie? Da haben wir's. Wer glaubt denn jetzt, daß er Hamlet sei? Das tun doch Sie, mein Lieber! Dedekind hat Ihnen nie Briefe geschrieben! Sie sind Psychiater.

1: Ich weiß nicht, welche Reaktion Sie bei mir hervorrufen wollen, indem Sie so tun, als wäre auf einmal ich der Arzt und Sie der Patient. Eins weiß ich: Dieses Rollenspiel behagt mir nicht mehr. Lassen Sie uns aufhören.

2: Sie wollen über etwas anderes reden?

1: Über die Kardinalzahlen.

2: Also gut. Wozu braucht man Kardinalzahlen? Im Gegensatz zu den Ordinalzahlen?

1: Sie messen – wir haben schon davon geredet – den Umfang ... ich sage dazu: die Mächtigkeit von Mengen. Die erste unendliche Kardinalzahl nenne ich nach dem ersten Buchstaben des hebräischen Alphabets Aleph Null. Sie bestimmt die Größe der Menge der natürlichen Zahlen. Danach kommt Aleph Eins: Sie gibt die Größe der Menge aller Untermengen der natürlichen Zahlen an – übrigens von derselben Mächtigkeit wie die Menge aller reellen Zahlen, das nichtabzählbare Kontinuum. Dann Aleph Zwei, sie bestimmt die Größe der Menge aller Untermengen der Menge aller Untermengen der natürlichen Zahlen. Dann Aleph Drei, Vier, Fünf ... Die Vereinigungsmenge der Menge der natürlichen Zahlen mit der Menge aller ihrer Untermengen, mit der Menge aller Untermengen der Menge aller Untermengen usw. nenne ich Aleph Klein-Omega. Bei den immer größeren Kardinalzahlen können Sie sehen, daß die Zahlen, die ihren Rang bestimmten, also Null, Eins und so fort, keine Kardinalzahlen, sondern immer Ordinalzahlen sind. Ist das einleuchtend?

2: So weit ja.

1: Schön, dann hätte jetzt im Gegenzug ich eine Frage: Wer hat den »Hamlet« geschrieben, und »Romeo und Julia«, von wem stammen »Maß für Maß« und »Othello« und »Der Sturm«?

2: Der Verfasser der Werke »Shakespeares« war Francis Bacon, von dem auch der Satz stammt, weder Hand noch Intellekt seien für sich genommen viel wert.

1: Können Sie das ebenfalls beweisen, wie vorhin die Nichtabzählbarkeit des Kontinuums?

2: Natürlich. Es gibt ein Gedicht auf Bacon, geschrieben nach dessen Tod, von einem Dichter namens Thomas Randolph. Darin nennt er ihn »Quirinus«: einen, der den Speer schwingt oder schüttelt – Shakespeare also. Den besten seiner Zeitgenossen war übrigens bekannt, wer er wirklich gewesen ist. Genau wie bei Jakob Böhme und anderen großen Mystikern und Erleuchtern der Menschheit ...

1: Ich erinnere mich. Das weiß ich alles schon, das ist ... Ich habe über diese Frage Vorlesungen gehalten – die Bacon-Shakespeare-Theorie.

2: Sie waren nicht sehr erfolgreich damit, das muß ich Ihnen leider sagen. Ihr störrisches Beharren darauf, die Vorträge auf englisch zu halten, hat Ihnen viel verdorben: Ihre Aussprache ist nicht sehr gut, wissen Sie, und es hilft auch nichts, wenn Sie dann zur Kompensation Ihrer entsprechenden Mängel eine Phantasieaussprache erfinden. Im Gegenteil, es schadet Ihnen, jedenfalls, wenn Leute im Publikum sind, die diese von Ihnen mißhandelte Sprache tatsächlich sprechen.

1: Mein Englisch ist nicht schlechter als mein Deutsch. Man versteht es, wenn man eine Weile zuhört ...

2: ... freilich – so lange, bis die Wörter alle Bedeutung verlieren. Was ich unbedingt wissen möchte, kam aber in Ihren zahlreichen Vorträgen zu Bacon und Shakespeare nie vor, weil Sie die überraschenderweise von mathematischen Fragen gänzlich rein gehalten haben.

1: Und was möchten Sie wissen?

2: Gibt es einen Zwischenschritt, eine Menge mit einer Mächtigkeit größer als die natürlichen Zahlen – die abzählbare Unendlichkeit –, aber kleiner als die nichtabzählbare Unendlichkeit des Kontinuums der reellen Zahlen?

1: Ich würde sagen: Nein.

2: Aber Sie können es nicht beweisen?

1: Nein, das kann ich nicht. Noch nicht. Es ist einstweilen eine Hypothese ... Die Kollegen nennen sie die Kontinuumshypothese.

2: Sie sind sehr bescheiden. Der volle Name lautet doch meines Wissens: Cantors Kontinuumshypothese.

1: Das ist seltsam. Warum benennt man denn eine Hypothese, die von mir stammt, nach Ihnen?

2: Was soll das heißen? Wer sind denn Sie?

1: Prinz Hamlet von Dänemark, Sohn des gleichnamigen Königs Hamlet von Dänemark, der ermordet wurde, zumindest in einem Stück, das ich meinem Onkel habe vorspielen lassen. Der Verfasser des Stückes ist Francis Bacon, aber ob der Mord in Wirklichkeit stattgefunden hat, darüber bin ich mir nicht ganz sicher.

2: Leiden Sie an Beziehungswahn?

1: Wie meinen Sie das?

2: Bringen Sie völlig divergente Dinge in komplizierte Konstellationen mit beliebig vielen Verbindungen – sagen wir, tendenziell unendlich vielen?

1: Wie wär's mit einer Gegenfrage: Litt Spinoza an Beziehungswahn? Er nämlich hat gesagt: Die Ordnung und Verknüpfung der Ideen ist dieselbe wie die Ordnung und Verknüpfung der Dinge. Ist es nicht das, was ich bis ins Unendliche gezeigt habe? Und müssen Sie nicht dadurch, daß ich gezeigt habe, daß es einen begrifflichen Zugang zum Unendlichen gibt, akzeptieren, daß es auch unendliche Dinge gibt?

2: Sie verrennen sich.

1: David Hilbert hat festgestellt, ich hätte den Mathematikern ein Paradies eröffnet, aus dem man sie nie mehr wird vertreiben können.

2: Leopold Kronecker sieht das anders, wie Sie wissen – er hat pointiert festgestellt, allein die ganzen Zahlen habe der liebe Gott gemacht, alles übrige sei Menschenwerk.

1: Das ist Vergangenheit, das haben wir hinter uns. Was wollen Sie? Kronecker verliert den Anschluß. Die Wahrheit ist nicht aufzuhalten.

2: Sie klingen selbstsicher genug – aber sind Sie nicht einfach ein Rechthaber? Und kann sich das leisten, wer nicht wirklich immer recht hat? Wird man, zum Beispiel, die von Ihnen aufgeworfene Frage nach der Identität Shakespeares eindeutig entscheiden, ist auch da ein Triumph unvermeidlich?

1: Ich gebe zu: Diese Dinge sind unsicherer. Die mathematische Wahrheit ... ihr kann sich auf Dauer niemand entgegenstellen. Identitätsprobleme von Menschen dagegen ... man kann Spuren verwischen, Pässe fälschen, Dokumente verbrennen.

2: Identität ist unsicher, schön, daß Sie das einsehen. Also: Wer bin ich?

1: Ich habe keine Ahnung. Sie müßten mir mehr erzählen. Ich brauchte wenigstens ein paar konkretere Hinweise, um diese Frage beantworten zu können.

2: Ich rede nicht gern über mich.

1: Weshalb?

2: Man hat sich gegen mich verschworen, ich mußte mich befreien.

1: Soweit ich übersehe, was Sie mir erzählen, denke ich nicht, daß Verschwörung das richtige Wort ist. Wenn man die Initiative ergreift, um Dinge einzurichten, die aus den Fugen sind – Endliches oder Unendliches –, wird es immer Widerstand geben. Kronecker, oder die Leute, die trotz aller Beweise nicht von der Identität des Verfassers der Shakespeare-Dramen mit dem Autor der »Großen Erneuerung der menschlichen Herrschaft über die Natur« zu überzeugen sind, wollen ja eigentlich nichts Böses. Ordnung schaffen, das provoziert immer Widerrede.

2: Ordnung ... schön wär's. Aber ich glaube nicht mehr dran. Ist nicht die Mengenlehre selber widersprüchlich?

1: Man redet jetzt viel von Antinomien, das stimmt. Nehmen wir die Kardinalzahlen: Sie haben kein Ende, kein Maximum, und wenn man sie alle insgesamt nimmt, inbegrifflich, und ihnen wieder eine Kardinalzahl zuordnen will, dann geht das nicht. Oder denken Sie an Bertrand Russell: Der hat sich bald daran gestört, daß es keine größte Kardinalzahl geben kann, weil er's für natürlich hielt, daß die Menge von einfach allem, was es gibt, die größte sein muß, und kam dann, als er einsah, daß das nicht funktioniert, auf eigene widersprüchliche Formulierungen in der Mengentheorie wie zum Beispiel die »Menge aller Mengen, die sich nicht selbst als Element enthalten«. Sie ist genau dann ein Element ihrer selbst, wenn sie keins ist.

2: Was folgt daraus?

1: Gar nicht so furchtbar viel, möchte ich meinen. Es gibt eben Dinge, die keine Mengen sind. Absolute Unendlichkeiten, jenseits der Kardinal- und Ordinalzahlen. Da ist vielleicht die unmittelbare Schau zuständig: die Gnosis, die Intuition, wie Sie wollen. Es interessiert mich nicht so sehr. Einen unendlich großen Bereich aufgeräumt zu haben reicht mir, und wenn es jenseits davon noch größere oder andere Unendlichkeiten gibt, soll mir das recht sein. Wir wollen uns nicht mit Gott anlegen, wir wollen die Welt verstehen.

2: »Da gehet auf die Wundererkenntnis, aber mit keiner Vollkommentheit« – das hat Jakob Böhme geschrieben.

1: Mag sein. Aber wissen wir, wer Jakob Böhme war?

2: Ich frage mich, ob Ihre Zweifel an bestimmten personalen Identitäten oder Ihre Einfälle zur Mengenlehre die schlimmere Geisteskrankheit sind. Wie Sie die Dinge eingemeinden, in Mengen und Inbegriffen zusammenfassen – das erinnert an eine typische schizophrene Denkstörung, die man Überaufnahme nennt. Da hält sich beispielsweise jemand für den Prinzen Hamlet, weil der Prinz Hamlet in Shakespeares Stück denselben Vornamen hat wie sein Vater und er, also der Patient, ebenfalls denselben Vornamen hat wie sein Vater.

1: Gut, wenn Sie wollen, lassen Sie uns zum Persönlichen zurückkehren. Ich glaube, wir sind einer Lösung nahe: Wie hieß Ihr Vater, was war er von Beruf, wo ist er geboren?

2: Mein Vater hieß Georg Woldemar Cantor, war Kaufmann und ist in Kopenhagen in Dänemark geboren. Sein Leben verlief sehr ordentlich, anders als das meine, das ich durch meine geistigen Leistungen wohl selbst in Unordnung gebracht habe.

1: Sehen Sie, jetzt haben wir einen guten Zugang gefunden, die persönlichen und die fachlichen Fragen, die wir erörtern wollen, zu verknüpfen. Was empfinden Sie, wenn Sie an die Mengenlehre denken? Verstehen Sie mich bitte richtig: Das ist jetzt keine fachliche Frage mehr, sondern eine nach Ihren Gefühlen. Sind Sie stolz darauf?

2: Die Mengenlehre ist ohne Zweifel eine sehr bedeutende Schöpfung eines sehr bedeutenden Mannes. Sie wissen sicher, von wem ich rede.

1: Sie meinen Georg Cantor. Das heißt, Sie machen mir Komplimente.

2: Was denken Sie über Georg Cantor?

1: Er ist einer dieser Menschen, die ... nun ja, kranke, von Kollegen teils rührend geehrte, teils wie Gezeichnete gemiedene Leute, die ein finsteres Tal durchschreiten – manche finden wieder hinaus, mitunter durch dieselbe Geisteskraft, in deren Leistungen sie sich angeblich verstrickt haben, andere sterben in der Nervenklinik oder an sonst einem schrecklichen Ort. Der Topos von »Genie und Wahnsinn«, der den Unterschied zwischen bloß exzentrischem Verhalten außergewöhnlicher Köpfe und bitterster Isolation, wie sie Menschen wie Cantor erleben mußten, allzu behende einebnet, gehört zu den Unantastbarkeiten romantischer Biographien über diese Gestalten. Ein Genie ist Cantor ganz sicher: Seine mengentheoretischen Einsichten, die aus der mehr oder weniger spontanen Eingebung von der Existenz transfiniter Ordinalzahlen folgten und von der Analysis bis zur Topologie reiche Früchte trugen, gehören zu den bedeutendsten Leistungen der Mathematik des späten neunzehnten und frühen zwanzigsten Jahrhunderts. Ob Cantor im klinischen Sinne wahnsinnig, nämlich schizophren, war oder bloß schwer neurotisch, darüber kann man zumindest nach Lage der Krankenakten geteilter Meinung sein.

Wir wissen sowieso sehr wenig über diese Krankheitsbilder. Über- wie Untertreibung liegen da immer nahe, man kann's Überarbeitung nennen oder Wahnsinn, und wie es wirklich ist, wie es sich anfühlt, das sagt am wenigsten die ärztliche Diagnose des »Rezidivs einer zirkulären Manie«, von der die Dokumente sprechen. Daß sich so ein Erschöpfter oder Kranker in nichtmathematische Spekulation hineinsteigert, daß das, was für Cantor Shakespeare und Bacon waren, für andere mit ähnlichen Symptomen der Weltfrieden, Außerirdische oder Politiker sind, daß sie glauben, man beeinflusse sie mit Radiowellen oder magischen Kräften ... Mir wäre unwohl, diese Dinge im selben Atemzug besprochen zu hören wie die wissenschaftlichen Leistungen so eines Mannes. Ich muß an König David denken, und an Hamlet, die sich beide vor Verfolgern in gespielten Irrsinn flüchteten. Wir können nicht sicher sein, was Theater ist und was echte Tragödie.

1: Es wäre noch eine andere Sicht möglich: Die indirekte Berechtigung der Genie-und-Wahnsinns-Formel mag darin liegen, daß es eine Sollbruchstelle gibt in diesen Köpfen zwischen dem, was sie heroisch in Ordnung oder in mehrere Ordnungen bringen, und dem, was diesem ordnenden Zugriff entzogen ist. Das könnte der Punkt sein, wo diese Gestalten in persönlichster Erfahrung mit dem Unklaren, dem Menschlichen, also mit Literatur, Kunst, Politik oder Privatem, haben erleben müssen, wie wenig Klarheit in dem zu finden ist, was Menschen schaffen.

2: Ihr Schlußwort für heute, nehme ich an. Nur eine Frage noch: Was meinen Sie – ist einer von uns beiden Georg Cantor?

1: Kann sein. Ich mag das nicht entscheiden. Höchstens einer jedenfalls. Beide können nicht Cantor sein, da sind wir uns wohl einig.

2: Sind wir. Ich bin müde. Wollen wir uns vertagen?

1: Warum nicht. Ein Anfang ist gemacht.

ZWEI

Der Allerunbequemste

David Hilbert

1862 bis 1943

»Es versteht sich von selbst, daß die Frage, was eine Unterstruktur der Mathematik, die sich selbst wahrnehmen könnte, eigentlich wahrnehmen würde, eine sehr schwierige ist, und daß wir sie im Moment nicht beantworten können. Bis heute können wir nicht eine einzige mathematische Struktur benennen, von der wir annehmen dürfen, daß sie selbsterkennende Unterstrukturen besitzt …«

Max Tegmark

Gute Mathematiker dürfen bei der Wahl der Aufgaben, die zu bewältigen sie sich vornehmen, nicht anspruchslos sein. David Hilbert hat eine Phantomzeichnung des idealen Problems angefertigt: Es muß a) klar und verständlich gefaßt sein – man muß erkennen können, was daran das Problematische ist. Es muß b) schwierig genug sein, aber nicht unlösbar – wie Einstein das von der ganzen Welt und allen ihren Rätseln annahm, als er sagte: »Raffiniert ist der Herrgott, aber boshaft ist er nicht.« Schließlich muß das Problem c) auch noch so bedeutend sein, daß man durch seine Lösung ein neues Stück der Wahrheit über Mathematik und Welt in die Finger bekommt, was man freilich erst weiß, wenn man es geknackt hat.

Wenn Mathematiker ein hinreichend vielversprechendes Problem lösen möchten, versuchen sie zunächst, es in einem bereits zur Verfügung stehenden, aber für ganz andere Probleme geschaffenen

Vokabular klar zu definieren. Die meisten, auch die bedeutendsten Unternehmen mathematischen Fortschritts fangen mit derartigem an. Felix Klein, Zeitgenosse Hilberts und in der Geometrie wichtigster Pionier der Moderne, hat in seinen »Vergleichenden Betrachtungen über neuere geometrische Forschungen« (1872), meist als »Erlanger Programm« abgekürzt, die Notwendigkeit einer solchen Zusammenschau samt Vokabeltraining aus einer spezifisch modernen Verfassung seiner Spezialdisziplin erklärt, nämlich aus dem Reichtum an Forschungsprogrammen und der Reichhaltigkeit ihrer Bestände. Wenn wir neue Prinzipien finden wollen, die elegante und nützliche Verbindungen zwischen Dingen stiften, die wir schon wissen, dann, so schreibt Klein, entwickeln wir am Anfang dieses Unternehmens notwendig »wohl keinen eigentlich neuen Gedanken, sondern umgrenzen nur klar und deutlich, was mehr oder minder von manchen gedacht worden ist«, weil auch ein Gebiet wie die Geometrie, »die doch ihrem Stoffe nach einheitlich ist, bei der raschen Entwicklung, die sie in der letzten Zeit genommen hat, nur zu sehr in einer Reihe von beinahe getrennten Disziplinen zerfallen ist, die sich ziemlich unabhängig voneinander weiterbilden«.

Das neue und zugleich grundsätzliche Problem wird also im alten Begriffskleid mit möglichst geringem Aufwand an Zeichen formuliert, gegen ähnliche Problemfälle abgegrenzt und schließlich als isoliertes, aus diesem Reinigungsprozeß hervorgegangenes »Ding« – eine Art geistiger Körper – betrachtet. Implizit gehen die Mathematiker vertrauensvoll davon aus, daß die Lösung nicht dem Problem äußerlich sein kann, sondern daß die »Einheitlichkeit dem Stoff nach« gewahrt bleibt. Die Lösung ist schon in der Frage versteckt – man muß sie nur richtig anschauen. Etwas rauskriegen heißt nicht über die Dinge urteilen, sondern »in ihnen« sein.

Erkennen bedeutet nach dieser Methode eine Form des Erinnerns: die Selbstbesinnung der Probleme auf ihre Lösung. Warum sollte man so ein Vorgehen auf die Mathematik beschränken? Auch wissenschaftshistorische Probleme – wie etwa die Fragestellung: »Was macht die Größe eines Großen der Mathematik eigentlich aus?« – könnten sich lösen lassen, indem man die in der Fragestellung enthaltenen Vorstellungen von »groß sein« expliziert. Wenn ich ein Großer der Mathematik wäre, was wäre dann groß an mir? Nur ein Psychoanalytiker würde so ein Verfahren als unzulässige Identifikation anschwärzen. Also?

Nehmen wir mal an, Sie wären David Hilbert gewesen.

Sie wurden – erinnern Sie sich bitte – am 23. Januar 1862 in Königsberg geboren.

Ihre Eltern waren der Amtsgerichtsrat Otto Hilbert und Maria Theresia Hilbert, geborene Erdtmann. Ihr Vater war kein jovialer bester Freund seines Sohnes, eher etwas zu geradlinig für dessen kurvige Selbstfindungsbahn. Der mißtrauische Mann hat Ihnen nicht viel mehr ins Leben mitgegeben als einen Strauß nützlicher Sekundärtugenden. Dafür hat Ihre an allem möglichen zwischen Himmel und Erde interessierte Mutter Ihnen früh Neugierlandschaften eröffnet. Ihr Interesse an der Mathematik äußerte sich an den Gymnasien, die Sie besuchten, noch nicht besonders eindrucksvoll. Sie waren möglicherweise der Meinung, daß Sie später noch genug damit zu tun haben würden. Nach dem Abitur 1880 immatrikulierten Sie sich an der Königsberger Universität und fanden in Heinrich Weber, Carl Louis Ferdinand von Lindemann und Adolf Hurwitz vielseitige und anregende Lehrer.

Als junger Mann mit »leicht ausgefranstem Schnauzbart«, wie Ihre Biographin Constance Reid später schreiben wird, zeigten Sie auf Photos früh Haltung – wußten Sie da schon, wie das mit der Größe funktionieren sollte? Fast wirken Sie auf diesen Photos, geben Sie es zu, ein bißchen wie ein blonder junger Lenin: ernst, aber zu klug, um verbissen zu sein, wohlwollend verschlagen, falls es so was gibt. Im Alter gaben Sie dafür dann das jugendlichere Bild eines ausgeruhten und freundlichen Herrn ab, der sich auch mal mit Sommerhut photografieren ließ, mühelos imstande, den Betrachter direkt anzusehen und also gar nichts von jenem leicht geistesabwesenden Ausdruck zur Schau zu tragen, den man »solchen Leuten« zuschreibt.

Als Student schlossen Sie Freundschaft mit dem zwei Jahre älteren, äußerlich gemütlichen, innerlich angespannten Hermann Minkowski (1864–1909), der als Wunderkind die Fachwelt beeindruckte und schon mit seiner ersten großen Arbeit über die Arithmetik quadratischer Formen 1883 den Großen Preis der Mathematischen Wissenschaften der Pariser Akademie gewann. Später sollte Minkowski vor allem dafür berühmt werden, daß er die mathematisch rigorose Formulierung der vierdimensionalen Raumzeit der von Einstein entworfenen Relativitätstheorie zustande brachte. Kollegen belohnten ihn mit dem Begriff Minkowskiraum für das entsprechende Kompositum.

Dieser seelenverwandte Freund und Sie steckten bald die Köpfe zusammen, um die fortgeschrittenste Mathematik der Zeit zu diskutieren, wie sie vor allem in Berlin getrieben wurde und die mit den Namen Ernst Eduard Kummer, Karl Theodor Wilhelm Weierstraß und Leopold Kronecker verbunden war. Besonders die Autorität Kroneckers, der auch vor harten Auseinandersetzungen mit Gegnern und Rivalen wie etwa Georg Cantor, dem Vater der Mengenlehre, nicht zurückschreckte, flößte Ihnen aus der Ferne einigen Respekt ein – wenn auch nicht gerade Zuneigung. Sein auf Anschaulichkeit und Inhaltlichkeit abzielendes Mathematikverständnis teilten Sie nicht lange. Formale Strenge wurde Ihnen bald wichtiger, und Cantor standen Sie für den Rest Ihres Lebens methodisch nahe genug, um der Nachwelt zu erlauben, eine Art Erblinie von ihm zu Ihnen zu ziehen, die man »Formalismus« nennt.

Nach Ihrer Promotion in Königsberg 1885 legten sie Staatsexamina als Mathematik- und Physiklehrer ab. Danach gingen Sie zu Felix Klein (1849–1925) nach Leipzig und besuchten auch Charles Hermite (1822–1901) in Paris. Nach der Habilitation waren Sie bis 1892 Privatdozent in Königsberg – und lebten keineswegs nur für die Wissenschaft. Ein guter Tänzer waren Sie, heißt es, trieben sich auf Ausflügen in der Umgebung der Stadt herum und verbrachten viel Zeit mit Käthe Jerosch, der Tochter eines örtlichen Kaufmanns, die schließlich Ihre Verlobte wurde.

Ihr wissenschaftliches Werk nahm langsam auch Gestalt an: Erste Verdienste erwarben Sie sich auf dem Feld der Invariantentheorie. Deren Voraussetzungen klingen wenig spektakulär, wurzeln aber tief im »einheitlichen Stoff«, auf den Leute wie Sie aus sind: Mathematische Objekte wie Funktionen, Dreiecke und so fort haben einige Eigenschaften, die bei bestimmten an ihnen durchführbaren Transformationen, Manipulationen, Drehungen oder ähnlichem erhalten bleiben und die man deshalb Invarianten nennt. Paul Albert Gordan (1837–1912) – ein Freund Ihres Mentors Felix Klein – galt, als Sie sich dem Thema zuwandten, gerade als unerreichbarer König der Invariantenforschung. Der Mann empfahl sich einem weltgewandten Menschen wie Ihnen eher nicht als Vorbild: Er lief in Erlangen am hellen Tag erratisch durch die Gegend, führte lange Rechnungen im Kopf aus, gestikulierte und brabbelte.

Algebraische Invarianten waren ihm ganz offensichtlich das Kostbarste. Nachdem deren Struktur von innen vermessen worden war, nachdem man ihre Existenz und deren Bedingungen definiert und sichergestellt hatte, ging es nun darum, sie konkret zu finden und zu klassifizieren – daß es welche gibt, war klar, welche das waren, wollte man ermitteln. Die Zoologie der Invarianten befand sich gewissermaßen im Linné-Stadium, also noch nicht in der Darwin-Phase, in der ihr Gewusel nicht bloß systematisiert, sondern übergreifend aus strukturellen wie dynamischen Anfangsgründen erklärt werden würde. Der damit nötig gewordene Darwin der Invarianten aber wurden Sie.

Während in den mathematischen Zeitschriften seitenweise Bandwurmrechnungen, die Invarianten betreffend, veröffentlicht wurden, stümperte man an »Gordans Problem« immer noch halb blind herum – nämlich an der Beantwortung der Frage, wie es denn nun eigentlich mit *allen* denkbaren Invarianten schlechthin aussah und ob es eine strukturelle Basis, ein endliches System bzw. mehrere erzeugende Systeme für sie gab, etwas Explizites, dem sie implizit waren. Gordan selber hatte 1868 zeigen können, daß es eine endliche Menge von Invarianten aller Systeme mit binären Formen gibt – den primitivsten, die diskutierbar waren, hatten sie doch jeweils nur zwei Bestandteile und waren damit gerade mal überhaupt »Systeme« statt nur Einzelobjekte.

Sie selbst besuchten, um an der Quelle Erkundigungen einzuholen, 1888 Gordan in Erlangen, nachdem Sie sich Ihrem Freund Minkowski gegenüber privat als künftiger Fachmann für Invarianten zu erkennen gegeben hatten. Eben war der zweite Band von Gordans »Vorlesungen über die Invariantentheorie« erschienen, und natürlich hat er Sie mündlich mit Darlegungen und Exempeln daraus reich beschenkt. So ausgerüstet fuhren Sie weiter nach Berlin und besuchten andere Kollegen ersten Ranges, darunter den eindrucksvollen Kronecker, der Ihnen zwar, es wurde schon angedeutet, aufgrund einer gewissen Neigung zu Herrschsucht und Schroffheit nicht sonderlich sympathisch war, Sie aber doch auf ein paar Ideen brachte, die sich als sehr fruchtbar erwiesen. So schrieben Sie denn für die »Nachrichten der Wissenschaftlichen Gesellschaft« Göttingens eine kurze Mitteilung – nicht viel umfangreicher als die Sorte Presseerklärung, mit der sich heute Genomforscher die Priorität bei irgendeiner wichtigen Entdeckung sichern. Darin traten Sie mit einem neuen Ansatz zur Lösung des Gordanschen Problems hervor: Das erdenschwer brutale Schrittfür-Schritt-Ausrechnen von Lösungen solle suspendiert werden, ab jetzt, meinten Sie, habe es um etwas anderes zu gehen. Dieses andere war, in den Worten Ihrer Biographin Reid, Ihre überraschende Umformulierung dessen, was man eigentlich suchte, nach folgendem Muster: »Gegeben sei ein unendliches System von Formen, das eine endliche Anzahl von Variablen enthält. Unter welchen Bedingungen gibt es dann eine endliche Untermenge von Formen, in deren Begriffen alle anderen Formen als lineare Kombinationen mit rationalen Funktionen derselben Variablen als Koeffizienten ausgedrückt werden können?« Laien müssen sich diesen Ansatz höchstens vierzigmal durchlesen, um ihn mühelos zu verstehen, vorausgesetzt, ihnen ist dabei klar, was eine Variable (austauschbare Größe), eine lineare Kombination (eine Funktion $f(x) = ax + b$, bei der a und b rationale Zahlen sind), eine rationale Funktion (eine Funktion mit rationalen, als Brüche aus ganzen Zahlen schreibbaren Größen) und ein Koeffizient (ein Multiplikationsfaktor in einem Gleichungssystem) sind.

Sie aber haben diese »Bedingungen«, unter denen es die gesuchte Untermenge und damit strukturelle Basis der Invarianten gibt, nicht nur erfragt, sondern auch benannt, und zwar unter Verwendung einer Anregung, die Ihnen Kronecker gegeben hat. Diese ermöglichte es Ihnen, ein Lemma (eine Art Hilfs- oder Stützsatz) über die Existenz einer finiten Basis eines sogenannten Moduls aufzustellen, der Sie direkt zu einem Beweis des »Basissatzes für Ideale« führte, den die Fachwelt heute nach Ihnen den Hilbertschen nennt. Wieder muß der Laie nur wissen, was ein Modul, ein Vektor und ein Ideal sind, um diesen Ihren Satz würdigen zu können – es hängt alles an den Definitionen selbst, kein Element von außen tritt hinzu.

Der Satz lautet: Zu jedem System algebraischer Formen in n Variablen gibt es ein endliches, volles Invariantensystem.

Die Methode, mit der Sie diesen Satz erarbeitet haben, stellte

Modul: *Das Modul ist ein verallgemeinerter Vektorraum, dessen Objekte kommutativ (vertauschbar) addiert werden können, indem man ihre Koeffizienten (Multiplikationsfaktoren) miteinander multipliziert. Die Koeffizienten des Moduls sind Ringe, nicht Zahlkörper wie beim Vektorraum.*

Vektor: *Ein Vektor ist eine Strecke von einem Punkt zum andern in einem gewählten Koordinatensystem. Er hat einen Betrag in einer gegebenen Grundeinheit (der Vektor mit dieser Länge heißt Einheitsvektor), seine Lage im Vektorraum wird durch ein n-Tupel bezüglich des gewählten Koordinatensystems angegeben: Wenn n = 4, gibt es 4 Koordinaten, entsprechend den 4 Achsen des Systems.*

Vektorraum: *Der Vektorraum ist eine Vektorenmenge, in der man mehrere Vektoren ohne Veränderung des Ergebnisses beim Addieren vertauschen oder beliebig zusammengruppieren kann. Im Vektorraum ist ein Vektor immer dasselbe wie die Summe dieses Vektors und des Nullvektors. Wenn man den Vektor X und den Vektor –X addiert, kommt immer 0 heraus. Außerdem gelten für alle Vektoren mit Beträgen aus dem Bereich der reellen Zahlen bestimmte Regeln für das Rechnen mit diesen Vektoren und sogenannten »Skalaren«, d. h. festen Quantitäten mit je einer Komponente, die sich unter Rotationen des Koordinatensystems nicht ändert:*

1. *Die Multiplikation von Vektoren (X,Y) mit Skalaren (r,s) ist assoziativ:* $r(sX) = (rs)X$.
2. *Skalarsummen sind distributiv:* $(r+s)\,X = rX + sX$.
3. *Skalarmultiplikationen von Vektorsummen sind distributiv:* $r(X+Y) = rX + rY$.
4. *Skalarmultiplikative Identität:* $1X = X$.

klar, daß Sie nach solchen vollen Systemen nicht direkt suchen wollten, sondern daß Sie im Bewußtsein der Tatsache, daß es manchmal sehr schwierig ist, sie zu finden, sich grundsätzlich darauf beschränken wollten, ihre Existenz zu beweisen, ohne ein Verfahren anzugeben, wie man sie im einzelnen konstruieren sollte. Damit hatten Sie, wenn auch vorerst indirekt, Position bezogen in einer sehr weitreichenden, damals längst noch nicht mit voller Wucht ausgebrochenen Auseinandersetzung um die philosophischen Grundlagen der Mathematik: Wozu wollen wir Beweise aufstellen? Kronecker, prominenter Feldherr derjenigen Partei, die für Sie die gegnerische werden sollte, hielt nämlich dafür, daß man die Existenz von etwas nur beweisen könne, indem man es tatsächlich findet.

Was bei dieser Debatte schon damals auf dem Spiel stand, war der Wirklichkeitsgrad des Gegenstandsbereichs der Mathematik. Inwiefern kann man von dem, womit sich Mathematiker befassen, sagen, daß es »das wirklich gibt«? Ein Dreieck hat jeder schon mal gesehen – aber ein Ideal, ein Modul?

Die wichtigsten Schulen, die sich dazu geäußert haben, waren und sind:

1. die Logizisten, zum Beispiel Gottlob Frege (1848–1925) oder Bertrand Russell (1872–1970). Sie haben versucht, die Mathematik so weit wie möglich auf die formale Logik zu reduzieren. Unsere Schul- und Universitätsmathematik wäre, wenn die Logizisten recht hätten, eine Art Auswuchs oder Selbstverkomplizierung einfacher logischer Verknüpfungen beliebiger Objekte mittels »und«, »oder«, »manche« oder »alle«, »ist« oder »ist nicht«.
2. die Formalisten, deren Häuptling Sie selbst wurden. Strenge Formalisten klammern jedes Fragen danach, worauf sich das Folgern beziehe, zugunsten der immanenten Begriffsklärung aus. Die formalistische war und ist in einem engen wissenschaftshistorischen Sinn die modernste Schule, insofern sie in ihrer erkenntnistheoretischen Radikalität mit anderen geistes- und wissenschaftsgeschichtlichen Trends der Moderne gleichauf lag.

3. die Intuitionisten, deren gründlichster Kopf Luitzen Egbertus Jan Brouwer (1881–1966) war. Sie sind der Ansicht, den Satz vom ausgeschlossenen Dritten, wonach es etwas entweder gebe oder nicht, dürfe man nicht auf mathematische Unendlichkeiten anwenden. Überhaupt sind Beweise, die sagen, daß es etwas gibt und daß dieses Etwas eine bestimmte Eigenschaft hat, nach Meinung der Intuitionisten immer dann abzulehnen, wenn sie nicht auch gleich sagen, was das für ein Etwas sei und auf welche konkrete Weise es jene Eigenschaft habe. Die einzigen Beweise, die sie akzeptieren, sind konstruktive wie der oben erwähnte Gordansche zu den Invarianten von 1868.

1893 gingen Sie, ungeachtet allmählich laut werdender intuitionistischer Einwände, auf Ihrem einmal eingeschlagenen Weg sogar noch weiter und fanden eine Methode für die Aufstellung des vollen Invariantensystems von Grundformen in beliebig vielen Variablen.

Die frühen Neunziger des neunzehnten Jahrhunderts waren für Ihre Wissenschaft wie für Sie persönlich eine ereignisreiche Zeit: Die Neugier auf weite Gebiete der Zahlentheorie wuchs, die Beschäftigung mit den Grundlagen der Geometrie setzte neu an; zwischendurch Hochzeit – aus Käthe Jerosch wurde am 12. Oktober 1892 Käthe Hilbert –, 1893 die ordentliche Professur für Mathematik und 1895, auf Betreiben Kleins, der Ruf nach Göttingen – an die Universität jener Stadt also, die seit den Tagen von Gauß (1777–1855) allmählich zum Nabel der mathematischen Welt geworden war. Als man Klein darauf ansprach, er habe es sich sehr bequem gemacht, einen grünen Jungen wie Sie zu holen, den er nach Belieben würde formen können, soll er erwidert haben: »Sie irren, ich habe mir den Allerunbequemsten geholt.« Mit Klein, der wußte, was er an Ihnen hatte, bauten Sie eine kollegiale, freundschaftliche Beziehung auf. In Göttingen etabliert, veröffentlichten Sie 1897 den mit entscheidender Unterstützung Minkowskis ausgearbeiteten »Bericht über die Theorie der algebraischen Zahlkörper«. Solche Zahlkörper, die in der heutigen Lingua franca der Wissenschaften meist »Number Fields« oder »Neighborhood« heißen, erhielten ihren Namen von Richard Dedekind. Was er den rationalen Zahlenkörper nannte, hatte man vorher die rational bekannten Größen genannt. Er selber bezeichnete die Sache eine Weile als rationales Gebiet, bei Kronecker wiederum kam sie als Rationalitätsbereich vor.

Damit gemeint ist eine Menge von Zahlen, in der alle rationalen, in Brüchen notierbaren Operationen der Algebra durchgeführt werden können, abgesehen vom Teilen durch 0. Es gibt unendliche, aber auch finite derartige Mengen, es gibt solche, bei denen die Anzahl der Elemente prim oder eine Primpotenz ist. Wenn r eine algebraische Zahl n-ten Grades ist, das heißt, wenn die Gleichung, in der man r schreiben kann, n Komponenten hat, dann nennt man die Gesamtheit aller Ausdrücke, die nach Wiederholen und Verketten von allerlei Additionen, Subtraktionen, Multiplikationen und Divisionen erzeugt werden können, einen von r generierten Zahlkörper.

Ihr so nüchtern benannter, zusammen mit Minkowski verfaßter »Zahlbericht« zu diesen Körpern formulierte Forschungsprogramme, die lange nach Minkowskis und Ihrem Tod lebendig bleiben sollten. Ein knappes Jahr nachdem der Bericht erschienen war, hielten Sie Ihre Vorlesung »Elemente der Euklidischen Geometrie«. Mit Recht galten Sie als eher ungewöhnlicher Vorleser, der nicht nur gelegentlich mit dem Ausspruch: »Je, ich hätte mich besser vorbereiten sollen!« die Niederlage vor dem Thema des Tages eingestand, sondern auch ganz unprofessorale, nachgerade gymnasiale Methoden an die Universität brachte. So faßten Sie zu Beginn einer Sitzung ganz gern noch einmal zusammen, was beim letzten Mal erörtert worden war – eine Praxis, für die sich Ihre Kollegen meist zu fein, soll heißen: gescheit waren.

Sie dagegen bereiteten Ihre Stoffe stets so zu, daß die Forderung

»Rechnungen dürfen, wenn möglich, nicht übers kleine Einmaleins hinausgehen« beherzigt wurde. Insgesamt sagte man Ihnen ein großes Herz für den gemeinen Studenten und seine Verwirrungszustände nach – zu Hermann Weyl (1885–1955) sagten Sie einmal, als er Sie fragte, wie oft man etwas wiederholen soll, damit Studenten es kapieren: »Fünfmal, Hermann, fünfmal.« Zugleich machten Sie so den Abstand vom durchschnittlichen Studenten zu Weyl klar, dem man's nur doppelt sagen mußte.

1899 erschien zur Feier der Enthüllung eines Gauß-Weber-Denkmals in Göttingen das Buch zu Ihrer Vorlesung: »Grundlagen der Geometrie«. Historisch geht die darin entwickelte Argumentation bis auf Euklid (um 300 v. Chr.) zurück. Dessen Programm der Axiomatisierung der Geometrie wird in Ihrem Buch abgeschlossen, dabei aber auch radikalisiert: Ganz im Sinn des Formalismus geht es Ihnen nicht mehr um den Bezug zu irgendwelchen empirisch-geometrischen Äpfeln oder Birnen, sondern nur noch um Sätze, deren Beweise, die darin sich abzeichnenden Relationen und die diesen zugrunde liegenden Axiome.

Sie haben bewiesen, daß durch Weglassen oder Abwandlung bestimmter euklidischer Axiome alle möglichen Geometrien entstehen können. Die ganze geometrische Begriffswelt wurde für Sie, wenige Jahre nach Felix Kleins zitierten Ausführungen über die Einheit des geometrischen Stoffs, zu einer Welt der Fälle, Sonderfälle und Verallgemeinerungen, die weit über den Gegenstandsbereich konstruktiv auffindbarer Objekte hinauswiesen. Denn auch zwischen Geometrie und Arithmetik, das heißt der Zahlen- und Variablenwelt, suchten Sie neue Abhängigkeiten. Das Rechnen mit Strecken läßt sich vollständig übersetzen ins Rechnen mit Zahlen: Das, erkannten Sie, ist erst die eigentliche Rechtfertigung dessen, was analytische und Meßgeometrie schon lange praktisch voraussetzten.

Man hat sich in der zweiten Hälfte des zwanzigsten Jahrhunderts angewöhnt, »Theorien für alles« am ehesten von der Physik zu erwarten. Je nachdem, wie weit man so ein schwammiges »alles« fassen möchte, ging es aber auch Ihnen um eine derartige Theorie. Ihr Traum war die Vision einer höheren Ordnung: Wäre es nicht schön, einen riesigen mathematischen Baum im begrifflichen Raum zu pflanzen, ihn hernach wachsen und blühen zu sehen – einen Baum, in dessen platonischem Schatten dann die ganze gegenständliche Welt kreucht und fleucht?

In dem Bild, das Sie sich als Gärtner von diesem Himmelsbaum machten, waren seine Wurzeln, die Axiome, nicht länger inhaltlich fixe Urteile, von denen man sagen könnte, sie seien wahr oder falsch, sondern trugen Bedeutung überhaupt nur dank ihrer Beziehungen zu anderen Axiomen. Hat man sich zu dieser Sicht erst einmal aufgeschwungen, braucht man die Existenz von etwas Undefinierbarem nicht mehr zu akzeptieren. Dann gibt es irgendwann auch keine Wahrheit mehr, die nicht aus dem entwickelt werden könnte, was man schon weiß. Wenn überhaupt etwas Wahres gesagt werden kann, ist dem wahren Bekannten schon »die ganze Wahrheit« implizit. Das, was man bislang für eine Voraussetzung nahm, neu zu definieren führt hier stets zu einer neuen Ebene, die nicht selten umfassender ist als die alten Voraussetzungen waren – »Tieferlegung der Fundamente« nannten Sie das 1918. Die meisten Ihrer sonstigen Auffassungen ergeben sich stringent aus dieser Denkweise, seien es Ihre Ansichten über die Widersprüche, die in der entstehenden Mengenlehre auftauchten, sei es die Zahlkörperarbeit oder Ihre Kritik an der »genetischen Methode« bei der Grundlegung der Arithmetik, die von Weierstraß, Cantor, Dedekind, Frege und anderen bevorzugt wurde und von der Frage ausging: »Woher haben wir die Zahlen überhaupt?« Ihr mathematischer Existenzbegriff war also wirklich »rein formal«. Auf die Frage, was es für Mathematiker überhaupt gibt, pflegten Sie zu antworten: Wenn Axiome einander nicht widersprechen, ist das, worüber sie reden, erstens wahr und zweitens existent.

Die von dieser Philosophie geforderte Forschungshaltung wollten Sie in der Fachgemeinschaft möglichst breit durchgesetzt sehen. Unter anderem deshalb ergriffen Sie im Jahre 1900 die Gelegenheit, auf dem internationalen Mathematikerkongreß in Paris den versammelten Kollegen dreiundzwanzig »Hausaufgaben« für das zwanzigste Jahrhundert vorzulegen, die das Feld von den tiefergelegten Fundamenten her aufrollen sollten. Ihr Ziel war nicht, die mathematische Forschung insgesamt zu irgendeinem »Abschluß« zu führen – daß das nicht klappen konnte, sagten Sie in Ihrem Vortrag selbst: »Unermeßlich ist die Fülle von Problemen in der Mathematik, und sobald ein Problem gelöst ist, tauchen an dessen Stelle zahllose neue Probleme auf.«

Die Probleme, die Sie aus dieser Zahllosigkeit herausgriffen und aus denen Sie in der vorgetragenen Fassung eine Auswahl der zehn wichtigsten vorstellten, umfassen so disparate Gebiete wie die Definition euklidischen Volumens, die Transzendenz bestimmter Zahlen, die auch in unseren Tagen immer wieder »kurz vor der Lösung stehende« Frage eines Beweises der Riemannschen Vermutung über die Verteilung der Primzahlen unter den natürlichen Zahlen, die diophantischen Gleichungen, die Topologie von Kurven, Funktionen als Summen von Quadraten und schließlich die Frage, ob man auch die Physik und darin insbesondere so haarige Teildisziplinen wie die Wahrscheinlichkeitsrechnung rein aus Axiomen bauen kann.

Einige dieser Probleme hat man inzwischen gelöst, einige der von Ihnen hoffnungsvoll gestellten Fragen negativ beantwortet, manches schien späteren Generationen zu vage. Insgesamt hat der Vortrag »Mathematische Probleme« der Geschichte des Fachs im zwanzigsten Jahrhundert mit Nachdruck den Hilbertschen Stempel aufgeprägt. Nicht zuletzt Ihr eigenes Wissenschaftlerleben stand nach dem Vortrag im Zeichen der dort formulierten Ziele. Sie wurden je älter, desto grundsätzlicher, wenn auch nicht weltfremder.

Im Gegenteil. Zwischen 1900 und 1920 machten Sie sich in der mathematischen Physik als ordnende Kraft deutlich bemerkbar; die Differential- und Integralrechnung, der Ihr Hauptaugenmerk galt, war und ist seit Newton und Leibniz der für exakte Naturwissenschaftler wichtigste Zweig der Mathematik, weil er die dynamische Veränderung von Systemen in der Zeit beschreiben hilft. Um 1900 erweiterten Sie Erik Ivar Fredholms Theorie der linearen Integralgleichungen zur Theorie linearer Operatoren, also bestimmter Vektorbeschreibungen für Prozesse in einem unendlichdimensionalen, nach Ihnen benannten Raum, dem Hilbertraum.

Sein Begriff hat später die mathematische Struktur der neu aufkommenden Quantenmechanik entscheidend mitbestimmt. Beiträge zur kinetischen Gastheorie, zur Relativität und zu anderen Fragen der Physik gipfelten schließlich 1924 in einem zusammen mit Richard Courant (1888–1972) verfaßten Lehrbuch über Methoden der mathematischen Physik.

1909 starb Ihr Freund Minkowski, dem Sie bald darauf eine zahlentheoretische Arbeit widmeten, welche zeigt, daß man jede natürliche Zahl als Summe einer festen Anzahl n-ter Potenzen anderer natürlicher Zahlen darstellen kann.

Problem	*Lösung*
(1.) Stimmt Cantors Vermutung, daß es zwischen der Mächtigkeit des Kontinuums der reellen Zahlen ℝ und der Mächtigkeit der Menge der positiven ganzen Zahlen ℕ keine weitere Mächtigkeit gibt?	(1.) Kurt Gödel 1939/40: Die Hypothese ist verträglich mit den Axiomen der Mengenlehre. – Paul Cohen 1993/94: Sie ist unabhängig von ihnen.
(2.) Sind die Axiome der Arithmetik widerspruchsfrei?	(2.) Kurt Gödel 1931: Sie sind als System entweder widersprüchlich oder unvollständig.
(3.) Sind zwei Tetraeder mit gleicher Grundfläche und gleicher Höhe volumengleich (»euklidisches Volumen«)?	(3.) Nicht immer. M. Dehm (1902)
(4.) Welche Geometrien lassen sich formulieren, die der euklidischen »nahestehen«, in der eine Gerade die kürzeste Verbindung zwischen zwei Punkten ist?	(4.) Bedingungen für solche Geometrien sind untersucht bei G. Hamel (1901).
(5.) Kann man den Lieschen-Begriff der kontinuierlichen Transformationsgruppe, mit dem man die Geometrie axiomatisiert hat, auch benutzen, ohne vorauszusetzen, daß die Funktionen, die diese Gruppen definieren, differenzierbar sind?	(5.) Ja – jede lokale euklidische Gruppe ist eine Lie-Gruppe. Andrew Gleason (1952), Deane Montgomery und Leo Zippin (1952)
(6.) Kann man die Physik axiomatisieren – besonders die Wahrscheinlichkeitslehre?	(6.) Ja. Andrej Nikolajewitsch Kolmogorow (1930)

(7.)
Kann man beweisen, daß $2^{\sqrt{2}}$ und ähnliche Zahlen »transzendent« sind, d. h. nicht Lösungen eines Polynoms mit ganzzahligen Koeffizienten?

(7.)
Ja. Unabhängig voneinander haben das 1934 A. O. Gelfond und Th. Schneider getan.

(8.)
Primzahlprobleme: Kann man die Riemannsche und die Goldbachsche Vermutung über die Verteilung der Primzahlen beweisen?

(8.)
Bis jetzt nicht.

(9.)
Kann man das Gaußsche quadratische Reziprozitätsgesetz für beliebige Zahlkörper verallgemeinern?

(9.)
Ja. Emil Artin (1923)

(10.)
Gibt es einen Algorithmus, der entscheidet, ob eine diophantische Gleichung lösbar ist?

(10.)
Nein. J. Matjasewitsch (1970) nach Vorarbeiten von M. Davis, H. Putnam und J. Robinson.

(11.)
Kann man die 1900 bekannten Eigenschaften der quadratischen Formen über dem rationalen Zahlkörper auf beliebige algebraische Zahlkörper übertragen?

(11.)
Ja. Über die rationalen Zahlen $\mathbb{Q}$ Helmut Hasse (1923/24). Über die ganzen Zahlen $\mathbb{Z}$ Carl Ludwig Siegel in den 30er Jahren.

(12.)
Kann man Kroneckers Satz, daß jeder Abelsche Zahlkörper im Bereich $\mathbb{Q}$ durch Zusammensetzung aus Körpern von Einheitswurzeln entsteht, auf einen beliebigen algebraischen Rationalitätsbereich ausdehnen?

(12.)
Ja. Das geschieht mit der Klassenkörpertheorie von Teiji Tagaki (1920).

(13.)
Kann man die Funktionen der 3 Koeffizienten a, b, c, welche die 7 Wurzeln
$x^7 + ax^3 + bx^2 + cx + 1 = 0$

(13.)
Ja – obwohl Hilbert glaubte, daß das nicht geht. (A. N. Kolmogorow, 1956; W. Arnold, 1957)

ausdrückt, mittels kontinuierlicher Funktionen von nur 2 Variablen ausdrücken?

(14.)
Sind die Systeme der Invarianten einer beliebigen Untergruppe der projektiven Gruppe endlich?

(14.)
Nein. M. Nagata (1962)

(15.)
Kann man Schuberts Abzählungskalkül der abzählenden Geometrien beweisen?

(15.)
Ja. In den Arbeiten des Noether-Schülers van der Waerden und anderer ist das in den späten 30ern systematisiert worden.

(16.)
Kurventopologie, z. B.: Welches ist die Maximalzahl und Lage der Poincaréschen Grenzzyklen für eine Differentialgleichung

$$\frac{dy}{dx} = \frac{y}{x}$$

wo x, y ganzrationale Funktionen n-ten Grades in x, y sind?

(16.)
Kurventopologie u. ä. sind ein hochaktuelles Gebiet, Teilergebnisse aus den frühen 90ern gibt es von Yuri Jlyashenko und Jean Écalle.

(17.)
Kann man jede ganzrationale Funktion beliebig vieler Variablen mit reellen Koeffizienten, die für keine reellen Werte der Variablen negativ ist, als Quotient von Summen von Formenquadraten darstellen?

(17.)
Nein. Reymond DuBois (1967)

(18.)
Kann man den Raum aus kongruenten Polyedern aufbauen, und wie?

(18.)
1. Die Anzahl der kristallographischen Gruppen in höherdimensionalen Räumen ist endlich (Ludwig Bieberbach, 1910).

2. Der Raum kann mit identischen fundamentalen Regionen gefüllt werden, die nicht kristallographischen Gruppen angehören
(K. Reinhardt, 1928).
3. Dafür, daß es eine ideale Weise gibt, den Raum mit Kugeln zu
füllen, tauchen seit zehn Jahren vielversprechende Beweisansätze auf.

(19.)
Sind die Lösungen regulärer Variationsprobleme stets notwendig analytisch?

(19.)
Ja. Serge Bernstein (1904)

(20.)
Hat jedes reguläre Variationsproblem unter entsprechenden Grenzbedingungen eine Lösung?

(20.)
Ist noch nicht »abgeschlossen«, aber eins der fruchtbarsten Forschungsprogramme, nahe beispielsweise an der Physik.

(21.)
Gibt es ein System linearer Differentialgleichungen zu gegebener Monodromiegruppe?

(21.)
Nein. (D. V. Anosov
und A. A. Bolibruch, 1994)

(22.)
Kann man eine beliebige algebraische Kurve mit geeigneten Funktionen uniformieren (so ausdrücken, daß die Koordinaten jedes Punktes auf der Kurve einwertige Funktionen einer Variablen werden)?

(22.)
Ja. (Poincaré und, unabhängig
von ihm, Paul Kolbe, beide 1907)

(23.)
Kann man die Variationsrechnung mit neuen Techniken verbessern und erweitern?

(23.)
Ja. (Wie die Probleme Nummer 19 und 20 ist dies eher ein Forschungsprogramm als eine Frage, viele sind ihm gefolgt.)

Die Katastrophe des Ersten Weltkriegs brachte nicht nur den Forschungsbetrieb, sondern auch die Hirne einiger darin Beschäftigter durcheinander. Sie aber blieben bemerkenswert resistent und verweigerten deshalb auch die Unterzeichnung einer Proklamation, in der deutsche Akademiker mit chauvinistischem Tremolo die Kriegsschuld Deutschlands bestritten.

In der Nachkriegszeit waren Sie beteiligt an der Entwicklung der Metamathematik beziehungsweise Logistik, die das Grundlegungsproblem der Mathematik durch die Anwendung ihrer Methoden auf sie selbst zu lösen versucht: »Mathematik über Mathematik« zu treiben, Sätze als Objekte zu behandeln, über die man wiederum Sätze formulieren kann, gehört zu den wichtigsten Beschäftigungen, die Sie der Nachwelt hinterließen. Ihre Auseinandersetzung mit dem Intuitionismus Brouwers und Poincarés dauerte unterdessen an und eskalierte gelegentlich unschön. Ihr mit größter Beharrlichkeit weiterverfolgtes Ziel blieb eine allgemeine axiomatische Formenlehre. Noch 1928 bekräftigten Sie auf dem Kongreß von Bologna den Wunsch, die Vollständigkeit der Logik und der allgemeinen Zahlentheorie möge bald bewiesen werden.

Der Österreicher Kurt Gödel brachte diese Wünsche im Jahre 1930 der Erfüllung einen entscheidenden Schritt näher. Ein Jahr später aber enttäuschte er alle Hoffnungen darauf, Vollständigkeit und Widerspruchsfreiheit der betreffenden Axiomensysteme möchten schlüssig bezeugt werden. Die Geschichte war damit, wie dieses Buch noch erzählen wird, allerdings keineswegs zu Ende.

Die der deutschen Mathematik aber, deren Mittelpunkt Sie so lange gewesen waren, erfuhr mit der Machtergreifung der Nationalsozialisten 1933 wie so vieles andere eine Wendung ins Trostlose und Scheußliche. Freunde und Kollegen in Göttingen verloren ihre Ämter und wurden verjagt. Ihr enger Freund Otto Blumenthal floh nach Holland, wurde jedoch von den Nazis gefangen und im KZ Theresienstadt ermordet. Sie selbst waren zu alt zum Auswandern, hielten aber mit Ihrer Meinung über die neue Lage nicht hinterm Berg. Als ein Nazibonze sie auftrumpfend fragte, wie es denn jetzt vor Ort um die Mathematik stehe, da die Juden aus ihr vertrieben seien, antworteten Sie unmißverständlich: »Die jibt es nicht mehr.«

Am 14. Februar 1943, mitten im Krieg, sind Sie gestorben. Damit ist alles gesagt, was sich über die äußere Verlaufskurve Ihrer Biographie festhalten läßt. Eins aber bleibt davon, nach allem, unberührt – die Frage, mit der wir angefangen haben: Wie war das, Hilbert zu sein? Was hätte man, was hat man empfunden? Stolz? Neugier? Unrast? Eine Art Angst, es könnte die geforderten Gewißheiten vielleicht doch nicht geben? Selbstvertrauen, begrenzt durch Einsicht in die Endlichkeit des Erreichbaren? Den Dokumenten ist dazu nichts zu entnehmen.

Was der interpretierbare Gegenstand gedacht hat, der ein Mensch war, weiß die Chronik nie.

Das müssen Sie sich, wenn die Übung geglückt ist, selbst verraten.

DREI

Unterm Glashimmel

Jules Henri Poincaré

1854 bis 1912

Am Rand der Wüste, diesseits des breiten roten Stroms und der hohen dunklen Türme, kam ein Mann zu sich. Er hörte ein Klopfen wie an eine schwere Tür und spürte etwas Kaltes, es mochte Schnee sein, auf dem Rücken. Dann stand er aufrecht, atmete regelmäßig.

Die Sonne glomm stumpfgelborange am Himmel aus Glas. Er sah, fand der erwachte Mann, bedrückend heidnisch aus.

In diesen Himmel kann man wahrlich nicht viel hineinlegen. Er ist vielleicht nicht einmal orientierbar – »... hätte Felix Klein gesagt«, murmelte der Mann kaum hörbar. Dann besann er sich und sprach: »Klein. Komischer Name für einen Topologen: Petit. Ha!«

Nichtorientierbare Flächen, erinnerte sich der Benommene, die man in den dreidimensionalen Raum stellt, haben keinen Rand: Sie sind wie das Möbiusband, dessen einzige Seite unendlich ist. Dieser Gedanke an etwas aus seinem wissenschaftlichen Erfahrungsschatz, an die »Nichtorientierbarkeit«, erlaubte es dem Mann, sich wenigstens in seinem eigenen Kopf zu orientieren. Eben noch war er ein Körper aus lauter Licht gewesen, jetzt hielt er seine Taschenuhr in der Hand, an einer goldenen Kette, und fragte sich, wie das wohl aussah: er, stattlicher Kerl, wohlgenährt, Zwicker auf der Nase, nicht mehr ganz volles, strähnig graues Haar, zurückgekämmt, ums Kinn ein katzenhaft sträubepelziger Bart, mitten in der absurden Wüste unterm Glashimmel, aufrecht im dreiteiligen Anzug. »Was nun weiter?«

Der Mann strich sich den weißen Bart mit der linken Hand, erst den Schnurrbart, dann das Kinngewölle, und starrte auf das Zifferblatt: zwölf Uhr. Mittags oder abends?

»Schauen Sie einfach auf den Plan«, sagte die großgewachsene nackte Frau mit karmesinroter Haut und blauschimmerndem Federkranz um den Hals, die plötzlich neben ihm stand und ihm ein dickes aufgeschlagenes Buch entgegenhielt.

Der Mann reagierte zunächst überhaupt nicht, weil der angemessenen Würdigung der veränderten Situation ein unerwartet klarer Gedanke in die Quere kam: Heute ist nicht der vierundzwanzigste April, sondern irgendein Tag kurz davor. Ich habe gerade noch darüber nachgedacht, ob ich das Fest absagen soll. Am vierundzwanzigsten April habe ich Geburtstag. Ich heiße Jules Henri Poincaré und bin 1854 in Nancy, Frankreich, zur Welt gekommen – »... einer ganz anderen Welt als dieser hier, soviel steht fest.« Als die Frau nichts drauf erwiderte, räusperte er sich und kniff die Augen zusammen, während er sich vorbeugte, um in das Buch zu sehen, das ihm hingehalten wurde.

Alles, was er sah, hörte und erlebte, mußte ein Traum sein, vom kupfernen Geschmack im Mund bis zu dem Rest Schnee, den er zwischen den Schulterblättern schmelzen spürte. An nichts schien ihm das so eindeutig abzulesen wie an dem Buch: Es enthielt Tabellen und Graphen, auch Wörter, aber die Spalten des Plans standen nicht still – die Vertikalen bogen sich nach hinten durch, waren gekrümmt und hatten Tiefe, was bei den zwei Dimensionen einer bedruckten Seite gar nicht sein konnte. Die Worte aber, die zusammen mit einigen scheinbar beliebigen Zahlen Kolumnen füllten, hatte er selbst hineingeschrieben – es war Poincarés eigene Handschrift, in der da »connexe« stand, hier »des objets«, dort »théorème« und darunter »orientation«. Das Ganze tanzte, wogte, starrte den Lesenden an, wie dieser seinerseits den Text. Ein Kolumnentitel, »la juxtaposition«, blinkte und blinzelte sogar kokett.

Das ameisige Verhalten von Schrift und Zeichnung verstörte Poincaré. Er sah mit gerunzelter Stirn von der Doppelseite auf ins Gesicht der alterslosen, schönen Frau. Ihre Augen waren gelb, mit dunkelblauen Katzenmandeln als Iris, die Pupillen so schwarz wie ihre kurzen Haare. »Sie sind orientiert?« fragte die Frau, und Poincaré erwiderte brüsk: »Kann man nicht behaupten. Wer, um nur das Nächstliegende zu fragen, sind Sie?«

»Ich bin Ihre persönliche Rechtfertigungs-Subroutine«, lächelte die Nackte.

Als die Falte zwischen Poincarés Augen sich tiefer in dessen Stirne zog, zuckte sie mit den Schultern: »Ihre Anwältin. Wir gehen vor Gericht, müssen Sie wissen. Ich bin auf Ihre Mithilfe angewiesen, wenn wir Erfolg haben wollen.«

»Ich will bloß wissen, warum dieser sinnlose Traum sich nicht auflöst, wo ich doch längst bemerkt habe, daß ich träume.« Als er sich das sagen hörte, glaubte er es schon selbst nicht mehr. Der Schnee und der Schweiß waren zu naß, der Sand unter seinen Schuhsohlen knirschte zu laut, da er einen kleinen Schritt von der Frau wegging. Der Lichtreflex auf dem Uhrengehäuse blitzte zu scharf, als daß all das geträumt sein konnte.

»Vor Gericht, sagen Sie?« fragte er nach einer Pause vorsichtig.

Die Frau klappte das Buch zu und klemmte es geschäftsmäßig unter den rechten Arm. Dann lächelte sie freundlich und sagte: »Ja. Das heißt – dieser Vergleich mit dem Gerichtssaal kommt dem am nächsten, was wir vorhaben, wenn man ein Bild aus dem Leben sucht, das Sie kennen. Eines glauben Sie mir bitte: Alles hängt bei diesem Verfahren davon ab, daß Sie mir und damit sich selbst helfen.«

Beste Aussichten, dachte Poincaré mürrisch. Vor Ausschüssen auftreten, abgefragt werden: hat mir nie behagt. Wissenschaftliches Arbeiten, das ja – aber schon als Schüler hab ich die Prüfung für die Zulassung zur Lehrerausbildung nicht bestanden, weil ich zu einsilbig war. Am Polytechnikum hat das niemanden gestört – zum Glück, zwei Jahre lang, und dann wurde ich Bergbauingenieur ...

»1877, ich weiß. Da waren Sie allerdings mit dem Herzen, wenn ich so sagen darf, längst Mathematiker, nicht?« fragte die Frau freundlich. Ihr Französisch klang glatt und versiert, ohne persönliche Farbe oder Dialektspur. Poincaré begriff drei Dinge auf einmal: Sie konnte erstens offenbar seine Gedanken lesen, hatte ihn zweitens, während er nachdachte, bei der Hand genommen und führte ihn drittens einen schmalen Weg entlang – milchig hell, deutlich vom restlichen Wüstenboden abgesetzt –, der wer weiß wohin führen mochte.

Vielleicht zum Fluß, dem roten breiten Wasser ein paar hundert Meter entfernt in der Ebene, wo sich zahllose kleine Gestalten tummelten? Zur Stadt mit den Türmen? Eine einzige schwärzlich imposante Luftspiegelung, fast etwas zu hoch, zu steil für eine Stadt, wenn man die mitteleuropäischen Städte des neunzehnten Jahrhunderts als Maßstab nahm, die er kannte.

»Wie meinen Sie das ... mit dem Herzen Mathematiker?« versuchte er sich in etwas Konversation. Die Frau lachte: »Ich habe einfach an Ihre naheliegende Erinnerung angeschlossen, an das, was vor 1879 passierte, als Sie bei Darboux in Mathematik promovierten. Kurz darauf wurden Sie Professor für Analysis in Caen und fühlten sich zweifellos schon dazu berufen, das zu tun, was Sie dann zwei Jahre später zunächst als außerordentlicher Professor in Paris wirklich angefangen haben: über Mechanik, mathematische Physik, Himmelsmechanik lesen. Jedes Jahr lehrten Sie ein anderes Thema, immer größere Kreise umschrieb die Laufbahn ...«

Poincaré schüttelte den Kopf und sagte, sich mit dem Handrükken Schweiß von der Stirn wischend: »Ach nein, ich weiß nicht. Wenn Sie mich zum Weltweisen machen wollen, vergessen Sie, daß ich doch immer Polytechniker geblieben bin. Warum auch nicht?

Soll ich mich dessen schämen? Von 1883 bis 1897 war ich Repetitor am Polytechnikum, ab 1893 außerdem im Amt für Längen tätig, 1910 wurde ich Generalinspekteur für den Bergbau ... nicht ganz der kontemplative Hieronymus im Gehäuse, eh?«

Kaum war das ausgesprochen, weiteten sich die Augen der Frau erschrocken. Sie blickte aber nicht Poincaré an, sondern schaute geradeaus.

Als er den Kopf wandte, um ihrem Blick zu folgen, war es zu spät: sie stolperten. Er faßte ihre Hand fester, aber da waren sie schon mitten hineingeraten in etwas Dichtes, Dürres, Ärgerliches: Hecke, Dorn, Gestrüpp?

Aber das Kratzen, Zerren, Rascheln spürten sie nicht auf der Haut. Das Heikle an diesem Dickicht, merkte Poincaré, fing vielmehr seinen Blick ein und lief in seine Ohren wie kitzlige Flüssigkeit. Sie waren, riet er, in einen Text gestolpert – Sätze dröhnten, während Poincaré sie las, als sie um ihn herflatterten, hitzebewegte Bänder aus dünnstem Stoff. »Man muß anerkennen«, lautete einer, »daß Poincaré hier wie bei all seinen anderen Forschungen wieder einmal den Weg zeigt und die Zeichen markiert, aber noch viel zu tun übrigläßt, wenn man die Lücken ausfüllen und seine Arbeit vervollständigen will. Picard hat ihn oft um Auf- und Erklärungen gebeten über einige sehr wichtige Punkte in seinen Artikeln in den ›Comptes Rendus‹, aber es gelang ihm nie, etwas anderes als die Mitteilung zu erhalten: ›Es ist so, es verhält sich so‹, wodurch es fast scheinen will, als sei Poincaré eine Art Seher, dem die Wahrheiten in hellem Licht erscheinen – aber eben meist nur ihm.«

»Was zum ...?« empörte sich Poincaré und merkte zugleich erschrocken, daß die Frau verschwunden war und seine Hand sich um nichts schloß. Der Ort, an dem sie sich befunden hatten, war zu etwas ganz anderem geworden.

Der gläserne Himmel wich einer Wölbung aus Stahl, keine

Sonne schien mehr. Was da oben hing, war grau und gerade, endlos, euklidisch eben und hing an nichts, über allem. Die Lichtquelle waberte als Hintergrundleuchten, das wie Eis aussah, bläulich schimmernd.

Der Boden schien in zahlreiche Quadrate unterteilt, cartesianisch und nach allen Seiten sehr viel kleiner als Wüste und Him-

Einige Flächen

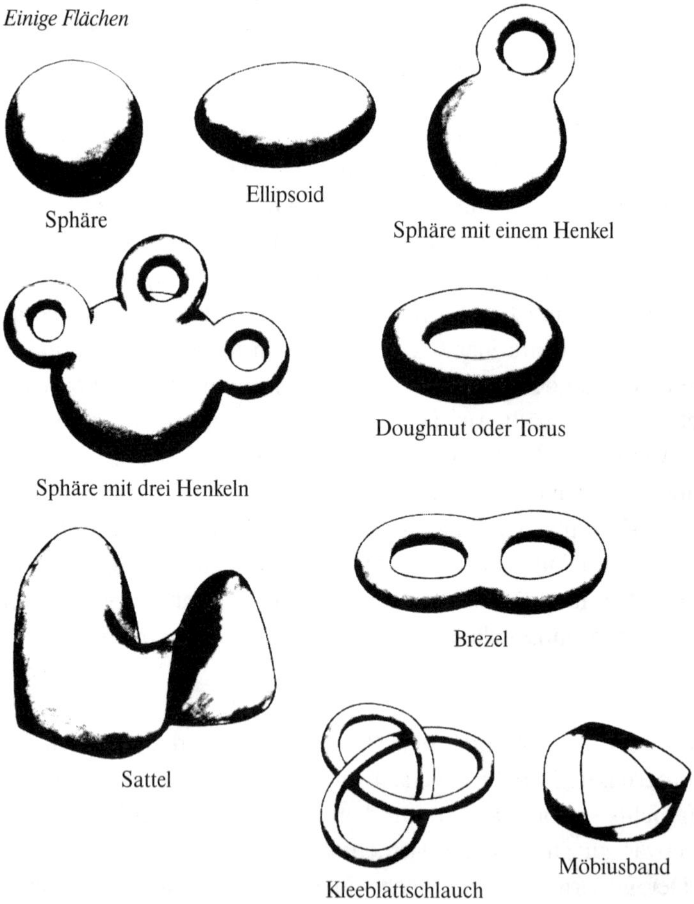

mel, die vorhin dagewesen waren. Höchstens hundert der je zwei Quadratmeter großen Quadrate dehnten sich nach allen Richtungen, dann kam ein scharf gezeichneter Rand, auf dem jener Himmel saß, der zugleich die Funktion von Wänden erfüllte, wahrscheinlich vier, obwohl über den Ecken der Fläche keine erkennbaren Würfelinnenkanten aufragten.

Neben Poincaré, so groß wie er selbst, stand eine weiße Schachfigur, die Dame, aus der eine Stimme ertönte: »Das hat Charles Hermite über Sie geschrieben – Ihnen wohlgesinnt, aber nicht gerade ein Beleg dafür, daß Sie lebenslänglich Polytechniker oder auch nur ein besonders praktischer, zugänglicher Denker gewesen wären, wie Sie behaupten. Das Hermite-Zitat ist übrigens ein Beweisstück der Gegenseite, wenn Sie so wollen.«

»Ich will nichts dergleichen«, sagte Poincaré gereizt.

Dann aber zuckte er zusammen, weil vor ihm eine andere Schachfigur aus dem Boden schoß: ein schwarzer, metallischer Springer. Die Figur bebte ein wenig, summte leise, fing an zu sprechen. Sie redete im Tonfall des Hermite-Briefs, das Drohende war nicht zu überhören: »Für Poincaré sind die Naturgesetze Symbole, Konventionen, die sich der Mensch der ›Bequemlichkeit‹ halber schafft. ›Die einzige wirkliche objektive Realität ist die innere Weltharmonie‹ schreibt er in ›Der Wert der Wissenschaft‹ 1905. Dabei bezeichnet Poincaré als objektiv das, was allgemeingültig ist, was von der Mehrzahl der Menschen oder von allen anerkannt wird – das heißt, er hebt, wie alle Machisten, die objektive Wahrheit rein subjektivistisch auf. Was die ›Harmonie‹ anbelangt, erklärt er auf die Frage, ob diese Harmonie sich *außerhalb von uns* befinde, kategorisch: ›Zweifellos nein‹. Dem Wesen der Sache nach reduziert sich die ›originelle‹ Theorie Poincarés – obwohl er durchaus nicht konsequent ist – auf die Leugnung der objektiven Realität und der objektiven Gesetzmäßigkeit der Natur.«

»Das kenne ich!« rief Poincaré entrüstet. »Das ist von dem Russen, diesem Diktator, Lenin – das heißt, er war noch kein Diktator, als er das geschrieben hat, es ist von ... es muß vom Anfang des zwanzigsten Jahrhunderts sein ...«

»Genauer: neunzehnhundertneun. Der Text stammt aus ›Materialismus und Empiriokritizismus‹, Lenins philosophischem Hauptwerk, später der für seine Gläubigen sehr wichtige Band 14 seiner Werke. Reichlich dünn, das Ganze, vulgärmaterialistischer Holzhammer«, spottete die blaugefiederte Eule auf Poincarés Schulter. Er erkannte die Stimme: Der Vogel war seine Anwältin. Poincaré saß auf einem Zahnrad im Innern eines riesigen Uhrwerks. Der Mathematiker wußte sogleich, ohne erklären zu können, woher, daß er sich jetzt mitsamt der Eule im Innern derselben Taschenuhr befand, die er nach wie vor in der schweißnassen Linken hielt.

Halt: War's nicht vorhin seine rechte Hand gewesen, mit der er die Uhr aus der Weste gezogen hatte? Wer hat mich umgekrempelt? Was für eine Transformation ist das?

»Hohes Gericht!« rief die Eule, sich ein wenig aufplusternd, einem Rudel Fledermäuse zu, die mit schnüffelnden Schnauzen von einem größeren Drehstift überm Zahnrad hingen, auf dem Poincaré saß. »Wir kommen dem Sachverhalt nicht näher, indem wir hier alte philosophische Querelen wiederbeleben, an denen seit dem Introdus in die Maschinen kein Mensch mehr teilnimmt. Es geht hier doch nicht bloß um einen Wissenschaftstheoretiker, genausowenig wie um den Vetter von Raymond Poincaré, neunter Präsident der Republik von 1913 bis 1920. Wir reden über den ›anerkannten Hauptvertreter der französischen Mathematik‹ seiner Zeit – laut Felix Klein, der mit ihm nicht immer einig war. Topologie, Differentialgleichungen, Wahrscheinlichkeitsrechnung, Thermodynamik und Hydromechanik, Elastik, Optik, Elektrizitätslehre und Elektromagnetismus hat er befruchtet, zu den Vorbereitern der Relativitätstheorie gehört er auch: Hendrik Lorentz, der James Clerk Maxwells erste Theorie des Elektromagnetismus erweitert hatte, indem er für bewegte physikalische Systeme die nicht mehr in Newtons Sinn objektive, sondern nur noch lokale ›Ortszeit‹ definierte, wäre ohne Poincarés Zuspruch nicht so weit gegangen. Nur durch Poincarés Anregungen wurde Lorentz Vor- und Zuarbeiter Einsteins. Lorentz wie auch mein Klient glaubten zwar noch, daß es außerhalb der Ortszeit irgendwo, in transzendenter Verbindlichkeit, eine ›wahre Zeit‹ gäbe. Aber als Monsieur Poincaré beim Weltausstellungskongreß in Saint Louis 1904 einen Vortrag über den Stand der Dinge hielt, gab er dem Relativitätsprinzip vermutlich sogar seinen Namen. Und was den angeblichen Agnostizismus meines Klienten angeht, den Lenin geißelt: Hier muß man auf den wissenschaftlichen Kontext sehen. Es ging in der Frage, zu der sich mein Klient damals geäußert hat, nicht um die objektive Realität der Welt, sondern darum, ob es Atome, wie sie der Elektromagnetismus damals postulierte, wirklich gibt oder nicht. Mein Klient wollte neue anschauliche Hypothesen – wie die kleinen Kügelchen von Demokrit, Epikur und Lukrez – nur dann einführen, wenn die Mathematik als korrekte Beschreibung der Versuchsanordnungen sie verlangte und diese Mathematik zugleich mit den neuen anschaulichen Vorstellungen getestet werden konnte. Das ist völlig legitim!«

Poincaré nickte und brummte in seinen Bart: »Na eben. An sich erlaubt doch so ein physikalisches System unendlich viele mathematische Beschreibungen, die mit allen Experimenten übereinstimmen. Die Festlegung muß deshalb andersrum laufen – nicht von den Bildern, sondern von der Stimmigkeit der Mathematik her. Was die Atome angeht, war ich damals einfach nur neutral. Ich wollte, daß sie erst mal notwendig sein sollten, als Annahmen im Rahmen der Theorie, dann hätte man immer noch drüber reden können, ob ihnen was entspricht, draußen in der Welt.«

»Wundern Sie sich nicht darüber«, flüsterte ihm die taghelle Röhre, in der er unversehens schwebte, von allen Seiten mit der Stimme seiner Anwältin zu, »daß Sie sich allmählich nicht mehr darüber wundern, wo Sie hier sind. Sie halten sich ausgezeichnet, erleichtern mir die Arbeit sehr.«

Kaum war das gesagt, lag Poincaré im Schnee, auf dem Rücken, unter dicht sternbesetztem Winterhimmel. Ein schwarzer Diamant hing über ihm, in großer Höhe. Der Diamant mußte riesig sein – die Ebene bebte, als er sprach: »Das wissen wir doch alles längst. Tut nichts zur Sache. Ein großer Wissenschaftler war er, schon gut. Aber liegen seine Leistungen nicht weitab von dem, was persönliches Genie ausmacht? Weit im Abstrakten? Warum soll es ihn wieder geben, hat er irgendwas gefunden, was nicht genausogut ein andrer hätte finden können? Nehmen wir seine Untersuchungen zu gewöhnlichen Differentialgleichungen mit algebraischen Koeffizienten. Da hat er also neue Klassen von Funktionen entdeckt, die automorphen – solche, die bei linearen Transformationen wieder in sich selbst übergehen. Ab 1881 tauscht er sich mit Felix Klein, dessen Lob hier gerade so großartig zitiert worden ist, brieflich drüber aus. Auch Klein sitzt dran, aber er überarbeitet sich. Poincaré jedoch findet das Bildungsgesetz für diese automorphen Funktionen, stellt sie durch seine Poincaréschen Reihen dar und schafft ein Hilfsmittel, mit dem man fortan mehrdeutigen analytischen Funktionen zu Leibe rückt. Das Kurzangebundene des Schülers, das schwer Nachvollziehbare des Erwachsenen: von beidem haben wir gehört – und wenn wir den Fall der automorphen Funktionen nehmen, sehen wir da nicht wieder dasselbe? Klein kämpft mit der Inspiration, dem Entdeckerfieber, aber Poincaré malt einfach das Bild aus, leidenschaftslos, effizient, unpersönlich, indifferent.«

Die finstere Rede hing wie der Riesendiamant, der sie ausgestoßen hatte, eine Weile in der Luft. Das Monster oben am Himmel sah aus wie ein glattkantiger Riesenfisch – Leviathan, dachte Poincaré. Da formten sich im Schnee kleine Eiszapfen, wuchsen heraus wie kalte Pflanzen. Die Spitzen zeigten aufmüpfig nach oben und klirrten leise, als die Stimme der Anwältin hörbar wurde: »So einfach ist das alles nicht. Etwas zu Ende führen einerseits und einen Einfall haben andererseits stehen einander nicht starr und unversöhnlich gegenüber – Strenge und Laxheit auch nicht. Beachten Sie die Transformationsüberlegungen, die er anstellte, nachdem er den Staffelstab von Klein übernahm: Da hat eine zweidimensionale nichteuklidische Geometrie eine zentrale Rolle gespielt, die er relativ streng definiert hat, aber es kam auch eine dreidimensionale nichteuklidische Geometrie drin vor, die er nicht so präzise fassen wollte. Durchführen und Raten gehen in diesem Fach Hand in Hand. Das nach meinem Klienten benannte Modell einer hyperbolischen nichteuklidischen Geometrie hat er gefunden, indem er sich Abbildungen des Einheitskreises angesehen hat – einer Punktmenge im zweidimensionalen Raum, bei der alle Punkte den gleichen, ein festgelegtes Einheitsmaß unterschreitenden Abstand vom Nullpunkt haben –, und zwar Abbildungen, mit denen dieser Einheitskreis in sich selbst abgebildet wird. Da war er wieder ein Vollender dessen, was seit den Sechzigern des neunzehnten Jahrhunderts geahnt wurde. Schon damals hat man vermutet, daß eine hyperbolische Geometrie auf einer bestimmten Sorte Kugel realisiert werden kann. Klein hatte dann 1870 ein ebenes Modell gefunden, als er sich mit projektiver Geometrie beschäftigte, schließlich aber konnte man zusammenfassend zeigen, daß die Widerspruchsfreiheit der hyperbolischen Geometrie, der Geometrie auf Kugelwölbungen, auf die Widerspruchsfreiheit der euklidischen zurückführbar war. So wuchs das Interesse an nichteuklidischen Geometrien sehr, mit den schönsten Ergebnissen, die uns bis heute beschäftigen. Die Räume zum Beispiel, die wir hier bewohnen, in der Rechnersphäre, mußte mein Mandant noch durchdenken, ohne sie betreten zu dürfen, und damit war er eben nicht nur Vollender, sondern Visionär. Wie hätte er wissen können, daß man seine konstruierten Räume wirklich würde betreten können? Was ahnten diese Leute von Simulationen? Sollten wir ihnen nicht dafür dankbar sein, daß sie drangeblieben sind, obwohl es nicht immer eine Verbindung zwischen diesen Überlegungen und der sinnlichen Erfahrungswelt gab?«

Die Luft knisterte. Poincaré fühlte sich bedrängt, atmete leicht und flatternd, dachte an Käfer, die auf dem Rücken liegen.

»Die Räume der modernen Topologie, nach innen gebogen, nach außen, orientierbar oder nicht orientierbar, ineinander überführbar oder nicht ... Sie alle hat er als einer der ersten durchmessen, schon ab 1885, mit seinen Beiträgen zur kombinatorischen Topologie, zur Polyedertheorie und so fort. Seine Definition der Homologie, seine Auseinandersetzung mit Dimensionen von

Topologie: ***Objekte haben Eigenschaften, die gleich bleiben, wenn man diese Objekte beliebig verformt, zum Beispiel dehnt oder zusammenpreßt, aber sonst intakt läßt, also nicht zerreißt oder zusammenklebt. Die mathematische Lehre von diesen Eigenschaften, die ursprünglich »Analysis der Lage« oder Analysis Situs hieß, heißt heute Topologie.***
Homologie: ***Zwei Mannigfaltigkeiten, die auf eine Mannigfaltigkeit abgebildet werden, sind homolog, wenn sie die Grenze einer in derselben Mannigfaltigkeit gelegenen höherdimensionalen Mannigfaltigkeit bilden. Die Poincarésche Homologie wird heute oft »Kobordismus« genannt.***

Mannigfaltigkeiten ... die Poincarésche Vermutung von 1904, daß eine kompakte, einfach zusammenhängende Mannigfaltigkeit topologisch einer Kugel der entsprechenden Dimension gleich ist, wurde erst 1960 für Dimensionen größer als 4 bewiesen, erst 1986 für alle Dimensionen. Ein Visionär also, wiederhole ich, kein bloßer Kanalarbeiter, den Sie aus ihm machen wollen! Wir sollten froh sein, wenn wir ihn wiederhaben können. Er hat sich immer wieder an aussichtslose, nur erst sehr ungenau erschaute Sachen rangetraut – seine Versuche, die Wahrscheinlichkeitstheorie zu axiomatisieren, waren ergebnislos. Erst 1933 hatte Kolmogorow Erfolg – aber war es nicht ein Zeichen von Mut, daß Poincaré es probiert hat? Daneben gehalten, spielt das Vergebliche doch keine Rolle, die gelegentlichen Halbheiten, das Tastende, vorschnelle, philosophisch gemeinte Verallgemeinerungen, selbst Irrtümer ...«

»Irrtümer wie zssssum Beissspiel«, zischte eine große fleckige Schlange, die sich um Poincaré und einen Ast gewickelt hatte, auf dem der Angeklagte inmitten eines stickig-feuchten Urwalds lag, »der Glaube Ihres Klienten, man dürfte jede nichtanalytische, nicht differenzierbare partielle Differentialgleichung durch eine ihr ähnliche analytische ersetzssen, weil doch fast jede Funktion durch analytische Funktionen genähert werden kann?«

»Einspruch! Mein Klient war unter den ersten, die den Irrtum einsahen, als Hadamard 1917 eine partielle Differentialgleichung fand, bei der die Abweichung der Lösung zwischen der echten und der genäherten Version zu groß war. Die Verdienste meines Klienten um die Physik sind über jeden Zweifel erhaben«, sagte Poincarés Baskenmütze.

Er saß verdutzt an einem Kaffeetisch unter einem Weidenbaum, in der Nähe eines kleinen Teichs, auf seinem Stuhl. Auf den anderen Stühlen lagen grotesk in die Höhe gezogene schwarze Zylinderhüte, welche aus albernen Mundschlitzen quäkend im Chor sangen: »Wie paßt die Behauptung, Ihr Klient sei ein Freund der Erforschung möglicher und wirklicher Welten – unserer wie der seiner Zeitgenossen – und kein blutleerer, verstiegener Philosoph, mit seinen Äußerungen auf dem ersten Mathematikerweltkongreß 1897 in Zürich zusammen? Da hat er, geben Sie es zu, im Vortrag die Frage, wozu wir die Mathematik überhaupt brauchen, dreifaltig beantwortet: Erstens zum Verständnis der Natur, zweitens als Hilfe für Philosophen, sich Präzises unter Zahl, Raum und Zeit vorzustellen, und schließlich aus Gründen der Ästhetik. Und wo also kommt hier die Erforschung und Erschaffung von Welten vor? Was ist das für ein altbackenes, schöngeistiges Geschwafel?«

Leuchtpunkte einer riesigen Stadt, die von Horizont zu Horizont reichte, gelbe und weiße Lichter, die das Sternenlicht verschluckten, wimmelten unter Poincaré und den beiden Gestalten, die bei ihm waren. Auf dem Dach eines schwindelerregend hohen Gebäudes saß er zwischen zwei Frauen in langen weißen Kleidern. Die beiden waren barfuß und hatten langes glattes Haar, blau das der einen, schwarz das der andern. Sie trugen silberne Masken ohne Sehschlitze, ohne Mund- oder Nasenöffnungen. Dennoch hatten sie Stimmen.

»Hören wir auf, über meinen Klienten zu reden, als hätte er sich nie selbst zu seiner Verteidigung geäußert. Hören Sie das hier aus einer wissenschaftstheoretischen Monographie, die er zu einem Zeitpunkt schrieb, da die ganze wissenschaftliche Welt zugegeben hätte, daß nur Hilbert ihm unter den Zeitgenossen ebenbürtig war: ›Man muß ja nur die Augen öffnen, um zu sehen, daß die Errungenschaften der Industrie, welche so viele praktisch gesinnte Menschen bereichert haben, niemals möglich gewesen wären, wenn diese praktischen Menschen die einzige Sorte Mensch gewesen wären, die es auf der Welt gibt; wenn sie also nicht die Nachfolger von absichtslosen Verrückten gewesen wären, die arm gestorben sind, die sich niemals mit dem befaßten, was nützlich wäre, und die dennoch einem anderen leitenden Prinzip folgten als der bloßen Laune.‹«

»Was soll dieses Zeug aus dem Poesiealbum?« wollten violett leuchtende Potentialberge giftig wissen, die aus der Ebene hervorschossen wie umgekehrte Regentropfen. Poincaré spürte entsetzt, daß er selbst so ein Potential war, eingebettet in diesen fahlen Raum, wie seine Anwältin neben ihm. »Was wußte er von den

Räumen, die wir schaffen und die uns schaffen? Was wußte er von unserer rechnergeborenen Physik und Chemie, von den Formen der Moleküle als Dichteverteilung der Elektronenladung? Wie weit ist sein Problem, ob es Atome gibt, von den algorithmischen Operationen entfernt, die in unserer virtuellen Gegenwart die Kräfte berechnen, die Bewegungsgleichungen integrieren, die Zeit umkehrbar konservieren? Und hat er sich, als er lebte, vorstellen können, daß man eine Welt bewohnt, deren Probleme nicht mit seinen Strömungsfragen und Mehrkörperschwierigkeiten zu tun haben, sondern mit Rauschen, mit Speicherumfang, Übertragungsraten? Wird er sich je vorstellen können, wie die Maschinen aussehen, in denen wir wohnen?«

Als er lebte – das Satzfragment erschreckte Poincaré wie nichts vorher. Ihm fiel etwas ganz Unglaubliches ein: Was ich vorhin gedacht habe, über diesen Lenin, den Diktator, kann ich gar nicht wissen – er wurde ja erst 1917 Diktator. Ich aber bin schon am 17. Juli 1912 in Paris gestorben. Wie kann das sein? Wie kann ich das wissen? Wie kann ich, als ein Toter, meinen Tod erinnern und über den Geschichtsverlauf danach unterrichtet sein?

Aus dem hyperviskosen umgekehrten Regentropfen, der er zu sein glaubte, wurde eine Ölkugel in fließend schwarzem Wasser. Seine Anwältin, ein anderes Ölkügelchen, sprach in der Strömung: »Er hatte zum Raumproblem die einzige fortschrittliche Einstellung seiner Zeit – er predigte den Konventionalismus. Die Geometrie war ihm eine Übereinkunft, er trat als konsequenter Nominalist auf. Gegenstand der Geometrie war wie in Felix Kleins berühmt gewordenem Erlanger Programm auch für Poincaré das Studium besonderer ›Gruppen‹ und ihrer Invarianten: Man wählt einen Standard, wenn man geometrische Mathematik treibt, es gibt keine richtige oder falsche Entscheidung dabei. Die Erfahrung hat hier vielleicht hin und wieder korrigierende Funktion, aber Stimmigkeit ist alles, denn ...«

Gruppen: ***Eine Gruppe ist eine endliche oder unendliche Menge G, die abgeschlossen ist (wenn a und b Elemente von G sind, ist ihr Produkt auch Element von G) und in der es eine binäre Operation »*« gibt, so daß für alle a, b und c in G gilt:***

1. ***Assoziativität:*** $(a*b)\ c = a\ (b*c)$.
2. ***Es gibt ein neutrales Element z:*** $b*z = b$, $z*b = b$.
3. ***Es gibt zu jedem a, b oder c ein inverses Element; wenn man ein Element mit seinem inversen Element multipliziert, kommt z heraus.***

»Eben. Da sehen wir's«, sagte der Glashimmel zur Anwältin und zu Poincaré, der augenblicklich begriff, daß er jetzt nur mehr eine Photographie in einem Buch war, das aufgeschlagen im Sand lag. Er kannte dieses Buch von außen: Die Anwältin hatte es ihm vorhin unter die Nase gehalten. »Ein Mentalist war er, ein Gläubiger des Mythos vom Gespenst in der Maschine, der in der Mathematik eine freie Schöpfung des Geistes sehen wollte. Kein Wunder, daß er ein Befruchter des Mystikers Brouwer und ein Feind Hilberts war, der ihn in den ›Grundlagen der Mathematik‹ 1928 deshalb auch angemessen abgefertigt hat.

Hören Sie sich nur selber an, Frau Anwältin, was er über einen seiner Durchbrüche in der Funktionentheorie gesagt hat, im Rückblick, von 1908 her. Zwei Wochen, heißt es, habe er an der Problematik ergebnislos herumgewurmt, ohne Chance auf Einsicht, dann aber, eines Nachts, konnte er nicht schlafen, und ihm wurde so ...«

Poincaré hörte sich selber weitersprechen, obwohl er nicht das Gefühl hatte, etwas zu sagen. Die Wiedergabe war fremd und dünn, aber weithin widerhallend: »... als stürzten die Ideen massenweise auf mich ein, ich fühlte, wie sie aufeinanderprallten, bis sie sich paarweise ineinander verhakten und eine feste Verbindung herstellten.«

»Das war noch immer nicht die Lösung«, fiel der sprechende Himmel hier ein, laut und dröhnend, »aber am nächsten Tag stieg er mit andern in einen Bus, der sich zu einer geologischen Exkursion aufmachte.«

»In dem Augenblick ...« sprach jetzt wieder Poincarés ferne Stimme, »kam mir, ohne daß irgend etwas in meinen Überlegungen ihm den Weg geebnet hatte, der Gedanke, daß die Transformationen, mit deren Hilfe ich die Funktionen definiert hatte, denen der nichteuklidischen Geometrie entsprachen. Ich verifizierte diesen Gedanken nicht, denn nachdem ich meinen Platz im Bus eingenommen hatte, führte ich ein zuvor begonnenes Gespräch weiter; ich war mir aber vollkommen sicher. Nach Caen zurückgekehrt, verifizierte ich um meines Seelenfriedens willen das Ergebnis in aller Ruhe.«

»Sehen Sie, da, über uns hier auf dem Bild? Das ist Ihr Gesicht, wie es das Bild nicht erkennt!« flüsterte die Anwältin Poincaré zu, rechts von ihm, links von ihm und zugleich von innen aus ihm heraus, eine einzige Ausrede. »Sie haben den richtigen Weg in Rekordzeit abgeschritten – hier, sehen Sie? Das da sind Ihre Augen, in dem gläsernen Himmel, die zwei Monde dort: Sie glauben da drüben immer noch, es wären Diagramme und französische Worte Ihrer Handschrift. Aber es ist dieses Bild hier, das Sie sehen, ich neben Ihnen und die Anklage samt Gericht über uns! Wir haben die Abbildung hingekriegt, jetzt können wir Sie aus dem Bild wieder auf das Urbild zurückwerfen.«

Poincaré mühte sich, zu erfassen, was sie redete.

Während er spürte, wie sehr ihm das Kopfschmerzen bereitete, zog ein unsichtbarer schwarzer Stift Linien durch die soliden Körper des Angeklagten und der Anwältin, bis in die Bilder hinein. Dann wurde Poincaré schwindlig, er spürte, wie er, an den Linien entlang, in sein Gegenüber hineingekrempelt wurde, das aussah wie er.

»Bürokrat und Fatalist!« kreischten Geierhälse, um die Linien geschlungen. »Es gab keine Notwendigkeit, sagt Ihr Mandant, die Mathematik zu entwickeln, die wir haben.«

Poincaré wurde schwarz vor Augen. Er kippte nach vorn, sein Kinn schob sich durch seinen Bart und fiel hinter ihn zurück. Der ganze Mann drehte sich in vier Dimensionen zweimal um sich selbst und stand wieder in der Wüstenebene, wie am Anfang des Abenteuers. Die nackte blaue Frau mit dem Federkranz um den Hals schlug das Buch diesmal nicht zu, sondern faltete es, daß es mit jedem Falz dünner wurde und schließlich verschwand.

Sie lächelte.

Und schüttelte den Kopf: »Wir haben es nicht geschafft. Man wird Ihnen nicht mehr Rechenzeit geben – das war's. Grämen Sie sich nicht, Monsieur: Sie waren während des ganzen Prozesses ohnehin unvollständig, haben kaum verstanden, kaum empfunden, was passiert ist. Kürzel, Zeichen, kleine Andeutungen haben Sie erlebt, die wirkliche Verhandlung fand woanders statt. Es war unfair, aber mehr konnte ich nicht herausschlagen. Wir haben Sie aus dem gebastelt, was wir über Sie herausgefunden haben. Das ist nicht dasselbe, als wenn man Ihnen erlaubt hätte, sich selbst zu entfalten – mit diesem Ziel sind wir vor Gericht gezogen, aber die Mehrheit der Bewohner unserer Polis ist, was wiederbelebtes Bewußtsein Verstorbener angeht, eben leider immer noch sehr fremdenfeindlich.«

Poincaré verstand nicht alles, was die Anwältin gesagt hatte, aber doch genug, um zu erfassen, daß er noch einmal hätte sehen und hören, anfassen und schmecken können, was er als lebender Mensch gekannt hatte: Sternenbahnen, Fasanenbraten, Schlösser aus dem sechzehnten Jahrhundert auf britischen Felsen, Lachen, Fahrräder, Bienen und Eis, das taut.

»Man hat Sie abgefertigt. Es tut mir leid. Dabei hat der Prozeß zeigen können, daß Ihr ästhetisches Argument zutrifft. Ihr Stand war gewissermaßen der einer Kunstform, vergleichbar dem Surrealismus: sie konnten die Erschaffung von Welten denken, bevor Technologien zur Verfügung standen, sie wahr zu machen.«

»Wenn Sie's sagen, wird's so sein. Mir tut nur leid, daß ich jetzt – wenn ich Sie richtig verstehe – wieder verschwinden muß.«

Die Frau zwinkerte Poincaré zu, sah zum Glashimmel auf und blinzelte in die grelle Sonne: »So dürfen Sie das nicht sehen. Nicht Sie verschwinden – nur der Aktionsradius wird zusammengezogen, in dem sich das bewegt, was Sie hätten sein können.«

»Es wäre trotzdem schön gewesen. Und sicher sehr interessant«, sagte er höflich.

Sein Blick folgte ihrem nach oben, dann stürzte die Ebene samt Stadt, Land und Fluß zusammen, lautlos, in einen Punkt, der das Ende des letzten Satzes des Protokolls der Verhandlung beschloß.

VIER

Die Sprache ist ein zu unbeholfenes Instrument

Luitzen Egbertus Jan Brouwer

1881 bis 1966

»... jenseitiger zeitloser Dämon ...«
Stéphane Mallarmé: Ein Würfelwurf

Ein schwer erträglicher Mensch muß er gewesen sein, dieser Student, dessen intellektuelle und moralische Überzeugungen sich eben erst formten und doch schon mehr Kanten und Spiegelflächen aufwiesen als die Messerleiste an der Wand des Metzgers.

In seinem Notizbuch blieben nicht einmal die von niedrigem Interesse scheinbar am wenigsten beschmutzten Dinge von Spott verschont: »Ein Lebensziel, das man haben könnte, wäre die Abschaffung aller Mathematik, die Erlösung davon.«

Mit dieser Erlösung ist durchaus keine profane gemeint, sondern die alte, theologische von dem Bösen: »Die Mathematik und ihre Anwendung sind sündig, weil die Intuition der Zeit direkt als sündig erlebt wird.« Das Schlüsselwort, um das alles kreist, was dieser Student später denken wird, ist ausgesprochen: Intuition. Gemeint ist damit das Urerlebnis Zeitlichkeit.

»Intuitionistische Mathematik«, schreibt ihr sechsundsechzigjähriger Schöpfer, »ist eine im wesentlichen sprachlose Struktur, die aus der Selbstentfaltung der Abstraktion der Zweiheit entsteht, welche die ursprüngliche Intuition ist.« Die Ur- und Erbsünde der Wissenschaften, die alles einbegreift, was dem »Wunsch des Menschen, zu zerstören und zu beherrschen« entspricht, liegt weder im

Handeln noch in Trieb oder Instinkt, sondern im Intellekt. Das Studentennotizbuch deutet nur erst an, was der erwachsene Denker in dichten, schwer durchschaubaren Phänomenologica zu erfassen sucht: »Das ursprüngliche Phänomen (...) ist nicht mehr als die Intuition der Zeit, in der die Wiederholung der Erfahrung ›Ding-in-der-Zeit-und-nächstfolgendes-Ding‹ möglich ist, in der aber auch (und dieses Phänomen liegt außerhalb der Mathematik) eine Empfindung in ihre konstitutiven Eigenheiten auseinanderfallen kann, so daß ein einzelner Augenblick als eine Sequenz von qualitativ verschiedenen Dingen empfunden werden kann.«

»Die Intuition der Viel-Einheit« ist also »die ursprüngliche Intuition der Mathematik« und eine innere Wahrnehmung, »die augenblicklich nicht nur die Zahlen eins und zwei, sondern alle endlichen Ordinalzahlen hervorbringt.«

Den Zugang zu etwas unhintergehbar Erstem in aller Mathematik, der hier gefunden und artikuliert ist, einen »phänomenologischen« zu nennen gestattet nicht zuletzt die Erinnerung an jene Sekunde der Philosophiegeschichte, in der solche Zugänge besonders plausibel waren. Der Philosoph Edmund Husserl, der mit dem Schlachtruf »Zu den Sachen selbst!« zum Begründer der neuzeitlichen Phänomenologie wurde, hat in seiner »Phänomenologie des inneren Zeitbewußtseins« (1928) den durch das Vergehen von Zeit gegebenen »formalen Zusammenhang des Bewußtseins« als dessen grundlegende Konstitutionsebene benannt. Die »Erfahrung ›Ding-in-der-Zeit-und-nächstfolgendes-Ding‹« war für ihn, anders als für Brouwer, allerdings gerade *nicht* dasselbe wie das »Innewerden der Zeit«, denn das, fand er, geht dieser Erfahrung voran. Es muß einen formalen Zusammenhang des Bewußtseins ja eigentlich schon geben, damit in diesem irgendwelche Dinge voneinander geschieden werden können. Zeit, geht die Überlegung, ist uns schon vor den Gegenständen bewußt – als der Bewußtseinsstrom, den die Begriffsgeschichte kennt, seit der amerikanische Psychologe und Philosoph William James diesen Ausdruck prägte.

Durch die Literatur wurde mit Marcel Prousts Erinnerungsanalysen wie Edouard Dujardins und James Joyce' »innerem Monolog« dieser formale Zusammenhang des Bewußtseins als Medium der Dingunterscheidung nicht nur behauptet, sondern kunstfähig. Aber wenn es auch auf dem Höhepunkt des größten Modernisierungsschubs im europäischen Bewußtsein seit der Renaissance Dichter gab, die es für möglich hielten, die Wirkungsweise der Zeitintuition aus Wörtern nachzubilden, sahen die erkenntniskritischen Fachleute das anders. »Im Aktualitätserlebnis«, schreibt Husserl, »haben wir den Urquellpunkt und eine Kontinuität von Nachhallmomenten. Für all das fehlen uns die Namen.«

Luitzen Egbertus Jan Brouwer, Schöpfer der intuitionistischen Mathematik, hat viel Energie auf das Finden jener Namen verwendet, die uns nach Husserls lapidarem Eingeständnis fehlen. Für ihn waren sie etwas Dämonisches. Mit den jesuitischen Exerzitien seines Denkens wollte er wohl vor allem das Problem lösen, das er sich selbst war.

Als Sohn des Schulrektors Egbertus Luitzen Brouwer und der aus einer angesehenen Akademikerfamilie stammenden Henderika Poutsma wurde »Bertus« am 27. Februar 1881 im niederländischen Overschie geboren. Frühreif und verbissen fleißig bewältigte er den Grundschullehrstoff zwei Jahre früher als Gleichaltrige. Mit neun schickte ihn sein Vater auf die beste weiterführende Schule im Reiseradius eines Tages. Fünf Jahre lang besuchte Brouwer das mathematisch-naturwissenschaftliche Gymnasium. 1892 zog die Familie nach Haarlem, wo er seine Ausbildung fortsetzte und man ihm bescheinigte, daß er in beinah allen Fächern überlegene Leistungen erbrachte – ausgenommen Schönschrift und die schwer zu messende Größe »Eifer« in Mathematik. Die Lehrer meinten, daß er sich in diesem Fach weniger Mühe gab, als ihm möglich gewesen wäre. Den Abschluß in den humanistischen wie naturwissenschaftlichen Fächern machte er 1897. Im Herbst dieses Jahres begann er das Studium der Mathematik und Naturwissenschaften an der Universität von Amsterdam. Während der Konfirmation im März 1898 erklärte er in der Kirche – unter den Augen der Eltern, der Gemeinde und des bestürzten Pfarrers Tidemann – im Zuge der vorgeschriebenen Antworten auf Fragen zum persönlichen Glaubensbekenntnis, daß es ihm seit immer schon an Nächstenliebe mangele. Gott nennt er in diesem Bekenntnis besitzergreifend durchweg »meinen Gott«.

Trotz häufiger Krankheiten und obwohl er in dieser Zeit seinen Militärdienst ableistete, bestand der gedächtnisstarke Brouwer seine Zwischenprüfung als »Kandidaat« im Dezember 1900 mit Auszeichnung. Noch vor dem Examen verlobte er sich mit Elizabeth de Holl, einer geschiedenen Pharmaziestudentin und Tochter eines Drogisten, die zwölf Jahre älter war als er selbst. Wie andere mit vermögenden und reifen Frauen verheiratete Intellektuelle vom Propheten Mohammed bis zum Schriftsteller H. P. Lovecraft kompensierte Brouwer die Schande des Pantoffelheldentums zeitlebens durch ostentativ zur Schau gestellte patriarchalische Attitüden. »Die Usurpation irgendeiner Tätigkeit durch Frauen«, bemerkte er einmal, »macht diese Tätigkeit automatisch und unausweichlich unwürdig und niedrig.«

Nach der Heirat 1904 führte seine Frau die Apotheke ihres Vaters, und er hielt sich für häusliche Spannungen anderwärts schadlos – seine Sekretärin Cor Longejan war auch seine Freundin. Die Ehefrau hat das Verhältnis toleriert, so war Bertus eben: Schon als Verlobter umgab er sich mit Poeten, fuhr aus einer Laune heraus nach Italien, lief in wehendem Umhang herum und fragte sich während niederdrückender Verzweiflungsschübe laut, ob ein schrankenloser Kopf wie er fürs Studium überhaupt geeignet sei.

In dieser tumultuarischen Phase, der unruhigsten seiner intellektuellen Entwicklung, hatte Brouwer gleich zweimal Glück. Er begegnete den beiden entscheidenden Sparringspartnern seines geistigen Lebens: Zuerst fand er in Diederik Johannes Korteweg (1848–1941) einen Lehrer und Doktorvater, der ihm vielfältig Unterstützung gewährte und seinem ausschweifenden Geist ein paar lebenspraktische Grenzen zu ziehen versuchte. Wie sein der Mit- und Nachwelt erheblich bekannterer Fakultätskollege J. D. van der Waals, dessen bildhaftes Denken aus der Analogie von Gasmolekülen und kleinen Kugeln eine Theorie der Kräfte zwischen den Stoffbausteinen gewann, war Korteweg ein großer Freund der angewandten Mathematik. Seine Antrittsvorlesung auf dem 1881 neugeschaffenen Lehrstuhl hieß »Mathematik als Hilfswissenschaft«.

Brouwer, der in Technik und den ihr zuarbeitenden Sparten der Mathematik etwas sah, wovon es die Welt zu erlösen galt, wurde von Kortewegs stoischem Beharren auf Nützlichkeitskriterien immer wieder zu Ungehorsam angestachelt; seine Produktivität litt darunter allerdings nicht – im Gegenteil.

Der zweite Glücksfall jener Jahre war die Begegnung mit dem Grundschullehrer und mathematischen Autodidakten Gerrit Mannoury (1867–1956). Der gab, als Brouwer ihn kennenlernte, halbprivate Vorlesungen über Grundlegungsprobleme der Mathematik. Auch einige Aufsätze zu diesen Problemen veröffentlichte Mannoury und arbeitete in der Amsterdamer Mathematischen Gesellschaft mit, bis man ihn schließlich als Privatdozent an der Universität lehren ließ. Als Sozialist und Humanist europäisch-kosmopolitischer Ausrichtung, zählte er später zu den Mitbegründern des »Signifischen Kreises«, der einzigen gesellschaftsphilosophisch-politischen Unternehmung, der Brouwer sich je verpflichtet hat. Als Brouwer und Mannoury einander begegneten, lag dieses Engagement indes noch in weiter Ferne. Dafür erläuterte Mannoury in seinen frühen Vorlesungen Cantors mengentheoretische Antinomien und Freges und Peanos logizistische Programme der Reduktion aller Arithmetik auf formale Kalküle und fesselte damit augenblicklich das Interesse seines neuen Hörers.

Brouwer, der 1904 seine akademische Abschlußprüfungen glänzend bestanden hatte, erkannte in dem, was da erzählt wurde, das Dissertationsthema, nach dem er suchte: Die Grundlagen der Mathematik wurden sein wissenschaftliches Hauptinteressengebiet.

Im Herbst des Schicksalsjahrs, als er ernsthaft mit seinen Forschungen begann, zog er ins Haus über der Apotheke seiner Frau, mit deren elfjähriger Tochter aus erster Ehe er sich alles andere als gut verstand. Die Finanzen waren anfangs ein schweres Problem, für das Brouwer sich aber nicht interessierte. Er hatte Größeres im Sinn – nicht nur für die Mathematik. Angeregt durch die populären, von Brouwer scharf verurteilten und öffentlich attackierten Scharlatanerien des »Volksphilosophen« und »Weisheitslehrers« Bolland, befaßte sich Brouwer eine Weile mit der Tradition europäischer und außereuropäischer Mystik. Er las Jakob Böhme, Meister Eckhart und die Bhagavad Gîta und zog die Summe dieser Lektüre im 1905 erscheinenden Manifest »Leben, Kunst und Mystik«, das Einfälle aus den frühen Notizbüchern systematisch wiederbelebte: »Der Intellekt hat der Menschheit einen teuflischen Dienst erwiesen, indem er ihn dazu verführte, die beiden Phantasien von Mittel und Zweck miteinander zu verknüpfen.«

Brouwer brütete lange über dem, was Mannoury ihm erschlossen hatte. Schließlich fand er, daß die fundamentale Bedeutung der Logik in dem Bild, das sich Frege und Peano vom mathematischen Weltgebäude machten, seinen eigenen Ansichten schroff widersprach. Fundamental vorgehen wollte er zwar auch, aber eben unter Rekurs auf Unmittelbares aus der Erfahrung statt auf logische Konstruktion. So wurde er zum schärfsten Widersacher von Frege, Peano und allen jüngeren Entwicklern logischer und formaler Grundlagensysteme, etwa Bertrand Russells und der optimistischen Forscher, die sich um David Hilbert versammelten. Trotz Kortewegs Einspruch, dem die Sache »zu philosophisch« heimleuchtete, machte sich Brouwer an seine Doktorarbeit über »Die

Grundlagen der Mathematik«. Der praxisorientierte Doktorvater erlebte den Schwung seines Doktoranden als etwas Unheimliches: Bei der polemisch-moralischen Verurteilung der Kausalität und der Zeitintuition standen ihm die Haare zu Berge, und über das Kapitel II, »Mathematik und Logik«, war er geradezu entsetzt. Brouwers Absicht, darin schlüssig zu demonstrieren, daß die Mathematik »durch den leichtgläubigen Gebrauch der formallogischen statt der mathematischen Sprache« sich »in einigen ihrer Teilgebiete vom Weg« hat »abbringen« lassen, wurde für den Mechaniker und Astronomen auch durch den Rückgriff auf Immanuel Kant nicht besser.

Daß die mathematischen Verfahren, Sätze, Objekte, Beweise auf der unhintergehbaren Evidenz von A-priori-Anschauungsweisen namens Raum und Zeit basieren, war zwar tatsächlich, wie Brouwer betonte, ein Kantischer Gedanke. Aber schon bei der Hinführung zum Thema schlägt sich Brouwer die Waffe der Berufung auf diese Autorität selbst aus der Hand: Zumindest die Raumintuition, also Kants Vertrauen darauf, daß die Räume, in denen Euklids Axiome, richtig verknüpft, zu wahren Sätzen führen, irgendwelche natürlichen, angeborenen Auffassungen davon explizieren, was »Raum« sei, war seit der Entdeckung gleich mehrerer nichteuklidischer Geometrien durch Mathematiker wie Johann Bolyai, Nikolai Iwanowitsch Lobatschweski und Bernhard Riemann erschüttert. Kants Raumintuition, gestand Brouwer ein, sei zu verwerfen; aber nach ihrem Modell eine zeitliche Intuition zu postulieren, das wollte er wagen.

Die graue Eminenz, deren Schatten die Gedankenlandschaft Brouwers überragt, ist der 1859 geborene Henri Bergson. Der hätte seinerzeit wie Brouwer Mathematiker werden können, schlug jedoch den Weg des Philosophen ein. Bergsons Arbeit galt hauptsächlich der Klärung von Problemen des Verhältnisses von Notwendigkeit und Zufall. Die Probleme der Zeit, das Diskrete und das Kontinuierliche, die Bewegung und die Dauer waren Zentralbegriffe seines Werks. Die Welt zerfällt hier, gut cartesianisch, in zwei Sphären: einerseits die materielle Wirklichkeit mit ihren Attributen der Stasis und Objektivierbarkeit, die uns von Wahrnehmung und Vernunft erschlossen werden, andererseits die Domäne von Spiritualität, Vitalität und Dauer, Raum des intuitiven Denkens.

Bergsons Doktorarbeit von 1888 über das »unmittelbar Gegebene im Bewußtsein« und seine Metaphysik-Einführung »Materie und Gedächtnis« haben auf zwei Generationen europäischer Intellektueller immensen Einfluß ausgeübt. In Frankreich ist bald versucht worden, den Bergsonschen Impuls für die Mathematik wirksam zu machen. Daraus entsprang jene Grundlagen-Denkrichtung, die Brouwer 1912 den französischen Intuitionismus und später, in Abgrenzung von seinem eigenen, Prä-Intuitionismus nennt. Die drei Hauptvertreter der französischen Schule sind nach Brouwer

Jules Henri Poincaré, der die Intuition nicht nur als Initialzündung mathematischer Schlußketten (»Ansatz«), sondern als begleitende Kontrollinstanz bei allen ihren Schritten hochhielt,

Emile Borel (1871–1956), der besonders gegen Hilbert darauf bestand, »mathematische Existenz« bedeute mehr als nur Widerspruchsfreiheit; sie habe einen »Inhalt«, und schließlich

Henri Lebesgue (1875–1941), ein hervorragender Funktionen- sowie Wahrscheinlichkeitstheoretiker, der einer nicht durch »Anwendungen«, sondern schon einer durch die mathematischen Sachverhalte selbst bezeichneten »Anschaulichkeit« das Wort redete.

Brouwers erster direkter Angriff auf die deutsch-formalistische Partei, für die, wie er sagt, Mathematik »nicht im Kopf, sondern nur auf dem Papier vorhanden ist«, behandelt 1908 die »Unzuverlässigkeit logischer Prinzipien«. Sie versammelt auf engem Raum noch einmal alle seine Ausgangsthesen: die Rolle der Zeit, das Kontinuum der Zahlen, Aneignung, Mittel und Zweck sowie die explizite Attacke auf das formallogische Prinzip des ausgeschlossenen Dritten. Nichtwidersprüchlichkeit, stellt Brouwer fest, sei noch keine Garantie für Wahrheit; das Prinzip, eine Aussage treffe entweder auf einen Gegenstand zu oder sie tue dies nicht, sei in einem unendlichen System nicht notwendig gültig. Im selben Jahr konkretisiert er sein wider die Formalisten gerichtetes Programm auf dem Internationalen Mathematikerkongreß in Rom mit Arbeiten über die »Möglichen Mächtigkeiten« und die »Theorie der endlichen kontinuierlichen Gruppen, unabhängig von den Axiomen von Lie«.

Gruppen gehören seit den Arbeiten von Évariste Galois (1811 bis 1832) zu den allgemeinsten mathematischen Gegenständen und stellen der Mathematik einen reichhaltigen begrifflichen Apparat zur Verfügung, um über »Elemente« von (beispielsweise axiomatischen) Systemen, deren Verknüpfung und Ineinanderübergehen zu räsonieren. Einer der originellsten Gruppentheoretiker war der Norweger Marius Sophus Lie, der ab 1874 mit den sogenannten »endlichen kontinuierlichen Gruppen« arbeitete und dabei infinitesimale Transformationen definierte, deren grundsätzliche Eigenschaften er im folgenden selbst erforschte. Aus diesen Studien ging eine Algebra hervor, die seinen Namen trägt. Lies Axiome waren wichtige Hilfsmittel der formalistischen Schule zur Systematisierung mathematischen Wissens. Brouwers Entschlossenheit, auf sie bei seinen gruppentheoretisch-topologischen Überlegungen zu verzichten, legt Zeugnis davon ab, wieviel er sich und seinem Ansatz zutraute.

Sein Vorhaben, ausgehend von den intuitionistischen Überzeugungen neue Waffen zu schmieden für die Lehre vom Dehnen, Stauchen und Verformen von Punktmengen in beliebig vielen Dimensionen, die damals noch Analysis Situs hieß und bald allgemein Topologie heißen sollte, teilte er zunächst sogar mit seinem späteren Hauptwidersacher David Hilbert. Dem begegnete er 1909 erstmals persönlich: Der Deutsche verbrachte seine Sommerferien in Scheveningen, damals ein beliebter Badeort. Man war, zeigte sich rasch, nicht gerade in allem einig. Hilbert besuchte Brouwer aber doch in dessen »Hütte«, und Brouwer schrieb wenig später, die Begegnung sei »ein schöner neuer Sonnenstrahl in meinem Leben« gewesen. Danach arbeitete er an zwei langen Aufsätzen zur Analysis Situs für die von Hilbert mitherausgegebenen angesehenen »Mathematischen Annalen«. Bei den Vorarbeiten fielen ihm Ungereimtheiten in einem topologischen Argumentationsgang des Frankfurters Arthur Moritz Schoenflies (1853–1928) auf – Ungereimtheiten, die eben im Begriff standen, kanonisch zu werden. Ihre kritische Überwindung eröffnete Brouwer ein »neues Reich«.

Schoenflies hatte den topologischen Ansatz in der Mengentheorie mit seinen Erwägungen über Kurven und Ebenen bis dahin unangefochten dominiert. Sein Begriff der »Erreichbarkeit eines Punktes einer Menge« war für die Forschung ebenso fruchtbar wie seine Auseinandersetzung mit den sogenannten Jordankurven, auf die zutraf, was Camille Jordan (1838–1922) über einfach geschlossene Kurven im zweidimensionalen Raum gesagt hatte.

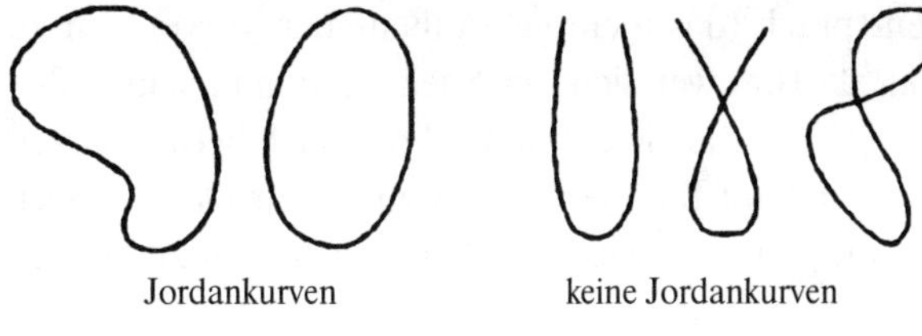

Jordankurven sind geschlossen und kreuzen sich nicht selbst.

Sie, meinte Jordan, zerlegten »die Ebene in zwei Komponenten, eine beschränkte und eine unbeschränkte, deren gemeinsamen

Rand sie bilden«. Zu den charakteristischen Eigenschaften der Jordankurve gehört nach Schoenflies eine allseitige Erreichbarkeit der Punkte der betreffenden zusammenhängenden Menge in Verbindung mit der durch sie bewirkten Zerlegung der Ebene in zwei Gebiete.

Brouwers Zweifel an den Sätzen und Beweisen Schoenflies' ließen ihn etwas unternehmen, was schon Hilbert begonnen hatte: eine grundsätzliche Untersuchung von Gruppen, die entweder auf der Geraden oder in der Ebene angesiedelt sind.

Einfache geschlossene Kurven sollten sich bei dieser Untersuchung als kontinuierliche Bilder eines Kreises darstellen, der sich nicht selbst kreuzt. Daraus würden sich zweidimensionale Geometrien, euklidische wie nichteuklidische, gleichsam zwanglos ergeben.

Die genaue Ausarbeitung der dazu erforderlichen Topologie war heikel, weil sich allerlei Kurven denken lassen, die sich alles andere als simpel verhalten: etwa nirgends differenzierbar sind, das heißt ohne Tangenten an irgendeiner Stelle, sich raumfüllend selbst kreuzen oder die Ebene in Gebiete zerschneiden, die aller kantischen Raumintuition Hohn sprechen. Die angenommene Schlüsseleigenschaft von Jordankurven, die Ebene in zwei Gebiete zu teilen, deren eines topologisch äquivalent zur offenen Scheibe war (das »Innen« der Kurve), deren zweites dagegen der Scheibe minus einen Punkt entsprach (das löchrige »Außen« der Kurve), war zu dem Zeitpunkt, da Brouwer sich der Sache annahm, sehr wahrscheinlich. Bewiesen hatte sie niemand: Von der Übertragbarkeit seiner Kurventheorie auf Räume mit drei und mehr Dimensionen hatte Jordan zwar geträumt, sie sich aber entschieden zu einfach ausgemalt.

Brouwers Absicht war demgegenüber, alle Lie-Gruppen aufzuzählen, die aus einer beliebigen zweidimensionalen Geometrie entstehen. Er machte zu diesem Zweck den Umweg über die Lösung einiger sehr schwieriger Probleme der Punktmengentopolo-

Lie-Gruppen ***sind Gruppen der Topologie, nämlich differenzierbare Mannigfaltigkeiten, deren Operationen ebenfalls differenzierbar sind.***

gie und erreichte so tatsächlich sein hochgestecktes Ziel. Sein Aufsatz »Zur Analysis Situs«, der 1910 in den »Mathematischen Annalen« erschien, markierte den Beginn einer gründlichen Überarbeitung topologischer Grundbegriffe und Verfahren, bei der sich unter anderem herausstellte, daß man die an der Ebene gewonnenen Einsichten nicht ohne weiteres auf höherdimensionale Räume anwenden darf.

Im Juni 1910 gelang ihm ein Beweis, der fortan die natürliche Grundlage der Dimensionentheorie war: Bei topologischen Abbildungen ändert sich deren Dimensionszahl nicht, sie ist grundsätzlich invariant. Der Text des Beweises enthält die erste Definition einer revolutionären topologischen Näherungsmethode, der sogenannten simplizialen Approximation, die neben dem Begriff des Abbildungsgrades und anderen Innovationen zu den dauerhaften Bereicherungen des mathematischen Arbeitsbestecks gehört, welche die Wissenschaft Brouwer verdankt. Der Durchbruch hatte unmittelbare Karrierefolgen: 1912 räumte der Lehrer Korteweg seinen Lehrstuhl für den Schüler, als Extraordinarius stand er allerdings noch bis 1918 im regen Gedankenaustausch mit Brouwer.

Die Zeit des Weltkriegs brachte einen weiteren Ausflug Brouwers auf sachfremde Gebiete im Sinne Kortewegs mit sich: seine Teilnahme an der kurzlebigen »signifischen Bewegung«. Der Plan, die Welt von dem Bösen zu erlösen, wurde hier, wenn je, endlich einmal ernsthaft umgesetzt – und schlug fehl. Die kleine Gruppe reformbegeisterter Intellektueller, die Brouwer zu dieser folgenreichen Niederlage verhalf, konstituierte sich zunächst als Internationale Akademie der Philosophie und benannte sich 1922 in

Signifischer Kreis um. Sie war alles andere als international, vielmehr eine fast rein holländische Versammlung mit dünnen Verbindungen ins Ausland. Außer Brouwer und seinem alten dialektischen Widerpart Mannoury gehörten ihr der Sinologe Bloemer, der Journalist Borel, diverse Dichter, Künstler, homosexuelle Bohemiens sowie der eigentliche Zirkelgründer Frederik van Eeden an. Letzterer war ein Arzt, der unter dem Einfluß der britischen Privatgelehrten Victoria Lady Welby eine Art schwärmerische Theorie vom Zusammenhang der menschlichen Zeichenpraxis und der sozialen Wirklichkeit entwickelte, die dem signifischen Denken den Namen gab. Lady Welby war eine führende europäische Propagandistin der Anschauungen des amerikanischen Logikers und Begründers der modernen Semiotik, Charles Sanders Peirce.

Auch er war ein Menschheitsreformer: Wie die Ordnung der Gedanken zunahm, wenn man sich nur die Mühe machte, sie zu ordnen, so, dachte Peirce, mochte auch das Ensemble der gesellschaftlichen Verhältnisse der Vernunft erschlossen werden.

Lady Welby, die Mutter des Signifismus, hatte sich ihrem Lehrer Peirce zuerst durch ein Buch namens »Was ist Bedeutung?« empfohlen, das bei der »sozialen Semantik« ansetzte, um den Übeln der Welt auf den Grund zu gehen. Der Amerikaner besprach das Buch wohlwollend in »The Nation«. Ein Briefwechsel entspann sich, bei dem man anfangs nahm und gab, am Ende Peirce aber zunehmend lehrte und Lady Welby lernte.

Was sie dann an ihren kontinentalen Verehrer van Eeden weitergab, war neben ihrem Ausdruck Significs für das, was Peirce Semiotics nannte, vor allem ein harmonisierend-systematischer Impuls als solcher. Van Eeden eignete sich bestens zur Verbreitung dieser Ideen. Schon 1889 hatte er im Geist der »evolutionären Liebe« eine erste »Kommune« gegründet, war Dichter, Schwarmgeist, Idealist und per Akklamation gewählter Rektor des Studentencorps der Amsterdamer Universität. Seine Freundschaft mit Brouwer begann 1915. Der Mathematiker identifizierte sich schnell mit der romantischen »Symbolpolitik« einer Einwirkung der führenden Intellektuellen auf »die Menschen«, schrieb Einleitungen zu Vorlesungen von Van Eeden und amalgamierte sein eigenes Denken mit dem des Freundes zum Programm einer »intuitiven Signifik«: »Die Wörter unserer gegenwärtigen Sprache sind nur Kommandozeichen von sozialen und Arbeitsregulationen. Intuitive Signifik befaßt sich mit der Erschaffung *neuer Worte,* die einen Code der grundlegenden Mittel des gegenseitigen Verstehens für die systematischen Aktivitäten einer neuen und besseren Gesellschaft formen wollen.«

Die Stiftung des Weltfriedens durch intuitives Esperanto gelang nicht. Brouwers signifische Schriften, die er an jeden schickte, der Rang, Namen und philanthropisches Gewissen hatte – von Romain Rolland über Martin Buber bis Rabindranath Tagore –, erzielten nicht den erwünschten Effekt. Am Ende zerbrach der ganze schöne Elite-Orden daran, daß sich niemand von Brouwer und den Seinen führen lassen wollte.

Wenig später waren es die berühmten anderen Sorgen, die von sauberen Fundamentallösungen ablenkten – auch Brouwer hatte bald einige dieser Sorgen und beschwerte sich bei offiziellen Stellen über den Zustand der Universitäten im besetzten Flandern. Brouwers nie nachlassender geistiger Elan, im politischen und kulturellen Leben nicht so willkommen wie erhofft, wurde danach wieder in die Arbeit am Gegebenen investiert.

Vor allem die Neuformulierung der Mengenlehre sah nach einem vielversprechenden Arbeitsfeld aus. Nach Anfangserfolgen gewann er andere Mathematiker für seine Sache, darunter etwa Hermann Weyl. Derart ermutigt und mit der Autorität des erstklassigen Topologen bewaffnet, die er sich durch seine Fixpunktforschungen erworben hatte, riskierte Brouwer immer häufiger offene Angriffe auf Hilberts Partei, die schließlich eine fatale Reaktion heraufbeschworen. Der Hilbert-Brouwer-Streit hat sich mit zunehmendem zeitlichem Abstand zu einem kaum noch zu entwirrenden Mythenknäuel verknotet. Das undeutlichste Bild, möglicherweise ein einigermaßen tragisches, bietet dabei Constantin Carathéodory (1873–1950). Der dem Göttinger Kreis um Hilbert nahestehende Mathematiker und Physiker hat wichtige Arbeiten zur Variationsrechnung, den partiellen Differentialgleichungen und der Funktionentheorie verfaßt und schrieb einflußreiche Lehrbücher. Ende der zwanziger Jahre wurde er in den rasch eskalierenden Streit zwischen den beiden Großen hineingezogen und blieb für Brouwer danach bis an sein Ende »der Verräter«. Der Hergang der Affäre scheint dieser: 1927 war Brouwers Versuch der Neubegründung mathematischer Grundlagenforschung aus vielerlei Gründen in eine Sackgasse geraten. Sein Traum von einem eigenen mathematischen Institut in Amsterdam hatte sich ebenfalls zerschlagen. Der Widersacher Hilbert aber wandte just in dieser heiklen Periode plötzlich einige argumentative Waffen, mit denen Brouwer Hilberts metamathematische Thesen angegriffen hatte, in einem genialen Schachzug gegen Brouwer.

Empört über diesen dialektischen Diebstahl, veröffentlichte Brouwer 1928 die scharfe Polemik »Intuitionistische Betrachtung über den Formalismus«. Im Vorfeld und bei der Nachbereitung des Internationalen Mathematischen Kongresses in Bologna 1928 kam es anläßlich einer eher institutionellen Frage zum Bruch.

Zuvor hatte Brouwer, zu dessen Freunden und Besuchern auf der »Hütte« lange viele Deutsche – besonders »abzuwerbende« Göttinger von Emmy Noether bis Carathéodory – zählten, sich lange für »die Deutschen« eingesetzt. Deren Ansehen war nach dem Ersten Weltkrieg nicht das beste. Ihre internationale Benachteiligung durch mathematische Gesellschaften prangerte Brouwer rastlos an. Vor dem Bologneser Kongreß rief er »seine« Deutschen zum Boykott der Veranstaltung auf.

Für Hilbert war damit das Maß voll: Wie konnte sich dieser Niederländer auf so peinliche Weise einmischen? Brouwer und einige Deutsche blieben dem Kongreß tatsächlich fern. Hilbert aber setzte sofort nach seiner Rückkehr ein Schreiben an Brouwer auf, das diesen kurzerhand aus der Redaktion der »Mathematischen Annalen« hinauswarf, mit der Begründung, Brouwers wissenschaftliche Ansichten seien mittlerweile so verquer, daß eine Zusammenarbeit mit dem rasenden Intuitionisten für den formalistischen »Mainstream«, i. e. vor allem dessen Verkörperung Hilbert, nicht länger zumutbar sei.

Weder Einstein noch Carathéodory, die mit Hilbert die Redaktion leiteten, wurden vorab informiert. Carathéodory versuchte, die Lage zu entspannen, und wandte sich mit der zweischneidigen Entschuldigung an Brouwer, Hilbert sei schwer krank und es werde ihm bald leid tun.

Im Lichte der Tatsache, daß niemand, auch Carathéodory nicht, jemals daran dachte, konkrete Schritte zur Revision der Entscheidung Hilberts einzuleiten, mußte Brouwer diese Entschuldigung ganz besonders kränken – selbst die Entscheidungen eines Kranken genossen offenbar höhere Priorität als Brouwers wissenschaftliche Integrität und persönliche Würde. Brouwers Enttäuschung, nicht nur über Carathéodorys Verhalten, ging in späteren Jahren in Verbitterung über. Zu deren Verschlimmerung dürfte auch die Denunziation des deutschfreundlichen Intuitionisten nach dem Zweiten Weltkrieg durch niederländische Kollegen beigetragen haben: Er wurde vor Gericht gescholten, neun Monate seiner Pflichten enthoben und bei der Gründung eines Mathematischen Instituts in Amsterdam als Lehrer übergangen.

Den Brouwerschen Fixpunktsatz, der bei jeder stetigen, das heißt nicht unterbrochenen Abbildung eines zusammenhängenden, alle seine Punkte auf andere Punkte abbildenden Raums die Existenz mindestens eines Punktes feststellt, bei dem die Abbildung f(x) dem Punkt x selbst gleich ist, der von so einer Abbildung also nicht versetzt wird, wenden unzählige Mathematiker in zahlreichen Diszi-

$E \subseteq \mathbb{R}^n$ Einheitskugel
$f : E \to E$ Stetige Abbildung
$\downarrow$
mindestens ein Fixpunkt x für f:
$x \in E$ mit $f(x) = x$

Der Brouwersche Fixpunktsatz.

plinen von der Wirtschaftsbeobachtung über die Sportstatistik bis zur Raumfahrt täglich an; sein Wert ist unbestritten. Die Fernwirkung von Brouwers Ideen zu den Grundlagen der Mathematik abzuschätzen ist sehr viel schwieriger. Karl Popper hat in seinem Werk »Objektive Erkenntnis« (1972) eine Würdigung derjenigen konstruktiven und »mentalistischen« Überzeugungen Brouwers versucht, die bis heute ihren Wert behalten. Die mathematikfreundliche (post)analytische Philosophie, etwa bei Donald Davidson oder Robert Brandom, läßt zwar in unserer Zeit gut wittgensteinisch nichts »Gegebenes« und »Subjektives« vor sprachlichen Begründungszusammenhängen mehr gelten. Mathematische Artefakte wie etwa Beweise dürfen wir nach Brouwer, wie Popper ihn liest, dennoch nicht einfach als Mittel mißverstehen, sich über die Richtigkeit von Sätzen zu unterrichten. Sie sind selbst mathematische Gegenstände – wenn man irgendeinen Satz behauptet, sagt man zugleich, daß es einen Beweis dafür gibt. Die privilegierte Gegebenheit der Intuition mag kritisch vernichtet sein – Brouwers Beharren darauf, daß sie unser Schließen immer begleitet, verliert nichts von seiner Glaubwürdigkeit.

Warum aber wollte Brouwer überhaupt so unbedingt in Angelegenheiten recht behalten, die sein Doktorvater für Haarspaltereien hielt? Warum hat er seine ganze Leidenschaft diesem Kampf gewidmet, warum haben ihm andere so vehement widersprochen, wieso fand der ganze Streit um das mit solcher Mühe zunächst einmal zu formulierende Grundlagenthema gerade damals, in gerade diesem Europa statt?

Einerseits war das begriffliche Material, mit dem man der Grundlagenproblematik zu Leibe rücken konnte, in der Tat so reichhaltig wie nie zuvor, und seine sich abzeichnenden Widersprüche und blinden Stellen legten nahe, groß aufzuräumen. Das ist indes nur die eine Seite des Prozesses, sein fortschrittliches Moment. Man kann all die Neuland erobernden Offensivschritte der Fundamentalkritik aber auch anders sehen: als apologetische Bemühungen, als Verteidigung einer Sorte auf Gewißheit abzielender Wissenschaft, die das neunzehnte Jahrhundert dominierte, an seinem Ende aber in eine Legitimationskrise geraten war. Was man verloren hatte, ist unsagbar; etwas, dem gegenüber die Sprache wirklich, wie Husserl und Brouwer schreiben, nicht hinreicht: Eine unnennbare Bedrohung überragt plötzlich die vom Fortschrittsdenken geformte geistige Landschaft. »Die Aufstiegsepoche des Bürgertums ist zu Ende«, sagten Marxisten zu jener Zeit, eine Form der Aneignung und Benutzung der Welt hatte sich erschöpft. Der Zusammenhang der Wissenschaftserträge mit den Forderungen der »Lebenswelt«, formuliert zur selben Zeit der späte Husserl, sei verlorengegangen.

Die Fundamentalanstrengungen, die die Ursachen dieses Verlusts ergründen sollen, indem sie die Grenzen dessen bestimmen, was im Rahmen exakter Wissenschaften überhaupt »ganz sicher« ist, beginnen für die Mathematik mit Frege, für die theoretisch-mathematische Physik mit den beiden Relativitätstheorien und der Quantenmechanik. Erst in unseren Tagen erreichen sie die systematischen Lebenswissenschaften: Eine neuen Synthese Darwinscher Konzepte mit den mikrobiologischen (und neuerdings bioinformatischen) Einsichten des zwanzigsten Jahrhunderts wird verlangt.

Daß die »Kommandozeichen der sozialen und Arbeitsregulation«, von denen Brouwer in seiner signifischen Phase glaubte, sie würden das Ganze der wissenschaftlichen wie der Alltagssprache ausmachen, in solchen Momenten fadenscheinig werden, eben das war die unausgesprochene, aber zutreffende Ur-Intuition Brouwers. Recht hatte er auch mit der Annahme, sie für eine zeitliche zu halten. Sie war ein soziales Datum: Der wahre Raum des brouwerschen a priori ist kein kantischer, sondern ein geschichtlicher – die Bühne, auf der das besondere Drama der abendländischen Vernunft spielt. Daß er das nicht erkannt hat, nicht erkennen konnte, macht seine Position zu der eines mathematischen Ideologen: Weil ihm seine Wissenschaft, wie als Jugendlicher sein Gott, durch sein Bewußtsein vermittelt ist, glaubt er, sie habe dort auch ihren Ursprung.

Wie aber sähe die Welt aus, und was blühte der Wissenschaft, wenn letztere ohne die Reflexion auf ihre Geschichtlichkeit überhaupt niemals erfolgreich grundlegend werden könnte? Als Brouwer am 2. Dezember 1966 in Blaricum gestorben war, nannte ihn sein Freund Max Euw am Grab den größten holländischen Mathematiker seit Huygens. So stellte er den Toten mitten in etwas hinein, wovon dieser zeitlebens hatte absehen wollen: das Kontinuum der Geschichte.

FÜNF

Das Märchen vom völlig symmetrischen Schmetterling

Amalie Emmy Noether

1882 bis 1935

Es war einmal ein Mädchen, das alles wissen wollte, was man durch Fragen und Nachdenken überhaupt rauskriegen kann. Das Kind hatte schlechte Augen, aber einen wachen Kopf. Während die anderen Mädchen sich aufs Häkeln und Stopfen warfen, wollte Emmy, von der wir erzählen, bald wissen, wie man die Sterne wiederfinden konnte, die man einmal gesehen hatte, weil doch der Himmel sich mit der Zeit veränderte, drehte. Dann fragte sie, wie der Regen zustande kommt, dann wollte sie begreifen, was den Wind anfangen und aufhören läßt, dann interessierte sie, wieso die Sonne scheint, und schließlich versuchte sie herauszukriegen, was die Zahlen für Sachen sind.

Emmy war zu einer Zeit geboren worden, als es für ein Mädchen vergleichsweise ungefährlich war, viele solche Fragen zu stellen. Die Menschen wurden allmählich »modern« – sie waren glücklicherweise endlich dahintergekommen, daß es nicht nur keinen Osterhasen und keinen Weihnachtsmann gibt, sondern wahrscheinlich auch keine Frauen, die von zuviel Neugier auf böse Wege geführt werden und dann je nach Bildungsgrad als einfache Hexen, als »Wiccae« oder besonders geheimnisvolle »Benandanti« enden. Das unheimliche Wissen dieser Frauen machte Tiere, Böden und andere Frauen unfruchtbar, erlaubte ihnen, wie die Vögel durch die Luft zu fliegen, und ließ sie sich mit Teufeln paaren. Als die Menschen modern wurden, schämten sie sich, wegen dergleichen einmal Frauen gequält und getötet zu haben.

Am dreiundzwanzigsten März des Jahres achtzehnhundertzweiundachtzig wurde Amalie Emmy Noether in Erlangen geboren. Ihre Mutter war die aus vermögendem jüdischen Haus stammende Ida Kaufmann, ihr Vater Max Noether, ein Mathematiker.

Was ihn am meisten interessierte, war der Versuch, zwischen den Hochgebirgen Geometrie und Algebra, also der Maßwissenschaft und dem Studium der Strukturen von Zahlensystemen, mit den Mitteln der einfachen Arithmetik einen Paß zu schlagen. Statt Schlösser zu bauen, Drachen zu töten und Kriege zu führen, hat Max Noether der neugierigen Emmy, für sie dadurch ein König, Gleichungen gebastelt. Er hat algebraische Raumkurven untersucht oder mit seinem Kollegen Alexander Wilhelm von Brill 1894 eine lange Abhandlung über »Die Entwicklung der Theorie der algebraischen Funktionen in älterer und neuerer Zeit« veröffentlicht. In dem Jahr, in dem diese Abhandlung erschien, war Emmy zwölf. Alters-, standes- und geschlechtsgemäß befaßte sie sich mit Haus- und Handarbeit und schon etwas begeisterter mit Klavierstunden und Tanzen. Eines Morgens im Sommer jenes Jahres aber wachte sie auf und fand ein kleines Feuer auf ihrem Fensterbrett.

Sie schlug die Bettdecke zurück und ging zu dem Flackern ans Fenster. Aus der Nähe erkannte sie, daß das Feuer in Wirklichkeit ein Schmetterling war. Das Tier leuchtete orange, nicht rot, am Rand mit dunkleren Fleckchen betupft, schlug langsam mit den Flügeln und sah regelmäßig gemustert aus, eine sehr ordentliche Zeichnung.

Ja, an ein Klecksbild fühlte Emmy sich erinnert, wie es entsteht, wenn man ein Stück Papier, auf dessen einer Hälfte ein Spritzer Tinte verläuft, falzt, zusammendrückt und wieder auseinanderbreitet. Was für eine Art ist das, fragte sie sich – vielleicht ein Augsburger Bär oder ein Brauner?

Sehr unerwartet fing das Tierchen an zu reden: »Mein Muster gefällt dir, stimmt's? Schon gut, das ist nur natürlich. Nimm es als

Prophezeiung – es gleicht dem Muster, das du entdecken wirst und das dir noch viel besser gefallen wird.«

Daß die Stimme zum Schmetterling gehörte und nicht von woanders herkam, bezweifelte Emmy kein bißchen. Sie klang genau, wie die Stimme eines Schmetterlings klingen mußte.

»Ich entdecke ein Muster? Dein Muster? Du meinst, später – wenn ich erwachsen bin?«

»Ein paar Jahre wird's noch dauern, stimmt«, pflichtete der Schmetterling bei.

»Das heißt«, sagte Emmy und ging in die Hocke, weil es höflich war, auf gleicher Höhe miteinander zu reden, »daß ich Naturforscherin werde und Insekten sammle?«

Der Schmetterling lachte. Es war sehr leise, und Emmy wurde, obwohl das Zimmer hell erleuchtet war vom Sonnenlicht, ganz unheimlich davon. »Nein, nichts so Kleinliches. Du wirst viel allgemeinere Sachen anschauen – das, was das Klecksbild mit dem Spiegelbild gemeinsam hat und was beide wiederum mit meinem Flügelmuster verbindet.«

Emmy hatte ihren Vater und dessen Gäste oft über Mathematik, besonders Geometrie reden hören und verstand daher, was das Feuer meinte: »Du redest von Symmetrie.«

»Und von Physik.«

»Wie, von Physik?«

»Ich rede von Eigenschaften der Dinge, die gleich bleiben, wenn man die Dinge verändert. Ich rede davon, daß du herausfinden wirst, woran das Gleichbleiben liegt: an den Symmetrien.«

»Heißt das, ich werde Mathematikerin? Und eine gute?«

»Halt die Luft an. Völlig aus dem Nichts wird's dir auch nicht gelingen – andere haben das vorbereitet, was du finden wirst.« Der Schmetterling klang altklug, fand Emmy, behielt das aber für sich. »Der große Astronom Christian Huygens zum Beispiel. 1703 ist ihm klargeworden, daß die Stoßkraft bei einem Zusammenstoß zweier Körper auch dann erhalten bleibt, wenn die beiden ihre Position im Raum verändern, und er hat sogar richtig erraten, daß das davon kommt, daß die Gesetze der Natur gleichgültig sind gegen einen Übergang aus einem gleichförmig bewegten – also weder beschleunigten noch gebremsten – normal trägen System in ein anderes.«

»Heißt gleichgültig dasselbe wie unverändert?«

»Siehst du«, freute sich der seltsame Gast, »es geht schon los! Ja, genau darum geht es. Und es gibt viel mehr Sätze über so eine Gleichgültigkeit, über Erhaltung, als nur den über die Stoßkraft, den Impuls. Du wirst als erste verallgemeinern, was Huygens gemerkt hat: Jeder Erhaltungssatz entspricht einer solchen Gleichgültigkeit gegen Veränderungen, nämlich einer Symmetrie.«

»Ich weiß nicht, was daran so klug wäre, so was rauszubekommen. Das ist doch der Sinn von Naturgesetzen, daß sie in Berlin genauso gelten wie in Erlangen.«

»So gesehen sieht das selbstverständlich aus. Aber nichts ist weniger selbstverständlich, als daß Eigenschaften einer Sache gleich bleiben, wenn man etwas an ihr verändert. Wäre ich zum Beispiel größer, als ich bin, würde ich zusammenbrechen, weil meine Oberfläche ein Quadrat ist, mein Rauminhalt aber eine dritte Potenz – was mich stabilisiert, ist mein Skelett. Darum gibt es keine riesigen Insekten, je größer, desto schwerer wären sie, und desto mehr Kraft brauchten sie, um nicht unterm eigenen Gewicht zusammenzubrechen. Also: gegenüber der Größe gibt es keine solche Gleichgültigkeit wie bei der Ortsveränderung. Wohl aber, wie wir gesehen haben, gegenüber der Lage. Und daß die Aktion der Reaktion gleich ist, darauf kann man sich verlassen – wie auf die Konstanz der Geschwindigkeit der elektromagnetischen Wellen.«

»Und wie geht der Zusammenhang zwischen Erhaltung und Symmetrie?«

»Die Symmetrie des Raumes entspricht der Impulserhaltung, hat Huygens gesehen –, man schreibt den Stoß, den Impuls, als Vektor, weil er einer Raumtransformation entspricht. Das Wunderbare daran ist, daß die Ableitung der Erhaltung aus der Symmetrie, wie sie dir gelingen wird, genausogut den umgekehrten Schluß ermöglicht. Schau: Der Impuls bleibt erhalten, weil der Raum überall gleich, homogen, ist, umgekehrt aber können Wissenschaftler, je sicherer sie aufgrund von Experimenten werden, daß der Impuls erhalten bleibt, desto beruhigter davon ausgehen, daß der Raum homogen ist. Und mit dem Raum fängt's ja erst an: Auch der Symmetrie der Zeit, also daß es gleichgültig ist, ob eine Wechselwirkung früher oder später stattfindet, entspricht eine Erhaltung, nämlich die der Energie – da geht nix verloren. Und außerdem gibt's eine Symmetrie beim Drehen, das wird für die Teilchenphysik sehr wichtig werden, die's allerdings noch gar nicht gibt. Sonst könnte ich dir tolle Sachen verraten: Der Drehsymmetrie entspricht nämlich eine Erhaltung des Drehimpulses, die für die kleinen Teilchen wichtig ist. Es geht da zu wie beim Schlittschuhlaufen: Wenn du die Arme anwinkelst, drehst du dich schneller, damit das Produkt aus der Trägheit und der Drehgeschwindigkeit gleich bleibt. Symmetrie der Drehung aber heißt: Es gibt keine bevorzugte Richtung im All.«

Emmy rümpfte die Nase: »Das meiste, was du mir da erzählst, verstehe ich nicht. Ich wäre mir nicht mal sicher, ob mein Vater es verstehen würde.«

»Tja, wie sollte er auch?« spöttelte der Schmetterling, schlug zweimal kurz mit den flammenden Flügeln und setzte leiser, fast unhörbar, hinzu: »Schweigen wir lieber von dem, was dein Vater über das denken würde, was in nicht mal hundert Jahren draus werden wird. Symmetrien überall, bis hin zur Supersymmetrie zwischen Bosonen und Fermionen, zur Eichtheorie, zum Traum von der Vereinigung der vier grundlegenden Naturkräfte in einer einzigen Beschreibung: Schwerkraft, Elektromagnetismus, schwache und starke Kernkraft ...«

»Du plapperst viel gescheites Zeug wild durcheinander«, schimpfte Emmy.

Das Geräusch, das der Schmetterling daraufhin von sich gab, war für Emmy zunächst nicht zu deuten; als er aber wieder zu reden begann, weniger spöttisch und eigenartig als zuvor, wurde ihr klar, daß es ein Seufzer gewesen war: »Ach ja, gescheites Zeug ... was soll ich sagen? Ich bin ja schon froh, daß die Zeiten so modern sind, wie sie langsam werden. Immerhin denkst du bloß, ich würde plappern, und nicht an irgendwas Okkultes. Meine Art, die Lepidoptera – wir haben die blödesten Geschichten abbekommen, quer durch die Jahrhunderte und in allen Kulturkreisen. Auf Malaysia sagen sie, Vampire könnten sich in Schmetterlinge verwandeln. Japaner halten uns für Boten der Kami, das heißt ihrer Vorfahren, und auf dem Balkan denkt man, die Seelen der Verstorbenen stiegen in Schmetterlingsgestalt zum Himmel auf.«

»An Gespenster glaube ich nicht«, versicherte Emmy.

Der Schmetterling erwiderte sachlich: »Na also. Das ist ja der Grund, warum ich überhaupt vorbeigekommen bin: weil ich weiß, daß du dir von der Begegnung nur merken wirst, woran du glauben kannst. Das wird nicht viel mehr sein als die Ermutigung zum Lernen. Wir werden uns in deinem Leben nur noch zweimal wiedersehen, es ist also sehr wichtig, daß du mir so bald wie möglich erklärst –«

Irgendwo im Haus polterte etwas. Emmy fuhr zusammen.

Unwillkürlich drehte sie den Kopf nach der Zimmertür. Als die nicht aufging und Emmy auch sonst nichts sah, was das Poltern hätte erklären können, wandte sie sich wieder nach dem Schmetterling um. Der aber war verschwunden.

*

Der Schmetterling hatte natürlich recht gehabt: In den Tagen, Wochen, Monaten und Jahren, die auf Emmys Erlebnis mit dem kapriziösen Flämmchen folgten, vergaß sie fast alles davon, bis auf die Ermutigung zum Weiterfragen. Der erste Zwischenschritt zum

Vergessen, die Überzeugung, alles sei ein Traum gewesen, hatte sich noch während des Besuchs selbst eingestellt. Ein Verlust war das nicht.

Emmy verschwendete keine Zeit mit Traumdeutung, sondern lernte Lernen. Nicht nur Mathematisch-Naturwissenschaftliches eignete sie sich an, sondern auch ein paar Sprachen, erwarb nach dem Besuch der Schule für höhere Töchter das bayrische Staatsexamen, das sie zum Lehren von Französisch und Englisch an Mädchenschulen berechtigte, und strebte dann ein Universitätsstudium an, wie es ihr älterer Bruder Fritz bereits begonnen hatte. Emmys Einstiegsbedingungen im akademischen Leben waren nicht die günstigsten. Noch 1898 hatte die Universität Erlangen einen Beschluß verabschiedet, der mit mehr oder weniger umständlichen Worten verkündete, die Zulassung von Frauen zum akademischen Lehrbetrieb bedeute soviel wie den ersten Trompetenstoß der Apokalypse.

Mit den passenden Einwilligungsschreiben angesehener Professoren gerüstet, war es einer Frau trotzdem möglich, Vorlesungen zu besuchen. Emmy verschaffte sich solche Dokumente ohne große Mühe, legte 1903 die Abiturprüfung ab und hörte danach zwei Jahre lang in Erlangen Geschichte, Philologie und Mathematik.

Ihre eigentliche Arbeit begann sie unter Paul Albert Gordan, der sich mit dem Existenzbeweis Hilberts, wonach die Invarianten bestimmter Systeme eine endliche Basis haben, nicht zufriedengab. Daß es die behauptete endliche Basis gab, bezweifelte Gordan nicht, aber wie Kronecker und Brouwer bevorzugte er konstruktive Methoden, und so arbeitete auch seine Studentin Noether damit. »Rechnerei« nannte sie das später abfällig, auch stärkere Ausdrükke dafür hatte sie parat, »Mist« war nur ein besonders unzweideutiger.

Im Wintersemester 1903/04 besuchte sie zum ersten Mal Göttingen. Der Prospero, der dort herrschte, David Hilbert, hielt sie vor Ort. Und die Mitwelt ahnte allmählich, was für ein seltener Ort das war. Mit den abgründigsten Fragen wandte man sich bald an die Bewohner dieser Insel: Als beispielsweise das Hirn des irren hannoverschen Massenmörders Haarmann nach dessen Hinrichtung der Wissenschaft zur Verfügung gestellt wurde, um darin nach dem Bösen zu wühlen, war diese Wissenschaft ganz selbstverständlich in Göttingen zu Hause.

Emmy hörte in Göttingen zunächst Karl Schwarzschild und Hermann Minkowski, zwei der Leute, die Einsteins spezielle Relativitätstheorie wenig später mathematisch aufräumen sollten, und besuchte dann Vorlesungen Hilberts. Drei Jahre später promovierte sie in Erlangen mit höchsten Auszeichnungen und begann unmittelbar danach zu lehren – unbezahlt und inoffiziell, meist in Vertretung ihres Vaters. Unter den Fachleuten sprach sich herum, daß diese Frau dem Fach etwas zu geben hatte; nur zwei Jahre nach ihrer Promotion nahm die Deutsche Mathematikervereinigung Emmy Noether auf.

Zwischen ihrer Promotion und dem Ende des Ersten Weltkriegs fand sie ihre Stimme: Was Hilbert, Gordan, ihr Vater und andere getan hatten, setzte sie zunehmend abstrakter und allgemeiner fort. Klein und Hilbert luden sie, beeindruckt von ihren Ideen, nach Göttingen ein. Da entwickelte sie, wie andere vor Ort, präzise begriffliche Instrumente zur klareren Fassung der Einsteinschen Theorie, während Hilbert darum kämpfte, ihr eine akademische Stelle zu verschaffen, die ihrem wissenschaftlichen Rang entsprach.

Die Kleinlichkeit der Regularien stand dem entmutigend entgegen: Trotz Habilitation war die akademische Karriere der Hochbegabten alles andere als gesichert. Hilberts Mahnung vor Kollegen, der Senat einer Universität sei doch keine Badeanstalt, half nichts. Weil man ihr keine eigenen zubilligte, hielt sie Vorlesungen in Hilberts Namen. Ab und zu folgte sie Einladungen zu Gastprofessuren, etwa in Wien und später auch in der Sowjetunion.

Nach dem Tod des Vaters 1921 fehlte dessen bescheidene finanzielle Unterstützung. Von 1922 an hatte sie zumindest eine inoffizielle, wenn auch zunächst unbezahlte Göttinger Assistentenstelle inne, später bezahlte man ihr dann, nicht gerade üppig, die Lehrstunden in Algebra, die sie unteren Semestern gab.

Verdruß über Karrieresorgen dieser Art empfand sie, abgesehen von der materiellen Bedrückung, dennoch kaum. Sie hatte nämlich beim Herumgehen auf Prosperos Insel etwas gefunden, was auf sie gewartet zu haben schien: Ringe und Ideale. Im Jahre 1921 erschien Emmy Noethers berühmtester Text: »Idealtheorie in Ringbereichen«. Ganz wie eine Flamme auf dem Fensterbrett der Zwölfjährigen erzählt hatte, galten die in diesem Aufsatz entwik-

---

Ringe und Ideale: ***Ein Ideal ist eine Untermenge eines Zahlenrings. Ringe sind Zahlenmengen, in deren ganzem Bereich gilt:***

1. Die Addition ist assoziativ und kommutativ:
$(a + b) + c = a + (b + c)$ (Assoziativität) und $a + b = b + a$ (Kommutativität).

2. Es herrscht additive Identität, was heißt, daß ein Element 0 existiert, so daß für alle a in der Menge gilt: $0 + a = a + 0 = a$.

3. Die Multiplikation ist assoziativ: $(a*b) * c = a * (b*c)$.

4. Für jedes a gibt es ein inverses Element: $a + (-a) = (-a) + a = 0$.

5. Distributivität funktioniert links wie rechts: für alle a, b, c auf dem Ring ist
$a * (b+c) = (a*b) + (a*c)$ und $(b+c) * a = (b*a) + (c*a)$.

Das Ideal I zu einem so definierten Ring nun ist eine additive Gruppe, für die gilt: Wenn x zum Ring gehört und y zum Ideal, dann gehören xy und yx zum Ideal. So sind zum Beispiel die ganzen Zahlen ein Ring, die geraden ganzen Zahlen ein Ideal dazu.

---

kelten Regeln fürs Verhalten von Elementen der genannten abstrakten Mengen auch für Teilchen in der neuesten Physik der Zeit. Die Symmetrien, die den physikalischen Erhaltungssätzen entsprechen, ästhetisch ansprechend wie denkökonomisch wertvoll, waren entdeckt.

*

Fröstelnd, wie stets nach einer dieser Nächte unter drei Decken und ohne vernünftige Heizung, saß Emmy Noether im klammen Frühjahr 1925 in einem Moskauer Zimmer. Die Kacheln an der Wand sollten von innen her mit Brennholz beheizt sein, waren aber statt warm bloß nicht ganz kalt.

Sie goß sich brühheißen Tee aus einer kostbaren vorrevolutionären Kanne in eine Tasse und erfreute sich am Dampf, der ihr entgegenstieg. Da veränderte plötzlich der aufs Porzellan der Kanne gebrannte blaue Schmetterling seine Farbe, schlug einmal, noch mal, dreimal mit den Flügeln, befreite sich aus dem Geschirr und saß endlich leise bebend auf dem Kannendeckel. Als wären nicht Jahrzehnte vergangen, sagte Emmy Noether wie im Schlaf: »Da bist du also. Ausgerechnet in Rußland. Daß ich damit gerechnet habe, kann ich wirklich nicht sagen.«

»Setz ruhig die Brille auf und schau genauer hin, wenn du's nicht glaubst!« meldete sich dieselbe Stimme wie damals im Kinderzimmer, dünn aber deutlich, im gleichen schnippischen Tonfall wie beim ersten Mal.

»Du weißt«, drohte Emmy Noether nicht besonders ernsthaft, »daß das hier ein Land ist, wo Gespenster wie du weniger als irgendwo sonst auf der Welt willkommen sind? Die Leute hier haben beschlossen, daß sie an möglichst wenig glauben wollen, und dieser neue Unglaube wird, wenn nötig, auch mit dem Gewehr verteidigt.«

»Was denn, Gespenster? Ich bin ein Schmetterling, weiter nichts.

Gut, eine Raupe war ich nie. Ich komm von ganz woanders und bleib für immer, was ich bin: sauber achsensymmetrisch, hübsch farbig, sehr gut informiert. Jedenfalls solange die Welt nicht umfällt, wenn die vieldeutige Anspielung erlaubt ist.«

Am Ende dieses Satzes schien es Emmy Noether, als habe der Schmetterling kaum hörbar Atem geholt, damit die kurze Pause um so provozierender wirkte. Dann sagte er: »Viel hat sich bei dir getan, das steht fest. Du bist noch kurzsichtiger geworden, auch richtig stattlich, eine imposante Gestalt – du weißt, daß du bei den Studenten ›der Noether‹ heißt? Undankbar sind die, wenn du mich fragst. Da gehst du mit ihnen schwimmen, servierst ihnen bei dir zu Hause Pudding, und manche von denen veröffentlichen sogar deine Ideen unter ihren Namen. Hat man überhaupt je anerkannt, wer du bist und was du leistest? Noch immer denken nicht wenige Kollegen, die zum ersten Mal einen Aufsatz mit der Autorenzeile ›E. Noether‹ in die Finger kriegen, da müsse wohl ein Emil Noether dahinterstecken.«

»Wenn dir nichts Unterhaltsameres einfällt, als meine Schüler zu verleumden, kann ich dich auch gleich mit dem Tee hier verbrühen. Loyalere Leute soll erst mal jemand finden. Van der Waerden zum Beispiel, der Holländer, läßt sich keine Gelegenheit entgehen, mein Lied in einer Lautstärke zu singen, die mir fast schon zu Kopf steigt.«

Der Schmetterling flatterte: »Ach Gottchen, ja, deine Noether-Knaben, wie man sie in Göttingen nennt. Allen voran Bartel Leendert van der Waerden – stimmt schon, sein Buch, das er bescheiden genug einfach ›Moderne Algebra‹ getauft hat, wird dich und deine Ideen in wenigen Jahrzehnten bekannter machen, als die meisten lebenden Kollegen an den Fakultäten sind. Der zweite Band wird fast ausschließlich mit deinen Sachen vollgestopft sein, in Amerika wird man dank van der Waerdens Propaganda die Noethersche Lehre als ›New Algebra‹ schlechthin diskutieren. Aber was bringt's dir, und vor allem: was bringt's mir? Du solltest wirklich wieder mehr Physik treiben. Oder wenigstens Probleme lösen, die nah genug an dem sind, was Physik bald werden wird.«

Noether schüttelte den Kopf: »Du bist ja wirklich bestens unterrichtet, hast viele und sehr klare Meinungen. Aber was ich forsche und lehre, vor wem und warum, das kannst du mir genausowenig vorschreiben, wie mich die Herren auf Dauer aus der Wissenschaft haben aussperren können. Wie kommst du überhaupt zu deinen Frechheiten?«

Die Antwort klang viel weniger auftrumpfend als alles, was der Schmetterling bis dahin gesagt hatte: »Ich würde gern alles erklären, wenn wir mehr Zeit hätten. Aber darum, daß ich soviel weiß, geht es eben. Ich bestehe nämlich weit weniger aus Porzellan oder sonst einem Stoff, den man anfassen kann, als aus den Informationen, die ich mitbringe. Die Geschichte, die wir zusammen erleben, ist achsensymmetrisch, weißt du – die Achse ist diese Begegnung hier. Bei unserm ersten Treffen wußest du kaum etwas und ich so gut wie alles. Heute, bei unserm zweiten, wissen wir beide einiges, aber bei weitem nicht alles. Wenn wir uns aber zum letzten Mal sehen, werde ich fast nichts mehr wissen, und du –«

Es klopfte an der Tür. Eine Stimme mit russischem Akzent fragte höflich: »Sind Sie schon wach, Professor?«

»Einen Moment!« erwiderte die Angesprochene und sah reflexartig zur Tür. Wie insgeheim erwartet, hatte sich der sprechende Schmetterling in ein Bild auf der Kanne zurückverwandelt. »Bis zum nächsten Mal also«, seufzte sie und bat einen alltäglicheren Besucher herein.

*

Die Zeit, asymmetrisch genug, schritt fort in immer derselben Richtung. Wieder blieb kaum die Erinnerung zurück vom seltsamen Falter und dem, was er gesagt hatte. Arbeitsame Jahre folgten, wie zuvor. Manchmal kroch eine Raupe auf den Schreibtisch, etwas Weißes, Schwebendes, am Teich, beim Baden, und rührte zwischen Märzveilchen ans Vergessene. Auch saß Ende der zwanziger Jahre einmal ein dicker grüner Weinschwärmer auf einem Vorhang im Hörsaal, den Emmy Noether, ehe sie mit ihrer Vorlesung fortfuhr, minutenlang gedankenversunken betrachtete.

Was immer ihr in diesen Momenten auf der Zunge lag, entschwand folgenlos. Es gab genug zu tun: Ab 1927 wandte sie sich zusammen mit Helmut Hasse und Richard Brauer allgemeinen Studien zum wachsenden Feld der nichtkommutativen Algebra zu und wuchs in die heimische Wissenschaftlergemeinschaft hinein, deren unverzichtbares Vollmitglied sie auf umständlichen Wegen geworden war. So war sie Mitherausgeberin der berühmten »Mathematischen Annalen«, trug auf großen Kongressen vor, erhielt Auszeichnungen und wurde von ihren Lesern immer seltener für einen Emil gehalten. Das hätte so weitergehen können.

Statt dessen kamen die Nationalsozialisten an die Macht und begannen, die Juden aus dem akademischen Leben Deutschlands zu verjagen. Göttinger Studenten, nicht nur solche, die zu den Noether-Knaben gehörten, verfaßten Eingaben und Bittbriefe: Man möge doch zulassen, daß Emmy Noether der Universität erhalten bleibe.

Die Bedrohte selbst fand, als der Schrecken schon über allen hing, dennoch Zeit, mit Hermann Weyl eine Hilfskasse für nach den Nürnberger Gesetzen als jüdisch eingestufte Mathematikerinnen und Mathematiker einzurichten, die ihre Arbeit verloren hatten. Als engagierte Pazifistin und zeitweiliges SPD-Mitglied war Emmy Noether an Politik nur so weit interessiert, wie man sich eben damit befassen mußte, wenn man wie sie nicht glauben konnte, gute und produktive Wissenschaftlerleben ließen sich ganz unbeeindruckt von dergleichen verbringen.

Um sich zu retten, mußte sie das Land verlassen, zu dessen klügsten Bewohnern sie gehört hatte. Sie floh nach Amerika. Dort fand sie am Frauen-College Bryn Mawr in Philadelphia/Pennsylvania eine Anstellung, die ihr Auskommen sicherte, aber wieder einmal nicht ihrem wissenschaftlichen Rang entsprach.

Die amerikanische Mathematikerin Anna Johnson Pell Wheeler stand ihr dort als gute Freundin zur Seite, dank eines Fellowship hatte sie einst in Göttingen studiert und war selbst im Jahr 1918 nach Bryn Mawr gekommen, wo sie bis 1948 lehrte. Wheeler war die erste Frau gewesen, die auf einem Treffen der American Mathematical Society die prestigeträchtigen Colloquium Lectures gehalten hatte.

Hoffnungen, noch einmal in Muße arbeiten zu können, zerschlugen sich. Schwere Gesundheitsprobleme machten der Emigrantin zu schaffen. Am 10. April des Jahres 1935 ließ sie sich Zysten entfernen. Vier Tage nach der Operation fiel sie plötzlich in Bewußtlosigkeit und bekam hohes Fieber. Vergeblich versuchten die Ärzte, sie zu retten.

*

Im Garten vor dem Fenster des Zimmers, in dem Emmy Noether auf dem Krankenbett lag, ohne zu Bewußtsein zu kommen, blühten Frühlingsblumen, manche lange schon heimisch, andere jüngst eingebürgert aus Südamerika oder Europa. Ein Falter saß am Gartenrand auf einer niedrigen Mauer.

Er redete mit sich selbst: »Immer gleich, nie verändert, ich komme, wie ich eben komme. Aber diesmal bin ich zu spät. Was passiert mit allem, was man wissen kann – sie hat genug gewußt, um es sich vorstellen zu können. Wo die Informationen hingehen, das hätte ich gern von ihr erfahren. Ob sie je ganz vernichtet werden können, ob es einen Erhaltungssatz gibt für die in den natürlichen Sachen enthaltene Information. Was passiert, wenn ein Buch in ein schwarzes Loch fällt? Wird das, was drinsteht, einfach vom gesamten Informationsgehalt des Universums abgezogen?

Wohin wandert die Erinnerung, wenn sich niemand erinnert? Den Erhaltungssatz dazu müßte man kennen. Sie hätte mir sagen können, wie er aussieht. Sie hätte gewußt, welcher Symmetrie er entspricht.«

*

Als sie geboren wurde, war man über Hexenverbrennungen scheinbar hinausgelangt. Als sie starb, fanden in Europa gerade wieder Verbrechen statt, die sich mit den alten Grausamkeiten mühelos messen konnten. Ein Spruch der Benandanti sagt: »Wenn wir, die wir uns dafür entschieden haben, zwischen Sonnenuntergang und Mondaufgang zu leben und nach Wahrheit zu suchen, Schutz finden wollen in der Stunde der Toten, müssen wir achtgeben, daß wir im großen Streit auf der Seite der Unschuldigen stehen.«

Und wenn sie auch gestorben ist: Auf der Seite der Unschuldigen lebt Emmy Noether.

SECHS

Offenbarung und Beweisfaulheit

Srinivasa Ramanujan

1887 bis 1920

»Das Gefängnis des abendländischen Menschen gehört zu den furchterregendsten, weil es keine Mauern hat.« Julius Evola

Viel ist, wenn man nicht völlig anspruchslos leben will, nicht übriggeblieben von der Anziehung, die Friedrich Rückerts »Weisheit des Brahmanen« (1836–1839) auf Zeitgenossen ausgeübt haben mag. Das Assoziationsfeld des Spirituellen, Asketischen, Vedischen, Meditativen ist dank allerlei Kitsches so unauflöslich mit dem westlichen Verständnis einer tieferen kulturellen Wahrheit des Lebens auf dem indischen Subkontinent verbunden, daß selbst ein aller Spökenkiekerei unverdächtiger Biograph des genialen Zahlentheoretikers, um den es hier gehen soll, in der Einleitung seines Buches bemerkt: »Auch wenn man sich nur kurze Zeit in Südindien aufhält, ist es schwer, nicht mit einer hohen Achtung vor der Spiritualität und einem tiefen Respekt für verborgene Bereiche zurückzukommen, die implizit die westlichen Werte und den westlichen Lebensstil in Frage stellen. In allen Jahrhunderten haben westliche Künstler versucht, religiöse Gedanken des Dankes und der Anbetung auszudrücken, sei es in Bachschen Fugen oder in gotischen Kathedralen. Im heutigen Südindien liegen solche religiösen Gefühle deutlich in der Luft, und dort scheint es viel natürlicher zu sein, eine spirituelle Komponente in Ramanujans Werk zu konstatieren, als im säkularisierten Westen.«

Auch wenn man den Eindruck, den Robert Kanigel in dieser Passage noch nüchtern genug weitergibt, als authentisch zur Kenntnis nimmt, wäre zu fragen, ob hier nicht, wie am vulgären Ende des Spektrums »postkolonialer Studien«, ein westliches schlechtes Gewissen sein mea culpa herunterbetet.

Die alte vedische Kultur sammelte zahlreiche Rechenanleitungen, in denen bereits Brüche, Quadratzahlen, Kubikzahlen und Wurzeln vorkamen, auch geometrische Lehrbücher gab es. Lange vor Beginn der christlichen Zeitrechnung war den Lesern der Baudhayana Sulva Sutra die im Satz des Pythagoras eintausend Jahre später formulierte Dreiecksratio bekannt. Pythagoras selbst hatte die Upanischaden gelesen und gewann einige Einsichten daraus. Auch die Trigonometrie, also die Wissenschaft der Verhältnisse zwischen den Dreieckswinkeln, erschlossen über die Funktionen ihrer Veränderlichkeit, wurde zuerst in Indien entwickelt. Das Dezimalsystem hat dort einen seiner Ursprünge. Das Nullelement, ohne das jede Zahlentheorie eine beschwerliche Angelegenheit wäre, findet sich erstmals 200 n. Chr. in einem indischen Text erwähnt, und Ganit, das Wissensgebiet im Ganzen, das wir mit einem griechischen Wort Mathematik nennen, hatte einen hohen Platz in der philosophischen Hierarchie der betreffenden Überlieferungen – abzulesen an Sätzen aus dem »Vedang Jyotish«, die tausend Jahre vor Beginn der christlichen Ära geschrieben wurden: »So wie die Federn eines Pfaus und der Juwelenstein einer Schlange am höchsten Punkt des Körpers zu finden sind, ist die Stellung von Ganit unter allen Erkenntnisweisen die höchste.«

Die interessanteste moderne Blüte besagter Tradition, deren Strom auch nach dem sechzehnten Jahrhundert nie ganz versiegte, als er sich auf die bekannte koloniale Weise mit der Tradition der europäischen Eindringlinge verband, ist das Lebenswerk eines Autodidakten namens Srinivasa Ramanujan, der am 22. Dezember 1887 im südindischen Erode geboren wurde. Rasch zeigte er

Talent für arithmetische Kunststücke und das spontane Erfassen ausgreifender Zusammenhänge zwischen Zahlenstrukturen. Anhand eines zu jener Zeit überholten Lehrbuchs eignete er sich ein bißchen formaltechnisches Rüstzeug an, wurde kleiner Angestellter und in dieser Eigenschaft von indischen Mathematikern nach deren bescheidenen Mitteln gefördert. Nach zwei gescheiterten Versuchen konnte er mit einer Briefsendung, die eine Auswahl seiner Arbeiten vorstellte, einen genialen Mathematiker des Herrenlandes Großbritannien von seiner Brillanz überzeugen. Der ließ ihn nach England kommen, wo sich sein Schicksal wenn schon nicht erfüllte, so doch wendete. Einer kurzen Phase glückhafter Zusammenarbeit mit den mathematischen Großen Englands folgten eine schwere Krankheit, die Rückkehr nach Indien und der viel zu frühe Tod im Alter von 32 Jahren.

Sein Nachlaß war bereits zu Lebzeiten einer: Was er schrieb, war so wenig »organisiert« und auf Veröffentlichung präpariert, daß es der Fürsprache des berühmten Godefrey Harold Hardy bedurfte, um Ramanujan die Tür zur wissenschaftlichen Publikationsgemeinschaft aufzustoßen. Hardy wußte genau, wen und was er da vor sich hatte. In einem Begleittext zu einer der Veröffentlichungen, die Ramanujans unorganisierter Produktivität abgerungen wurden, schrieb er: »Es liegt stets mehr in Ramanujans Gleichungen verborgen, als man auf den ersten Blick erkennt, wie jeder feststellen wird, der sich daranmacht, jene zu überprüfen, die am einfachsten aussehen. Bei manchen von ihnen liegt das, was daran interessant ist, tief verborgen, in anderen vergleichsweise nah an der Oberfläche, aber es gibt unter ihnen auch nicht eine, die nicht zumindest bemerkenswert und unterhaltsam wäre.«

Die Notizhefte, in denen Ramanujan als graue Maus bei der Hafenbehörde in Madras wie als Seiteneinsteiger in die akademische Welt seine Ergebnisse eintrug, sind Schatztruhen, da sind die Finder sich einig. Und doch hat man noch heute, rund achtzig Jahre nach seinem Tod, das Bizarre vom Hilfreichen, das Wichtige vom Irreführenden nicht endgültig scheiden können.

Die Herausgeber der fortlaufenden kommentierten Auswahl aus diesen Sammlungen sparen in ihren Anmerkungen nicht mit exorbitantem Lob. Soweit es die Bewertung unendlicher Folgen und das Aufstellen von Gleichungen für solche Reihen von manchmal vielfach in sich verschlungenen mathematischen Ausdrücken betreffe, gebe es niemanden, der ihm gleichkomme, mit Ausnahme (»vielleicht«!) Eulers und Jacobis.

So hoch sie ihn schätzen, Seufzer über den unaufgeräumten Zustand seiner Hinterlassenschaft können sie nicht unterdrücken. So stellen sie hin und wieder leicht pikiert fest, daß zahlreiche der gebotenen Ergebnisse »klassisch« seien und also schon vor ihrer Entdeckung durch den Autor jener Hefte in der ihm leider größtenteils unbekannten Literatur geführt wurden. Die Sachlage wird noch verkompliziert dadurch, daß man nicht immer herausfinden kann, welche klassische Einsicht jeweils dem korrespondiert, was da vorliegt. Dann wieder teilen sie mit, daß er »keine eigene Schreibweise für hypergeometrische Reihen« besessen habe, was eine Art Mangel sei, da er gerade auf diesem Feld so Bedeutendes geleistet habe und man sich vorstellen könne, wieviel mehr er hätte herausfinden können, wenn seine Symbolsprache reichhaltiger gewesen wäre. Andererseits habe aber dieser Mangel einen geheimen Vorteil: »Alle Formeln werden hier dadurch angeführt, daß die ersten paar Ausdrücke der jeweiligen Reihen einfach ausgeschrieben werden. Diese Praxis hat einen besonderen Vorteil darin, daß die Eleganz bei Formeln, in denen es um Reihen geht, auf diese Weise leichter sichtbar gemacht werden kann. Häufig nämlich verdeckt eine kompaktere Schreibweise die ästhetischen Eigenschaften von Beziehungen zwischen langen Reihen von Ausdrücken.«

Harry Henderson, Pädagoge und Verfasser diverser Mathematikerporträts, hat Ramanujan einmal einen Jazzmusiker der Mathematik genannt, um ihn von klassischen Virtuosen wie Georg Cantor abzusetzen. Denkt man dabei an große Improvisatoren wie Ornette Coleman oder John Coltrane, ist in dieser Feststellung durchaus eine nichttriviale Wahrheit ausgesprochen, vorausgesetzt, man vergißt nicht, daß diese Künstler bei allem Spielerischen, Elliptischen und Rhapsodischen gleichzeitig durch größte Präzision bestechen.

Srinivasa Ramanujan hat sich gegen den impliziten Vorwurf seines größten Förderers Hardy, er treibe Zahlentheorie gleichsam aus dem Bauch, da er dem schönen Beispiel und der blitzartig einleuchtenden Formel stets Vorrang vor der peniblen Herleitung gönne, mit Worten verteidigt, die auch von einem Jazzmusiker stammen könnten: »Sie werden meinen Methoden nicht folgen können, wenn ich die Gedankenbahnen, entlang deren ich fortschreite, in einem einzigen Brief skizzieren soll. Sie könnten fragen, wie ich Ergebnisse akzeptieren kann, die auf falschen Voraussetzungen zu beruhen scheinen. Was ich Ihnen darauf erwidere, ist dies: Überprüfen Sie die Ergebnisse, die ich vorschlage, und wenn Sie mit Ihren eigenen Ergebnissen übereinstimmen, die sie durch ein Vorgehen in den Bahnen der gegenwärtigen Mathematik erreichen, sollten Sie zumindest akzeptieren, daß in meinen Voraussetzungen etwas wie eine grundlegende Wahrheit enthalten sein könnte.« Die von Ramanujan gemiedenen oder verlassenen »Bahnen der gegenwärtigen Mathematik« klingen im Originaltext noch jazznäher als in der Übersetzung: »the groove in which the present day mathematicians move«.

Ramanujans eigene »Moves« auf seinen Lieblingsspuren, etwa im Problemfeld unendlicher Reihen, sind inzwischen vielfach von Leuten reproduziert worden, die gar nicht wußten, daß der indische Außenseiter in seinen Notizbüchern ihre Resultate vorweggenommen hat – eine drollige Umkehrung der Ausgangssituation des Außenseiters, die darin bestand, daß Ramanujan seinerseits mitunter das Rad neu erfinden mußte, da er von der zeitgenössischen Theorem-Produktion in den Jahren, in denen sich sein Talent herausbildete, weitgehend abgeschnitten war. Die Geschichte des Fachs und der Mann aus Südindien reden also immer noch aneinander vorbei, obwohl sie mittlerweile über einzelne Themen in eine Art Dialog eingetreten sind. Daß Ramanujan es zur popkulturellen Mythenfigur gebracht hat, deren Bild und Geheimnis in meist elektronisch vernetzten Kreisen eifrig verehrt wird und deren Mantra, wie Greg Egan einmal satirisch angemerkt hat, »Cyber-Nano-Quantum« lauten müßte, verdankt er nicht seinen Stärken, sondern seinen Schwächen.

Leute, denen Douglas Hofstadters »Gödel, Escher, Bach« ein Evangelium ist, verehren den Mann als Kauz mit Zügen des heute sogenannten Nerds, worunter man sich vom kontaktgehemmten Einserschüler in Mathe bis zum halbkriminellen Hacker so ziemlich jeden leicht verkorksten, genialischen jungen Mann vorstellen kann.

Ramanujans Stärken lagen vor allem auf zahlentheoretischem Gebiet. Er befaßte sich mit Partitionen natürlicher Zahlen, also der Frage, wie und auf wie viele Arten man bestimmte natürliche Zahlen als Summen anderer natürlicher Zahlen schreiben kann. Besonders angetan hatte es ihm eine knifflige Variante dieses Problems, nämlich aus wie vielen und welchen addierten Quadratzahlen man andere Zahlen zusammensetzen kann. Besonders gern arbeitete er mit Kettenbrüchen oder mit aus Brüchen gefügten Reihen. Es war wohl nicht ein für sich genommen skurriles besonderes Geschick, schneller als andere das Ergebnis solcher langer Verkettungen von Termen zu erkennen, was ihn vor anderen auszeichnete, sondern eine Art der Anschauung, die viel abstrakter funktioniert als Kopfrechnen. Ob eine Folge von Ausdrücken konvergiert (sich nach so und so vielen Additionen auf einen Wert einpendelt) oder divergiert (etwa bei immer kleiner werdenden Termen immer langsamer wächst, ohne an eine Obergrenze zu stoßen), hat er erkannt, wenn

$$\frac{1 + 53x + 9x^2}{1 - 82x - 82x^2 + x^3} = \sum_{n=1}^{\infty} a_n x^n \qquad (1)$$

$$\frac{2 - 26x - 12x^2}{1 - 82x - 82x^2 + x^3} = \sum_{n=0}^{\infty} b_n x^n \qquad (2)$$

$$\frac{2 + 8x - 10x^3}{1 - 82x - 82x^2 + x^2} = \sum_{n=0}^{\infty} c_n x^n \qquad (3)$$

dann

$$a_n^3 + b_n^3 = c_n^3 + (-1)^n \qquad (4)$$

Ein Beispiel für Ramanujans Zahlensinn: die von ihm gefundene Summenidentität.

indem ihm Wege einfielen, wie man diese Folgen durch Unformung (zum Beispiel mittels Einklammerung einzelner Elemente) so darstellen kann, daß »eigentlich schon dasteht«, auf welchen Wert eine sich bis ins Unendliche fortsetzende Reihe hinausläuft.

Was Ramanujan »sah«, scheinbar ausgestattet mit einem speziellen Sinnesorgan, das er gelegentlich Offenbarung nannte und der Göttin Namagiri von Namakkal zuschrieb, einer Lokalgottheit seiner Jugendzeit, waren die vielberedeten »Strukturen« innerhalb großer, manchmal unendlicher Zahlenmengen. Das Ganze läßt sich aber auch andersherum beschreiben, »inhaltlich« – so gesehen

$$\frac{1}{\pi} = \frac{\sqrt{8}}{9801} \sum_{n=0}^{\infty} \frac{(4n)!}{(n!)^4} \cdot \frac{1103 + 26390n}{396^{4n}}$$

Die von Ramanujan gefundene Reihe zur Bestimmung von Pi.

hatte er anderen die Fähigkeit voraus, von äußeren Strukturen abzusehen, Formen als austauschbar zu betrachten, Identitäten zwischen strukturell verschiedenen Elementen einer Menge zu erkennen. Für Zahlentheoretiker ist Konzentration auf numerische Inhalte eine Tugend von ganz anderer Art als jene, die ein Topologe oder Mengentheoretiker sich anerziehen muß.

Ramanujan besaß diesen positiv stieren Blick. So konnte er zum Beispiel verschiedene reihenförmige Näherungen für den Wert der Zahl Pi angeben, die das Verhältnis des Umfangs zum Durchmesser eines Kreises ausdrückt. Eine dieser Reihen heißt heute nach ihm und wird – algorithmisiert, in ein Computerprogramm übersetzt – immer wieder beim Aufstellen von Großrechner-Rekorden im Wettstreit um die Bestimmung von immer mehr Stellen von Pi benutzt.

Außer dem Zahlenauge braucht jemand, der schaffen will, was Ramanujan geschafft hat, natürlich ein gutes bis prächtiges Gedächtnis, genügend Geduld, aber auch den Willen zur Introspektion und ein gesundes Desinteresse an sozialen Zerstreuungen. Ob diese Eigenschaften zusammen bereits den beschriebenen Zahlensinn ergeben, ist mindestens umstritten.

Bei Genies konstruiert man rückblickend gern Anzeichen, die das Vorhandensein von Eigenschaften verraten, die wir andern nicht aufweisen. Von Ramanujan kann man immer wieder hören, er habe bis zum dritten Lebensjahr nicht geredet und etwas zurückgeblieben gewirkt. Kaum sei er dann in der Grundschule mit Zahlen in Berührung gekommen, habe er sich begeistert und ausdauernd auf deren spielerische Manipulation geworfen. Tagelang hat er sich ununterbrochen mit Rätseln, Spielen, Figuren befaßt.

Wie gerade, wie zwingend führte der Weg von diesen Spielen zu den Gleichungssystemen der höheren Mathematik? Das alles lernte er erst durch George S. Carrs »A Synopsis of Results in Pure and Applied Mathematics« kennen. Ein Student hat Ramanujan das Buch noch zu Schulzeiten geliehen. Seine mathematische Erziehung war also »englisch« – das ist zu berücksichtigen, wenn man die Geschichte vom »Kulturschock« kritisch lesen will, der ihn, sobald er in England ankam, so schwer getroffen und später nachhaltig isoliert hat. Trotz Hardys Einladung wollte er zunächst nicht reisen. Einer der Gründe, die er für diese Ablehnung angab, war die Angst, daß die zu große Entfernung vom Heimatland ihn die mathematischen Einsichten kosten könnte, die ihm »die Göttin schenkte«.

Auf diesem Motiv in einer Weise herumzureiten, die tatsächlich auf die Gegenüberstellung hinausliefe: »hier der nach Gefühl und genialer Eingebung arbeitende, spirituelle Inder und seine diese Eigenart achtende Heimatumgebung, dort das kalte, technophile, überzivilisierte England mit seinen überzüchteten Hardys, die den Inder nicht verstehen« – das wörtlich zu glauben hieße vergessen, daß Ramanujans Behauptung, in Indien verwurzelt zu sein, mindestens so sehr Wunschvorstellung wie akkurate Beschreibung einer Tatsache war. Denn natürlich war er, ein Hybride in Talent, Neigung und Erziehung, auch in Indien nicht unbedingt daheim: Nach der von seiner Mutter arrangierten Hochzeit mit einer entfernten Verwandten und dem Eintritt ins Berufsleben mußte er sich eine ganze Weile die Absätze kaputtlaufen, bis er in Madras Menschen gefunden hatte, die seinen Einfällen Gehör schenkten und ihm das Gefühl gaben, daheim zu sein.

Nach V. Ramaswami Ayer, dem Gründer der Indischen Mathematischen Gesellschaft, der ihm ein Empfehlungsschreiben aushändigte, war es der angesehene Mathematiker R. Ramachandra Rao, der den Exzentriker als seltenes Talent erkannte und finanziell unterstützte.

Rao, nicht erst Hardy in England, war es auch, der Ramanujan erstmals ermutigte, seine Gedanken publikationsfertig zu machen – ein erster Aufsatz über die sogenannten Bernoullizahlen, eine besondere Untermenge der rationalen Zahlen, deren definitorische

$$B_n^* = 4n \int_0^\infty \frac{t^{2n-1}dt}{e^{2\pi t}-1}$$

Wie man Bernoullizahlen berechnet.

$$\frac{1}{6}, \frac{1}{30}, \frac{1}{42}, \frac{1}{30}, \frac{5}{66} \ldots$$

Die ersten Bernoullizahlen.

$$e = \sum_{n=0}^{\infty} \frac{1}{n!}$$

$$e = 2.71828828459\ldots$$

Die Eulersche Zahl, die in der Formel für die Bernoullizahlen vorkommt.

Gleichungen die Eulersche Zahl enthalten, stellte diese in einen Zusammenhang mit einigen erstaunlichen unendlichen Summenreihen.

Auch die Festanstellung bei der Hafenbehörde verschaffte ihm Rao, und vielleicht war er sogar der Anreger des berühmten Briefes an Godefrey Harold Hardy, den mit Bertrand Russell eine enge Freundschaft verband. Hardy, ein Rationalist klassisch britischer Schule, gehört zu den publikationsfreudigsten Mathematikern der Moderne. Er war ein ungleich systematischerer Zahlentheoretiker als Ramanujan. Über die Zahlentheorie hinaus leistete er auch zu anderen Feldern bedeutende Beiträge, vor allem zur Analysis. Von den damals um sich greifenden Grundlagendiskussionen dagegen hielt er sich fern, obwohl sie für seine mathematische Generation – Hardy lebte von 1877 bis 1947 – von größtem Interesse waren. Nach einem umfangreichen Frühwerk vor allem zur Integralrechnung hatte Hardy sich Reihenproblematiken zugewandt, mit besonderem Fokus auf divergenten Reihen. Auch das hat ihn, neben grundsätzlicher Neugier und Offenheit, qualifiziert, Ramanujans Arbeitsproben richtig einzuschätzen.

Anders als die Cambridge-Kollegen E. W. Hobson und H. F. Baker, die ebenfalls Briefe von Ramanujan erhalten hatten, hat Hardy aufmerksam gelesen, was mit den nicht besonders vielversprechenden Worten begann: »Sehr geehrter Herr, erlauben Sie mir, mich Ihnen als ein Angestellter der Rechnungsabteilung des Hafen-Trust Office in Madras mit einem Jahreseinkommen von lediglich 20 Pfund vorzustellen. Ich bin jetzt ungefähr 23 Jahre alt. Ich habe keine Universitätsausbildung genossen, aber die üblichen Schulklassen besucht. Nachdem ich die Schule verlassen habe, nutze ich die Freizeit, die mir bleibt, um mich mit Mathematik zu beschäftigen.« Die Gleichungen, die Ramanujan beigelegt hatte, stellten Ergebnisse über divergente Reihen dar, die ihr Verfasser rührenderweise mit dem unbeholfenen Lob einführte, sie seien von Mathematikern, die er persönlich kenne, als »erstaunlich« bezeichnet worden.

Reihen ***sind (im Normalfall unendliche) Summen von mathematischen Ausdrücken (Brüchen, Multiplikationen, Potenzen etc.), die nach spezifischen Regeln gebildet werden. Wenn jeder Ausdruck um eine fixe Summe gegenüber dem vorangegangenen wächst, spricht man von einer arithmetischen Reihe, wenn jeder Ausdruck multipliziert ist mit einer Konstante, nennt man die Summe eine geometrische Reihe.***

Das Befremdlichste an seinen Sendungen dürfte für die Empfänger gewesen sein, daß er für seine Sätze meist keine Beweise angab. Hierin folgte er sowohl eigener Neigung wie der verinnerlichten, im Wissenschaftsbetrieb freilich unangebrachten Vorgehensweise des Lehrbuchverfassers, der sein einziger echter »Ausbilder« gewesen war. Selbstverständlich verzichtete ein Lehrbuch auf Beweise, schließlich gehörte Beweistechnik nicht zu den Dingen, die es lehren sollte. Ramanujan indes lag dieser Stil nahe, weil es ihm ohnehin eher auf die blitzartige Erhellung einer bestimmten Reihen-»Landschaft« ankam. Hardy hat die Mängel gesehen, aber ebenso die Blitze. Er schrieb Ramanujan zurück, freundlich interessiert. Der erkannte sein Startfenster und bat den neuen Unterstützer in einem weiteren Brief um Fürsprache beim Versuch, ein Stipendium für ein Universitätsstudium zu erlangen – in Indien.

Hardy hatte eine andere Idee. Es gelang ihm, Ramanujan und einen Kreis von Geldgebern zu überzeugen, daß keine gewöhnliche Ausbildung, sondern eine möglichst rasch beginnende Zusammenarbeit mit Leuten seines Ranges notwendig sei. So reiste der Hafenbuchhalter 1914 nach England.

Die Zusammenarbeit mit Hardy und John Edensor Littlewood, dem Experten in analytischer Zahlentheorie, war so fruchtbar, wie Hardy vermutet hatte. Als biographisches Glück wertet den Aufenthalt trotzdem niemand. Denn ob Indien wirklich eine Heimat gewesen war oder nicht – England konnte keine werden.

Der Introvertierte litt weniger unter der englischen als unter Gesellschaft überhaupt, hatte er doch in jahrelanger Selbsterschaffungsarbeit Anlagen kultiviert, die auf alles andere als aufs Soziale gerichtet waren. Die Verlorenheit wurde zu Heimweh, zu Angst und dem Gefühl, den an ihn gerichteten Erwartungen nicht gerecht werden zu können.

Sein Biograph Kanigel zitiert ihn mit dem Bekenntnis, abgegeben nach seiner Rückkehr: »Ich dachte ständig an meine Heimat und an mein Land. Die Liebe meiner Mutter verfolgte mich stets. Nachts liefen mir die Tränen die Wangen herunter, und alle möglichen heimatlichen Erinnerungen machten es unmöglich, zu schlafen. Es war nicht möglich, mit jemand über meinen Kummer zu sprechen. Und auch wenn dies möglich gewesen wäre, was hätte es genützt? Ich konnte mir nichts vorstellen, was mich hätte beruhigen können. Alles war so merkwürdig: die Leute, ihr Verhalten, sogar ihre Wohnungen. Ich war ein Neuling in der englischen Etikette und mußte dauernd auf der Hut sein.« Eine Tuberkuloseerkrankung verschlimmerte das Elend noch – Fremdheit, Unterlegenheitsangst und Leiden wirkten unheilvoll zusammen. 1919 kehrte der unglückliche und geschwächte Ramanujan nach Indien zurück und starb ein knappes Jahr später. Hardys Respekt vor dem ungewöhnlichen Kollegen hat Ramanujan überlebt. Mit einer Werkedition und einer ersten Studie, bestehend aus zwölf Vorträgen zu Ramanujan, half der Überlebende, dem Nachruhm des toten Freundes das Fundament zu stiften.

Was darf man aus diesem Lebenslauf folgern und was nicht, soweit es ums Verständnis des richtigen Klimas geht, in dem Mathematik gelehrt und getrieben werden kann? Bruce Berndt, der engagierteste und umtriebigste unter den gegenwärtigen Editoren und Kommentatoren Ramanujans – sie sind, wie gesagt, zahlreich –, warnt in diesem Zusammenhang davor, sich allzuviel von Formalisierung zu versprechen. Auch deren technikgeschichtliche Entsprechung, die Automatisierung der Kalküle, also die Computer, betrachtet er mit Mißtrauen. Ihre pädagogische Entsprechung, der Drill, flößt Berndt nur Schrecken ein. Wir sollten, nach seinen Worten, uns vor einer Welt fürchten, in der Mathematiker nicht mehr dazu angeleitet werden, beim Rechnen und Schließen »zu verstehen, was jeweils eigentlich vorgeht«. Motivationsverlust und verkümmerte Kreativität seien demgegenüber noch das kleinere Problem.

Ein Interview, das er einer großen indischen Publikumszeitschrift gegeben hat – Ramanujans Berühmtheit in Indien ist derjenigen Heisenbergs in Deutschland vergleichbar –, schließt Berndt dennoch versöhnlich: »Auch jetzt bleibt es möglich, daß sich Genies wie Ramanujan entwickeln. Es ist wichtig, daß man solchen Kindern, sobald sie erkannt werden, Bücher und Materialien zur Verfügung stellt, die ihren Ansprüchen genügen. Das beste an der Zahlentheorie, in der sich Ramanujan betätigt hat, ist, daß man sie Menschen aller Altersstufen eröffnen kann, um sie zu stimulieren. Sie bietet viele Probleme, die herausfordernd sind, nicht zu einfach, aber dauerhaft und motivierend. Ein sehr bedeutender Mathematiker (Atle Selberg) und ein großer Physiker (Freeman Dyson) dieses Jahrhunderts haben nicht umsonst festgestellt, daß sie von Ramanujans zahlentheoretischen Arbeiten entscheidend geprägt und angeregt wurden – als sie Teenager waren.«

SIEBEN

Das Gespenst der Luce Library

Kurt Gödel

1906 bis 1978

Wer schneidet dem Friseur die Haare, wer bewacht die Wächter, und an welches Jenseits glauben Gespenster? Die Friseure und Wächter mögen unter sich bleiben. Im Fall des Jenseits, an das Gespenster glauben könnten, handelt es sich dagegen möglicherweise um unser Diesseits. Um es genau herauszufinden, müßte man die Gespenster selber fragen; hilfreich wäre dabei schon, wenn man von einem Gespenst wüßte, das so einer Diskussion überhaupt folgen kann. Denn wer solche Fragen zu beantworten versucht, läßt sich auf ein Wechselspiel zwischen der Selbstbezüglichkeit und dem Heraustreten aus deren Kontext ein.

Glücklicherweise liegen Berichte von der Existenz eines derartigen Gespensts vor.

Es liest, so wird behauptet, Leibniz, Aristoteles, Husserl und Thomas von Aquin, es kennt die Grenzen der formalen Logik und der elementaren Arithmetik und hat, als es noch kein Gespenst, sondern ein Mensch war, sogar einen ontologischen Gottesbeweis formuliert.

Der Mensch, der es einmal war, neigte nicht zur Verbohrtheit – trotz wohlüberlegter Ansichten über alles mögliche sagte er Freunden: »Ich kann mich nicht ein für allemal entscheiden, welches nun wirklich die fundamentalen Kategorien einer korrekten Weltanschauung sind. Mir ist alles offen, wenn ich auch mit guten Gründen annehme, daß wir auf das Paar ›Ursache und Wirkung‹ nicht verzichten können. Als ich meinen Gottesbeweis damals in eine logisch strenge Form brachte, habe ich mich der Booleschen Logik bedient, ihrer elementaren Verknüpfungen wie ›und‹ oder ›nicht‹. Ich ging von einfachen Definitionen und Axiomen aus. Eine, vielleicht die wichtigste dieser Definitionen lautete, daß die Eigenschaft, alle vorstellbaren positiven Eigenschaften auf sich zu vereinen, den Status der ›Göttlichkeit‹ ausmache. Die Axiome waren ähnlich leicht nachvollziehbar – eines der wichtigsten besagte, daß das Vorhandensein des Ensembles einer beliebigen Anzahl positiver Eigenschaften eines Gegenstandes selbst eine positive Eigenschaft dieses Gegenstandes ist, ein weiteres, daß positive und negative Eigenschaften nicht zufälligerweise, sondern notwendig positive oder negative Eigenschaften sind (positiv: etwas ist etwas, negativ: etwas ist etwas nicht), noch eins legte fest, daß die Eigenschaft, notwendigerweise zu existieren, eine positive Eigenschaft sei. Als das gegeben war, formulierte ich unter Benutzung dieser Axiome verschiedene Sätze, etwa den, daß es notwendig sei, daß es ein göttliches Objekt gibt, falls es überhaupt möglich ist, daß es so ein Objekt gibt – hier folgte ich einem Gesetz der modalen Logik, welches besagt, daß p notwendig ist, sobald es auch nur möglich ist, daß p notwendig ist. Meine Schlußfolgerung aus den Axiomen, Definitionen und Sätzen zeigte, daß das Objekt x mit der Eigenschaft der Göttlichkeit G notwendigerweise existieren muß und das Objekt durch diese Eigenschaft als einzig bestimmt ist. Dies ist mein ontologischer Gottesbeweis, und ich bin auch aufgrund seiner formalen Strenge von seiner Richtigkeit überzeugt, aber wenn Ursache und Wirkung nicht gelten, die für mich Wille, Kraft, Genuß, Gott, Zeit und Raum implizieren, dann weiß ich's auch nicht.«

Nur bei wenigen Menschengruppen ist eine böse Wahrheit, ein erschreckendes Geheimnis besser aufgehoben als bei Theologen und Mathematikern. Die ersteren können mit Schwüren und Riten verpflichtet werden, nichts weiterzusagen um ihrer unsterblichen Seele willen. Bei der zweiten Gruppe liegt die Sache noch einfacher. Denn wenn Mathematiker eine Wahrheit in Erfahrung bringen, die andere mindestens den Verstand, wo nicht den Glauben kosten würde, bezwingen sie die Versuchung, diese Wahrheit auszuplaudern, mühelos mit der Forderung, zunächst einmal müßte die neue böse Wahrheit streng bewiesen werden.

Da das meistens nicht allzu schnell gelingt, läßt die Umwelt die Sache irgendwann auf sich beruhen. Wenn das Ergebnis dann vorliegt, ist es meistens in so trockenen und verwickelten Formen aufgehoben, daß sich für eine geraume Zeit auch weiterhin nur unter den Mathematikern selber herumspricht, daß unsere Welt nicht mehr die alte ist.

Bis dann auch Laien davon Wind bekommen, ist die Sache so abgeschliffen und intellektuell stabilisiert, daß die ursprüngliche Bedrohung zumindest durch die Habenseite des »Dafür wissen wir das jetzt aber ganz genau« relativiert wird.

Theologen und Mathematiker: aus den ausgeführten Verschwiegenheitsklauseln im Berufsethos dieser Berufsgruppen erklärt es sich, daß bis heute kaum jemand etwas von den Geschehnissen, Erscheinungen und Begegnungen weiß, die seit 1978 ein relativ überschaubares Gebiet eines amerikanischen Universitätscampus heimsuchen. Seit den Tagen, als LSD-Mißbrauch ein Kavaliersdelikt war, geht das nun schon so. Der Fall ist gut dokumentiert, läßt sich aber nur umständlich erzählen.

Wäre es in einem anderen Land als den USA, einem anderen Staat als New Jersey, einer anderen Stadt als Princeton, einem anderen Viertel als dem überschaubaren Rechteck zwischen der an die Route 206 angegliederten Stockton Street, dem in die Mercer Street einmündenden nordsüdöstlich gekrümmten Wurm der Hibben Road, der Ecke Alexander und Dickinson Street und der südlich vom Mackay Campus Center nach Osten führenden College Road geschehen, dann wüßten schon unzählige Skandalblättchen davon. Auch Mystery-Fernsehdokumentationen wären nicht auszuschließen, paranormale Wissenschaftler hätten ein neues Forschungsfeld, und Filmregisseure würden sich über die Vorfinanzierung eines grellen 2-Stunden-Langweilers Gedanken machen. Daß das Geheimnis sich kaum herumgesprochen hat, liegt aber nicht nur an den Berufen der Mitwisser und der Beschaulichkeit des Orts, sondern auch daran, daß die Berufensten unter den Zeugen sich immer noch nicht einig sind, was für eine Art Geheimnis überhaupt vorliegt. Die Theologen nämlich, die davon wissen, vermuten etwas Numinoses hinter der Sache, ihre naturwissenschaftlich gebildeten Mitwisser jedoch bestehen darauf, es müsse was Physikalisch-Mathematisches sein, und so geht das seit einem Vierteljahrhundert fruchtlos im Kreis herum.

Das beschriebene Viertel mit seinen Studentenparkplätzen, Wiesen, Baumgruppen, übersichtlichen Gebäudekomplexen und lauschigen Fußwegen liegt in einer der für die Weltnaturwissenschaftlergemeinschaft wichtigsten Städte. Dennoch beherbergt es als geheimen Mittelpunkt ein Haus der Gottesgelehrsamkeit, wenn auch peripher gelegen – direkt an der Stockton Street im »oberen Eck« der Raute des Gesamtgeländes. Hausrecht hat ringsherum das theologische Seminar der Universität Princeton.

Der Samstag Ende des Jahres 1978, an dem südlich der Sportanlage des Whiteley-Gymnasiums alles begann, war eher ereignisarm: Amerika erregte sich über nicht viel mehr als die erst kurz zurückliegende Ankunft der britischen Punkrock-Gruppe Sex Pistols im Land und eine damit verbundene Polizeiaktion in Atlanta/Georgia.

Am frühen Nachmittag aber begegneten drei Theologiestudenten auf der Grünanlage im Süden des bezeichneten Viertels zwei auffällig altmodisch gekleidete Fahrradfahrer. Die zwei Fremden gingen zu Fuß, ihre ebenfalls altmodischen, mit sehr robusten Rahmen ausgestatteten Fahrräder schoben sie ruhig neben sich her.

Man begrüßte einander, und die Fremden fragten in völlig ernsthaftem Tonfall, wo denn eigentlich der Professor Einstein lebe. Sie seien, fügten sie hinzu, als man ihnen nicht sofort antwortete, Studenten der Physik aus New York, hier auf einer Radtour unterwegs und würden unbedingt das Haus des berühmten Emigranten sehen wollen.

Die drei angehenden Geistlichen glaubten zunächst an einen Scherz.

Als die Verwirrung der beiden Herren in den weiten, mit Fahrradklammern an den Beinen zusammengeklemmten Baumwollhosen über die Reaktion der Ortskundigen offensichtlich wurde, vermuteten letztere, das Ganze sei ein Mißverständnis.

Meinte man wirklich den Albert Einstein, der die Relativitätstheorie erfunden hatte? Gab es noch einen anderen Physiker mit diesem Namen, was bei all den Europäern, die sich in Princeton aufhielten, ja nicht unmöglich schien? Wußten die Radfahrer – bei Physikern eher unwahrscheinlich – möglicherweise nicht, daß Einstein »schon lange« tot war? Das genaue Sterbedatum, den 18. April 1955, kannten auch die Ortskundigen nicht, korrekt schätzten sie es jedoch auf »frühe fünfziger Jahre«.

Die Physiker stutzten. Fünfziger Jahre? Was sollte denn das? Was glaubten denn die Theologen, welches Jahr man schreibe? Die ernsthafte, trotz mehrfacher Zurückweisung beharrliche Versicherung der Theologen, man schreibe selbstverständlich das Jahr 1978, wiesen die Fremden als »völlig unmöglich« und »ganz absurd« zurück.

Die aufkommende Konfusion verschärfte sich noch, als auf die Frage, welches Jahr, wenn nicht 1978, denn nach Ansicht der Fahrradfahrer das richtige sei, diese ihrerseits steif und fest behaupteten, man befinde sich »selbstverständlich im Jahre 1953«. Die Nachrichten, behaupteten die Fremden, seien seit Wochen voll vom Rosenberg-Spionageprozeß, der Besteigung des Everest durch Edmund Hillary und den Verlautbarungen des Präsidenten Eisenhower und seines Vizepräsidenten Richard Nixon. Von Donna Summer, den Nahostverhandlungen in Camp David und der Fernsehserie »Happy Days« aber, die ihnen von den Theologen daraufhin vorgehalten wurden, hatten sie noch nie gehört. Nur widerstrebend – das gegenseitige Vertrauen war zerrüttet – ließen sie sich zur Erdman Hall führen, wo die Theologen ihnen Zeitungen zu zeigen versprachen, um ihre Behauptungen zu beweisen. Dazu allerdings kam es nie.

Denn beim Betreten des Gebäudes – so die vom Seminar bis heute mehr oder weniger unter Verschluß gehaltenen Protokolle der drei Zeugenaussagen – hätten sich die Einstein-Begeisterten buchstäblich in Luft aufgelöst; ohne Rauch und Knall zwar, aber doch von einer Sekunde auf die andere. Ihre auf dem Vorplatz des Gebäudes ordnungsgemäß in einen Fahrradständer geklemmten Räder waren ebenfalls nicht mehr da, als die verblüfften frommen Männer nach ihnen sahen.

Im guten Glauben, das Erlebnis sei vermutlich ein Studentenulk gewesen, für den aller Wahrscheinlichkeit nach die Wunderkinder der nahe gelegenen, einst ja tatsächlich Einstein beschäftigenden Genieschmiede des Institute for Advanced Study verantwortlich waren, wandten sich die drei »Opfer« des Vorfalls zunächst an ihre akademischen Lehrer.

Diese wiederum verständigten die Verwaltung und damit auch die Gelehrten des Instituts, dessen Studenten man im Verdacht hatte. Zur gesteigerten Irritation aller Beteiligten jedoch ließ sich der Vorfall auf diesem Wege nicht nur nicht aufhellen, sondern fand trotz jeder erdenklichen Hilfe der Leute vom Institut so lange keine befriedigende Erklärung, bis eine weitere Merkwürdigkeit runde drei Monate später deutlich machte, daß man es hier mit etwas zu tun hatte, wofür studentische Mittel nicht ausreichen würden. Jetzt nämlich betrat das aufgeklärte Gespenst die Bühne.

Durch sein Erscheinen aber ergab sich nicht nur ein Kontext, sondern bei genauem Hinsehen sogar eine Art Theorie der beiden nur zusammen verständlichen Vorfälle. Denn der Bibliotheksmitarbeiter der Luce Library, dem wir den ersten Bericht über das Wirken des später noch von anderen wahrgenommenen Gespensts verdanken, kehrte eben in die von ihm vor kurzer Zeit verschlossenen und für menschenleer gehaltenen Räume der Bibliothek zurück – er wollte nach seiner Pfeife suchen, die er, wie er glaubte, an seinem Arbeitsplatz vergessen hatte.

Speer- und Lucebibliothek geben dem Library Place des Seminars den Namen; wer dort studiert, hat inzwischen von dem Gespenst gehört. Vielleicht, mutmaßt man heute, ist es bereits vor jener Begegnung mit dem Mann, der seine Pfeife vergaß, aufgetaucht, jedoch nicht bemerkt worden. Unscheinbar genug sieht es aus: Schon der erste Zeuge beschreibt einen »bebrillten, hageren und nicht eben riesenhaften Mann mit streng nach hinten gekämmten Haaren, unter denen ein paar dicke weiße Strähnen auffallen – das einzige Auffällige an einem ganz gewöhnlichen Mann mit freundlichem, leicht asketisch geschnittenem Gesicht, wachen Augen, höflicher Art«.

Er stand, so der Zeuge, vor einer der Buchwände und blätterte in einem Band der Schriften des Aristoteles. »Was zum Teufel machen Sie hier, um diese Zeit? Wer sind Sie?« herrschte der erschrockene Pfeifensucher ihn an. Die Antwort schlug den seltsamen Ton an, der den Rest des Gesprächs kennzeichnete: »Um diese Zeit? Um welche Zeit denn?«

Wie schon bei den beiden Fahrradbesitzern stellte sich nämlich umgehend heraus, daß der Mann vor der Bücherwand über die Ortszeit gleich in mehrfacher Hinsicht uninformiert war: Mit leichtem (ost-?)europäischen Akzent soll er zu verstehen gegeben haben, daß er einen Bibliotheksbesuch am Montag morgen um zehn Uhr für nichts Ungewöhnliches halte.

»Was heißt hier Montag früh, was heißt hier zehn Uhr? Sehen Sie mal aus dem Fenster, es ist stockdunkel draußen!« empörte sich der Bibliothekar, und wirklich sah der Fremde zum Fenster – aber nicht hinaus, denn was ihm auffiel, war der Kalender neben der großen Glasscheibe und das Jahr, das er anzeigte: »1978... Das ist bizarr. Das kann nicht sein.«

Der Bibliothekar hakte nach, der Fremde versicherte konsterniert, davon überzeugt zu sein, einen Oktobervormittag des Jahres 1967 zu erleben.

Der Dialog, der damit in Gang kam, folgte dem Muster der Begegnung zwischen den Physikern und den Theologen drei Monate zuvor: 1967, das sei ein auffälliges Beispiel von Zerstreutheit, versetzte der Mann ohne Pfeife; mitnichten, erwiderte der Fremde, er wisse ganz genau, wann und wo er sich befinde, in Princeton, New Jersey, USA, in unruhigen Zeiten, nämlich kurz nachdem eine beängstigend große Menge von Antikriegsdemonstranten das Pentagon belagert hatte, um gegen das militärische Engagement der USA in Vietnam zu demonstrieren. Die Medien-Notorietät des Models Twiggy, die Fernsehshow »Family Affair« und der Kinofilm »Bonnie und Clyde« waren für ihn unmittelbarer Gegenwartsstoff. Ob er Drogen genommen habe, wollte daraufhin sein Gegenüber wissen, ob er ein alter Hippie sei, verwirrt von zuviel »Flower Power«?

Nein, mit John Travolta, »Star Wars« und Woody Allen, die ihm der Bibliothekar als Gegenwartsmarken aufzählte, damit jener sich gefälligst daran erinnere, in welcher Zeit man tatsächlich lebe, konnte die Erscheinung nicht das geringste anfangen.

Der Zeuge behauptet in seiner schriftlich fixierten Aussage, der Fremde sei während seiner gesamten Ausführungen von einer nicht zu mißdeutenden Aura akademischer Autorität umgeben gewesen. Obwohl er stets leise und höflich gesprochen habe, sei in Ausdrucksweise und Auftreten deutlich geworden, daß er sich, wie er auf Nachfrage bestätigt habe, für einen »Professor« halte – allerdings keinen theologischen. »Ich bin Mathematiker – das heißt, ich beschäftige mich mit formaler Logik und ähnlichen Dingen«, habe dieser »Professor Gorell, Gordon oder ähnlich« angegeben.

Der Zeuge, beeindruckt von der Haltung des andern, habe jenen daraufhin etwas respektvoller behandelt als zu Anfang: »Ich wollte ihn nach nebenan führen, ins Büro, um ein paar Sachen zu klären.«

An fehlender Kooperation habe es nicht gelegen, daß diese Klärung nie zustande kam: »Er war dafür, daß wir die Sache zusammen untersuchen. Wir sind nach hinten gegangen. Er hat sogar seine Brieftasche rausgezogen, als ob ich gleich seine Papiere kontrollieren würde. Ich drehte mich bloß einen winzigen Moment lang weg – ich dachte, der folgt mir schon. Dann waren wir drin, also jedenfalls ich – im Büro. Und was soll ich sagen? Ich dreh mich um – da ist er weg. Nicht im Büro, nicht auf dem Korridor, nirgends in der Bibliothek, nicht draußen auf dem Weg. Verschwunden.«

Das Wunder sprach sich schneller rum als bei den Einsteinpilgern – und löste einen Schneeballeffekt aus: Obwohl nichts an die Öffentlichkeit drang, zeigte der Bericht Wirkung, nämlich unter den Studenten und Professoren. Am Seminar wie am Institute for Advanced Study redete und rätselte man, vor allem aber lösten die Gerüchte um beide Vorfälle bis ins erste Quartal des Jahres 1979 eine Fülle kleinerer Beobachtungen aus, die sich ums Zentralgeheimnis hüllten wie eine schwer zu deutende Figurengruppe:

– Der Fernseher in einem seminareigenen Studentenquartier funktionierte eine ganze Woche lang nicht richtig. Neben in keiner Programmzeitschrift ausgezeichneten Wiederholungen einzelner Folgen von längst abgesetzten Serien wie »Wagon Train« und »The Andy Griffith Show« strahlte er eine Episode einer futuristischen, offenbar in Miami/Florida spielenden Kriminalserie aus, deren unbegreiflich hektische Schnittsequenzen und lärmende Musikbegleitung die Zuschauer verunsicherte. Im selben Gebäude waren Wochen vorher elektronische Übertragungsgeräte auffällig geworden; so hatte man beispielsweise eigenartige Musik und bizarre Radionachrichten gehört. Bei letzteren wurde nicht nur längst Bekanntes über die Ermordung Kennedys und die Einführung von serienmäßigen Sicherheitsgurten bei Autos verkündet, sondern auch völlig absurde Dinge wie die Zurückziehung der Nominierung eines Verfassungsrichters wegen Drogenkonsums, ein Massaker an protestierenden Studenten in China und ein Unglück bei der Landung der ersten bemannten europäischen Marsmission.

- An plakatierfreien Wänden auf dem Gelände, aber auch an schwarzen Brettern des Seminars sah man seit etwa Mitte 1978 immer wieder Ankündigungen für Ereignisse, die entweder weit zurücklagen (Sommerball 1965, eine Einladung zur Diskussion über die Abschaffung des Schulgebets zur Entscheidung des Supreme Court an einem 17. Juni) oder erst in ferner Zukunft stattfinden sollten (Winter Bake Sale 1988, World Series: Cincinnatti Reds vs. Oakland As: THE Game 1990). Alle diese Notate, Photokopien und Flugzettel wurden als vermeintliche Scherzartikel eilig entsorgt oder lösten sich von selbst in Luft auf, wurden ansonsten aber als irrelevante Anomalien behandelt, bis sich herumsprach, daß es auf dem Campus neuerdings Außerirdische in Fahrradhosen und philosophisch belesene Gespenster-Professoren gab.
- Phantome von der Art der Fahrradfahrerbegegnung und der Erscheinung des geisterhaften Aristoteles-Lesers waren Studenten, Fakultätsmitarbeitern und anderen auf dem Gelände beschäftigten Personen von Parkwächtern bis zu Zeitungsausträgern anscheinend schon des öfteren begegnet. Sie sollten auch in Zukunft immer wieder vorkommen. In jedem dieser Fälle waren die Fremden nachhaltig desorientiert, redeten seltsame Dinge,

hatten felsenfeste Vorstellungen von Ort und Zeit, die nicht zutrafen, und verschwanden am Ende ebenso plötzlich, wie sie gekommen waren. Selten nur erschienen diese Leute zweimal auf dem Gelände – die einzige, aber, wie sich später zeigen sollte, sehr bedeutsame Ausnahme blieb der Professor aus der Luce Library. Dieser höfliche, bebrillte Herr nämlich war schon zuvor unter mehr oder weniger obskuren Umständen auf dem Gelände gesehen worden: mal bei den Hecken im Norden, mal an einem nahen Teich, mal unweit der Bibliothek, in der er später auf dem Weg zum Büro eines Angestellten verschwand.

Von diesem Herrn, offenbar die Schlüsselgestalt der Angelegenheit, fertigte man im Rahmen der Zeugenbefragung Zeichnungen an. Und so hielt man schließlich ein identifizierbares Teilchen des Puzzles in der Hand. Denn einer der Wissenschaftler vom Institute for Advanced Study, der die Phantomzeichnung der Erscheinung in der Luce Library zu Gesicht bekam, reagierte unerwartet: »Ich weiß, wer das ist! Daß ihn keiner erkannt hat! Um Himmels willen, der ist berühmt!« In der Tat: Photovergleiche, aber auch die Erinnerungen von Leuten, die den zu diesem Zeitpunkt erst kürzlich verstorbenen Herrn persönlich gekannt hatten, ergaben eindeutig, daß es sich um den österreichischen Emigranten Kurt Gödel handelte, geboren am 28. April 1906 in Brünn (Brno), gestorben am 14. Januar 1978 in Princeton, unweit des Ortes seiner geisterhaften Wiederkunft.

*

»Um Himmels willen, der ist berühmt«?

Berühmt geworden, zumindest unter Mathematikern, war dieser Mann, der Ende der dreißiger Jahre aus Österreich nach Amerika gekommen war und dort erst als Dozent, ab 1953 als ordentlicher Professor am Institute for Advanced Study gewirkt hatte, mit seinen sogenannten Unvollständigkeitssätzen in den frühen dreißiger Jahren. Dabei ging es um ein Kapitel bei der allmählichen Erosion der Hoffnung David Hilberts, die Mathematik ließe sich von innen her abschließen. Formale, axiomatisierte Systeme aus Symbolen, Axiomen, Sätzen und Beweisen sollten es dahin bringen, hatte Hilbert gehofft, alles, was Mathematiker trieben, auf sichere Beweisgrundlagen zu stellen, inklusive einer Anwendung der Mathematik auf die Mathematik selbst, um deren Wahrheit *in toto* zu beweisen.

Gödels Generation plagte sich redlich damit, herauszufinden, ob solche Systeme das damit von ihnen Verlangte überhaupt leisten konnten, ganz zu schweigen davon, sie tatsächlich zu konstruieren. Konnten Symbolsysteme, um nur die beiden wichtigsten Bedingungen zu nennen, die sich an eine derartige Vision knüpften, zugleich in sich widerspruchsfrei und vollständig sein? Gödel – und wenig später, auf seinen Leistungen aufbauend, der Brite Alan Turing – konnte ernüchternderweise zeigen, daß Hilberts Hoffnung verfehlt war.

Ein System der genannten Art erlaubt nicht den Beweis aller in ihm formulierbaren Sätze oder den Beweis solcher Sätze, die »eigentlich« falsch sind – es ist entweder vollständig oder widerspruchsfrei, nie aber beides zugleich. Diesen Befund hatte Gödel sich höchst methodisch erarbeitet: Zum Zweck der Untersuchung der Widerspruchsfreiheits- und Geschlossenheitsfrage nahm er sich ein formales System vor, das nach den Regeln von Bertrand Russells »Principia Mathematica« und den spartanisch redundanzfreien Axiomen Giuseppe Peanos über natürliche Zahlen konstruiert war. In so einem System, fand er, gab es tatsächlich unent-

Gödelzahlen ***sind die Zahlen, mit denen Gödel seine logischen Aussagen codiert hat. Ein Beispiel zeigt die Abbildung.***

$$(\exists x) \quad (x = s\,y)$$

$$\downarrow$$

$$(2^{8})\ (3^{4})\ (5^{13})\ (7^{9})\ (11^{8})\ (13^{13})\ (17^{5})\ (19^{7})\ (23^{16})\ (29^{9})$$

Der logische Aussagesatz, dessen Gödel-Codierung hier gezeigt ist, lautet: »Es gibt ein x, das der unmittelbare Nachfolger von y ist.«

scheidbare Aussagen – Behauptungen, die man weder beweisen noch widerlegen konnte, wenn man sich auf die Werkzeuge beschränkte, die das System selbst bereitstellte.

Technisch war ihm sein Fund mittels der symbolischen »Codierung« aller Sätze und Beweise im genannten System durch natürliche Zahlen (»Gödelzahlen«) gelungen, die er dann nach den arithmetischen Regeln, die das System ausmachten, manipulieren konnte.

Gödels Resultate zeigten der Mathematisierung der Mathematik notwendige, nicht etwa geschmackliche oder kulturelle Grenzen auf. Daß ein Mensch, der für eine derartige Attacke auf die Konsistenz menschlicher Gewißheit verantwortlich zeichnete, keinen übertriebenen Respekt vor heiligen Kühen pflegte, liegt nahe. Und als hätte er geahnt, was für ein Gespenst er einmal sein und welche Art Spuk seine Rückkehr begleiten würde, war die ehrwürdigste unter den zahlreichen Selbstverständlichkeiten, mit denen er sich anlegte, nichts Alltäglicheres als die Idee, daß »die Zeit vergeht«.

Nein, tut sie nicht, fand Gödel.

Was der Gödel-Kenner Palle Yourgrau mit dem Titel der lesenswerten Studie »Das Verschwinden der Zeit« anspricht, fing schon mit der speziellen Relativitätstheorie an. Entwickelt hatte die bekanntlich Albert Einstein, und es traf sich für Gödels Auseinandersetzung mit der Sache ausgezeichnet, daß die beiden während ihrer gemeinsamen Zeit in Princeton nicht nur respektvollen, sondern freundschaftlichen Umgang pflegten.

Im Bild der Welt, das die spezielle Relativitätstheorie malt, gibt es anders als im Alltagszeiterleben nicht bloß normal vor sich hin fließende, sondern gedehnte, gestreckte und gestauchte Zeitintervalle für relativ zueinander bewegte physikalische Systeme, die von der Trägheit (Inertia) ihrer Elemente zusammengehalten werden und deshalb Inertialsysteme heißen. Ja, die Zeit kann sogar, wenn man ein Lichtteilchen ist, subjektiv stehen bleiben – auf einen Punkt zusammenschnurren. Daß Zeit- und Raumkoordinatenbeträge sich in dieser Theorie so aberwitzig verhalten, daß sie sich dehnen oder stauchen lassen, folgt aus der Idee Relativitätsprinzip selbst, die zunächst nur besagt, daß Naturgesetze so geschrieben werden müssen, daß sie Transformationen von einem Inertialsystem in ein anderes gegenüber unverändert bleiben. Mit Hilfe des mathematischen Formalismus, der für solche Transformationen gilt – »Lorentz-Transformationen« heißt der Fachausdruck –, können Physiker die Längen der verschiedenen Strecken und die Zeitangaben der unterschiedlichen Uhren der verschiedenen Inertialsysteme ineinander umrechnen. Auffällig werden die beunruhigenden Stauchungs- und Dehnungseffekte allerdings, wie am Beispiel des Lichtteilchens erwähnt, erst für Objekte, die sich mit deshalb so genannten relativistischen Geschwindigkeiten bewegen. Damit sind immer größere Bruchteile von c, der Lichtgeschwindigkeit, gemeint, als Grenz- und Extremwert diese selbst. Eine Konsequenz dieser Überlegungen ist die Austauschbarkeit von Raum und Zeit: In der Perspektive der Relativität gibt es nur mehr eine Art Mischzustand von beiden, die Raumzeit, manchmal Einsteinkontinuum, mitunter auch, nach seinem mathematischen Formalisierer, Minkowskiraum genannt.

Die geschilderte Theorie heißt »spezielle« Relativitätstheorie, weil sie nur gleichförmige Bewegungen beschreibt – Sonderfälle in der Natur, die darüber hinaus eine sehr große Anzahl beschleunigter Bewegungen kennt, unter denen die vielleicht auffälligste die eines Objekts ist, auf das die Schwerkraft wirkt. Im Universum der speziellen Relativität ist diese Kraft also nicht berücksichtigt – mehr als ein Schönheitsfehler.

Einstein gelang es jedoch, sie zur »allgemeinen« Relativitätstheorie zu erweitern. Sie wird in der Fachliteratur nicht selten als Geometrodynamik geführt, weil sie zeigt, daß und wie die Geometrie der Raumzeit dynamisch ist, veränderlich.

Was sie zu krümmen vermag, ist die Anwesenheit von Masse – Einstein fand heraus, daß diese Annahme erzwungen wird von der Idee einer generellen Gleichberechtigung aller Koordinatensysteme im Gegensatz zu den bevorzugten Lorentzkoordinaten der Minkowskiraumzeit und den Galileikoordinaten des alten Newtonschen Universums mit seiner absoluten Zeit. Das schließt auch eine neue Definition von Gleichzeitigkeit ein, die ebenfalls nicht mehr von Lorentzkoordinaten abhängt, sondern von frei gewählten.

Durch die Allgemeinheit ihrer Bewegungsbeschreibung und die Einbeziehung der Schwerkraft in ihre Raumvorstellungen wurde die Geometrodynamik rasch attraktiv für Astrophysiker, die sich mit der großräumigen Struktur des Universums befassen, in der die Massenverteilung und damit Schwerkraftwirkungen eine wesentliche Rolle spielen.

Kosmologische Fragen über Herkunft und Schicksal der Welt waren es auch, was Kurt Gödel so stark anzog, daß er sich der Theorie zuwandte und ein paar ganz besondere Lösungen für die grundlegenden geometrodynamischen Feldgleichungen entdeckte, die beschreiben, wie sich die Raumzeit massebedingt verhält.

1949 begann Gödel seinen folgenreichen Ausflug auf geometrodynamisches Gebiet – und zwar mit der Vorstellung eines keineswegs statischen, sondern expandierenden Universums und der Frage, ob diese Expansion irgendwann einmal aufhören und sich eine neue Kontraktionsphase anschließen könnte.

Wenn die Materieverteilung im Raum zu gering wäre, würde die

Expansion für immer fortgesetzt – dasselbe aber, fand Gödel, wäre auch bei einer rotierenden Raumzeit der Fall; hier läge es an den Zentrifugalkräften statt an der zu geringen Dichte des Ganzen. In diesem rotierenden, mit den Feldgleichungen absolut vereinbaren Universum, das man, weil es rotiert, ein R-Universum nennt – inzwischen auch, Gödel zu Ehren, ein Gödeluniversum –, würde der Trägheitskompaß von allem überall relativ zur Materie rotieren. Das bedeutet keineswegs die Einführung einer bevorzugten Rotationsachse. Denn nur weil es eine bevorzugte *Richtung* raumzeitlicher Bewegung gäbe, würde daraus noch kein bevorzugter *Ort* folgen – das Universum wäre zwar nicht isotropisch (überall gleich strukturiert), könnte aber immer noch homogen (insgesamt an dieselben Gesetze gebunden) sein – so haben Prozesse im Gödeluniversum zwar eine bevorzugte Richtung in jedem gegebenen Punkt, aber alle Punkte sind gleich.

Die eigentliche Pointe von Gödels Idee war indes eine andere: Die zueinander bewegten Bezugssysteme könnten in einem R-Universum nicht nur in keine konsistente kosmische absolute Zeit eingeordnet werden, sondern würden nicht selten auf beinahe geschlossenen, mitunter sogar auf gänzlich geschlossenen zeitförmigen Kurven liegen. Solche Bewegungskurven aber würden bewirken, daß die auf ihnen bewegten Objekte früher oder später erneut in ihrer eigenen Vergangenheit einträfen – obwohl sie sich immer nur geradeaus in die Zukunft bewegt hätten.

Gödels Folgerungen hieraus waren radikal:

1. Im R-Universum ist das Verstreichen der Zeit illusionär.

2. Auch wenn unseres kein R-Universum ist: Die bloße Tatsache, daß dieselben Gesetze (nämlich die Feldgleichungen), die unser Universum regieren, auch Universen mit geschlossenen zeitförmigen Kurven zulassen, beweist, daß die Tatsache, daß bei uns »die Zeit vergeht«, nicht zu den *notwendigen* Eigenschaften einer (= jeder) Welt gehört. Zeit, die vergeht, hat mit der objektiven Struktur,

welche die Existenz von Universen ermöglicht, nichts zu tun. Die Zeit, wie wir sie erleben, ist also eine Art sekundäre, aus nachgeordneten Erfahrungsbedingungen statt aus der objektiven Struktur der Welt resultierende Illusion.

*

Seit 1978 ist die Entzauberung der ersten, gespenstischen Berührungen verschiedener Zeiten in Princeton stetig fortgeschritten. Eine Art Normalität hat sich etabliert: Wer das Geheimnis der Luce Library und des theologischen Fakultätsgeländes kennt, weiß, daß Gödel und die anderen Besucher inzwischen zu einer Art Hausgeister geworden sind, die man zwar weiterhin kurios und auch etwas unheimlich findet, aber nicht mehr sensationell. »We play the matter low-key«, versichert man hinter vorgehaltener Hand und ist stolz darauf. Etwas anderes als das normale Vergehen der Zeit rund um Zeiten, die nicht vergehen wollen oder zu früh eintreffen, mag mit hineinspielen in diese Normalität: In den letzten fünfzehn Jahren sind die Besuche Gödels und anderer Wanderer zwischen den Zeiten auf dem Campus seltener geworden. Alle acht bis elf Monate sieht, hört oder trifft mal ein Student oder ein Mitarbeiter der Fakultät irgendwelche Weltkriegssoldaten, Schüler aus der bis zu fünfzehn Jahre entfernten Zukunft oder Seminaristen anderer Dekaden.

Auch die telematischen Sendungen aus anderen Zeiten treffen mit größeren zeitlichen Abständen ein; selten hört man Eisenhower im Radio oder sieht im Fernsehen die dritte Person mit Namen Bush, die in der US-Geschichte das höchste Staatsamt bekleidet – es ist eine Frau – und sich vom Oval Office aus zum »Krieg in Afrika« äußert.

Die einzige Erscheinung aber, die mehr als nur einmal wahrgenommen wurde, ist der Geist Gödels. Er läßt sich inzwischen gern auf Gespräche ein, scheint mal besser, mal schlechter über die Umstände seiner Wiederkehr informiert und ist, vermuten Physiker, die den Fall zu ihrem Privatprojekt gemacht haben, vielleicht gar nicht immer derselbe Gödel aus derselben Zeit, bewegt sich auch nicht immer auf derselben zeitförmigen Kurve und kommt womöglich nicht einmal in allen Fällen aus demselben Universum.

Immerhin nimmt das Gespenst seine Lage gelassen zur Kenntnis. »Vielleicht hat das Nachlassen dieser Ereignisse«, hat es auf einer Bank vor dem Luce Library im Sommer 1999 einem Altphilologen erklärt, der geistesgegenwärtig mitstenographierte, »damit zu tun, daß diese Kurven Schlaufen sind. Dann könnte es doch sein, daß sie sich in irgendeiner Weise gleichsam zusammenziehen – auf irgendein Zentrum hin, wie immer wir uns das auch vorstellen sollen.«

An was für ein Jenseits Gespenster wie er glauben, hat man den Wiedergänger-Gödel bislang nicht gefragt. Man kann sich trotzdem vorstellen, was er antworten müßte.

Denn in einem seiner späten, zu Lebzeiten unveröffentlichten Manuskripte hat der Gödel aus *unserer* Vergangenheit einen Fingerzeig dazu gegeben: »Ich habe den Eindruck, daß man nach ausreichender Klärung der fraglichen Vorstellungen und Begriffe dazu kommen wird, daß diese ganze Diskussion mit der erforderlichen mathematischen Strenge geführt werden kann und daß das Ergebnis dann sein wird – vorausgesetzt, man teilt bestimmte Annahmen, die man schwerlich wird bestreiten können; unter anderem die Annahme, daß es überhaupt so etwas wie ein mathematisches Wissen gibt –, daß die platonische Anschauung die einzige zutreffende ist. Damit meine ich diejenige Anschauung, die davon ausgeht, daß die Mathematik eine nicht unmittelbar sinnlich erfahrene Realität beschreibt, die unabhängig von den Akten und Dispositionen des menschlichen Geistes existiert und von diesem Geist lediglich wahrgenommen wird; und zwar vermutlich gegenwärtig noch sehr unvollständig.«

ACHT

Der Spiegel der Natur

Paul Adrien Maurice Dirac

1902 bis 1984

Direkt abgerissen. Vom Leib gerissen!«

»Wovon ... Entschuldigen Sie, aber wovon reden Sie?«

Dirac hatte augenblicklich seinen Stuhl vom Tisch weggeschoben und war aufgesprungen, als das Geschrei begonnen hatte. Vom Leib gerissen? Was meinte der Mann?

Der Schreier hustete trocken, schwieg aber auf Diracs Frage. Er und seine beiden Begleiter, drei Bohemiens in Tweedjacken und kniekurzen Fahrradhosen, sahen einander an und brachen dann in lautes Gelächter aus. Dirac war verunsichert. Hatte er einen Fehler gemacht?

Er näherte sich vorsichtig. Der schlanke Blonde, der dem merkwürdigen Club vorzustehen schien, deutete mit dem Zeigefinger der Rechten zum Fenster hinaus, auf den Platz vor dem Wirtshaus, wo eine Birke sich im Sturmwind bog. Die Wirtshaustüre klapperte im Türrahmen.

»Da, sehen Sie? Der Wind. Der Wind hat dem Baum alle Blätter vom Leib gerissen. Von wegen schlaffer englischer Himmel, der nicht Schnee noch Unwetter hervorbringt.«

»Ach so.« Dirac legte den Kopf etwas schräg und machte ein leises »Tsk«-Geräusch. Dann war ja alles halb so wild. Er hatte sich umsonst gesorgt.

Als die drei nicht reagierten, drehte Dirac sich wortlos um und ging zurück zu seinem Stuhl. Im Gehen fiel ihm auf, wie leer es hier drin war: Außer einem alten Ehepaar und ihm selbst waren die drei die einzigen Gäste an diesem Sonntagnachmittag. Wenn es vorhin nicht plötzlich angefangen hätte zu regnen, hätte Dirac seinen langen Spaziergang nicht unterbrochen, um hier einzukehren.

»Schaut euch den an«, meinte der Blonde. Die andern beiden prusteten und schnaubten.

»Ein ganz Milder! Leisetreter!«

»Vielleicht hat er Liebeskummer!«

»Pssst! Der ist ein Denker.«

»Der Ärmste.«

Dirac setzte sich stumm wieder an seinen Tisch.

»Liebeskummer? Armes Herz! Und so ein hübscher Schnurrbart.«

»Und wenn er bloß Geld verloren hat, beim Rennen?«

»Der ist vorsichtig. Der wettet nicht. Niemals.«

»Ich wette, daß er wettet!«

»Hörst du, Percy? Brian wettet, daß der wettet!«

»Mit wem wettet Brian denn? Mit uns?«

»Mit dem kann er kaum wetten. Der wettet ja nicht.«

»Wettet wohl.«

»Wettet nicht.«

Dirac nahm einen tiefen Schluck Dunkelbier. Die Herren strapazierten seine Langmut.

Der Wirt, ein spindeldürrer Mann mit einem zerzausten rotblonden Vogelnest um den Kopf, griff ein: »Noch etwas zu bestellen, die Herren?«

Die Herren bestellten, unter größtem Hallo.

Dirac senkte den Blick, sah auf die dunkle Tischplatte hinunter. Er studierte die Maserung. Das eingefrorene Fließen des Holzes suggerierte Dynamik mitten im Starren. Kraftlinien, vielleicht magnetisch oder elektrisch: Maxwellsche Gesetzmäßigkeit. Seine Augen, dachte Dirac, waren wohl immer noch Ingenieuraugen, auch wenn er jetzt ein Cambridge-Mann war. Wie schon den ganzen Tag lang, seit er nach dem Frühstück zu einer seiner Wanderungen aufgebrochen war, dachte er an den schwer nachvollziehbaren Aufsatz, den Professor Fowler ihm im August als Fahnenabzug nach Bristol geschickt hatte. Inzwischen lag der Text, wie Dirac wußte, gedruckt vor, in der deutschen »Zeitschrift für Physik« – beginnend auf Seite 879 in Nummer 33 des laufenden Jahres, 1925: »Über quantentheoretische Umdeutung kinematischer und mechanischer Beziehungen«.

Der Verfasser, ein W. Heisenberg in Göttingen, hatte seine Arbeit mit einer Präambel versehen, in der er erklärte, er habe sich die Aufgabe gestellt, »Grundlagen zu gewinnen für eine quantentheoretische Mechanik, die ausschließlich auf Beziehungen zwischen beobachtbaren Größen basiert ist«. Diracs Lehrer Ralph Fowler und ein paar andere an der Fakultät waren der Ansicht, daß da etwas ganz Außerordentliches passiert war: »Das ist wirklich neu und bahnbrechend, Dirac. Diese Sprache wird bald überall gesprochen werden.«

Vor einiger Zeit – Ende Juli, glaubte Dirac sich zu erinnern – hatte der ominöse Heisenberg als Gast des Kapitza-Clubs in Cambridge einen Vortrag gehalten. Der Club, begründet vom aus der Sowjetunion stammenden jungen Rutherford-Studenten Pjotr Kapitza, war einer von gerade mal zwei akademischen Vereinen, denen der wenig gesellige Dirac angehörte. Mit Kapitza freundete er sich ohnehin gerade an – manchmal wanderten sie ein paar Meilen zusammen oder kletterten auf nahen Hügeln herum.

Schwerpunkt der Referate im Kapitza-Club waren meist experimentelle Fragen, anders als im von Dirac ebenfalls frequentierten Del-Squared-Club, der sich eher um Theoretisches kümmerte. Heisenbergs Vortrag hatte »Termzoologie und Zeeman-Botanik« geheißen. Es ging um Gedanken zu neueren spektroskopischen

Messungen von Atomeigenschaften. Der Göttinger hatte vor seinem Auditorium die experimentell bestätigten Regeln für die Spektrallinien des Wasserstoffatoms aus den allgemein geläufigen Voraussetzungen der Atomtheorie nach Niels Bohr und Arnold Sommerfeld abgeleitet. Dirac, dessen Deutsch seiner eigenen Einschätzung nach »passabel« war, hatte Sommerfelds Buch »Atombau und Spektrallinien« anderthalb Jahre zuvor in der Originalsprache durchgearbeitet und war mit den Zentralthesen daher bestens vertraut:

1. Elektronen bewegen sich auf ganz bestimmten, die bekannten verblüffenden Quantelungseffekte bedingenden Umlaufbahnen um den Atomkern.

2. Die Radien dieser Bahnen können ermittelt werden, wenn man beachtet, daß das Produkt aus Impuls und Bahnlänge des Elektrons ein ganzzahliges Vielfaches der Zahl h ist, des berühmten Planckschen Wirkungsquantums also, das der Quantentheorie den Namen gibt und das Maß für die Größenordnung der »Päckchen« der Energiezustände des Elektrons darstellt.

3. Die vom Spektroskop gemessenen Strahlungseffekte ergeben sich aus dem Sprung eines Elektrons von einer Bahn in eine andere, die frei werdende Energiedifferenz äußert sich als elektromagnetische Strahlung.

Auch den Hörern von Heisenbergs Vortrag im Kapitza-Club war die Theorie von Bohr und Sommerfeld bekannt. Heisenbergs Zusammenfassung hätte deshalb, für sich genommen, wohl niemanden erregt. Nach dem Ende seines Referats im Kapitza-Club aber hatte der Deutsche informell angedeutet, es gebe »etwas Neues«: »Heisenberg bringt eine Theorie, oder doch eine Skizze zu einer Theorie, aus der die spektroskopischen Regeln auf völlig neue Art abgeleitet werden. Er sagt, er habe es gar nicht nötig, über ›Bahnen‹ zu reden. Er sagt, wir hätten ja keine Beweise dafür, daß es diese Bahnen überhaupt gibt, also bringe es auch nichts, daß wir sie uns vorstellen oder darüber reden. Er sagt, wir müßten versuchen, nur über die Observablen zu reden. Das, was man messen kann. Alles andere hält er für ›Metaphysik‹ und meint, es schaffe nur Unklarheit.« – Das zumindest schrieb Fowler Dirac im Begleitbrief zu Heisenbergs Artikel.

Als diese Post Ende August in Bristol eingetroffen war, hätte die Ablenkung Dirac nicht willkommener sein können. Er verlebte gerade miserable Tage in seiner Geburtsstadt. Das Verhältnis zu seinem verschlossenen Vater war wie üblich sehr gespannt, das war schon so gewesen, als Dirac noch dort gewohnt hatte: bedrückendes Abendessen, Paul und sein Vater im Eßzimmer, die Mutter mit der Schwester und dem älteren, inzwischen toten Bruder Reginald in der Küche. War das Reginalds Schatten, was ihm jetzt den Urlaub verdüsterte? Selbstmord. Unvorstellbar. Vielleicht rührte sein eigenes Unwohlsein ja auch einfach vom Wetter her. Ein strahlender Sommer, wie ihn die Wetterdeuter im März prophezeit hatten, sah jedenfalls anders aus. Nicht nur Dirac, alle Menschen im Ort, selbst die herbeigereisten Zuschauer bei der Regatta, wirkten bedrückt, verschnupft. Der Nieselregen riß nicht ab.

Mit einer gewissen Dankbarkeit für die Ablenkung machte Dirac sich daran, das Neue und Aufregende, von dem Fowler redete, aus Heisenbergs Aufsatz herauszuklauben. Er scheiterte zunächst kläglich. Selten war ihm die deutsche Grammatik struppiger erschienen. Heisenbergs Gleichungen wirkten wie mit dem Hammer bearbeitet, gesucht, mit Gewalt zusammengezimmert, und das, was im Titel »Umdeutung« hieß, erweckte bei Dirac zunächst den Eindruck der schieren Willkür – als habe es der Deutsche bloß darauf angelegt, sich durch möglichst grobe Abweichungen von der Konvention interessant zu machen.

»Noch eine Bestellung, Sir?«

Der koboldhafte Wirt hatte sich wie ein Indianer angeschlichen.

Dirac brummte geistesabwesend: »Na, eins noch.«

Die drei Musketiere am Fenster lachten wieder und prosteten einander zu. Regen klatschte gegen die schmutzigen Fenster. Der Wirt verschwand hinter der Theke, zapfte, schenkte ein, brachte das Bier, stellte es stumm auf den Tisch – eine einzige, verblüffend fließende Bewegung. Zwei der Burschen am Fenster applaudierten, sie fanden, man sehe deutlich, »daß er normalerweise zwischen einem Haufen Menschen manövrieren muß«.

»Ein richtiges Zirkuspferd, unser Herr Wirt!«

Dirac schüttelte den Kopf: Na gut, dann kam Heisenberg also ohne Bohrs Elektronenbahnen aus. So schwierig war der Gedanke nicht, und außerdem ja erst der Einstieg – danach verzichtete Heisenberg auf noch mehr: Es gab, wie experimentell demonstrierbar, eine Anzahl Attribute der Quantenteilchen, die Heisenberg konjugiert nannte und die nicht im selben Meßrahmen bestimmt werden konnten – was bei Objekten, die Bahnen wie den Bohrschen folgten, ja eigentlich möglich sein müßte; sonst waren die Bahnen wirklich nur unbelegbare Zusatzannahmen. Zwischen den konjugierten Eigenschaften der Teilchen herrschten offenbar »verkehrte« Abhängigkeiten der Bestimmbarkeit: Je genauer man die eine Eigenschaft bestimmte, desto ungewisser war der Status der andern. Mathematisch gesehen empfahl es sich also, diese Größen in ans Wirkungsquantum gebundene Ungleichungen einzuarbeiten, die beschrieben, daß die synchrone Messung von Ort und Impuls oder Energie und Zeit für diese Partikel nicht möglich war. Dirac sah ein, daß Fowler, ein großer Anhänger des Bohr-Sommerfeld-Modells, speziell von diesem Punkt sehr in Aufregung versetzt wurde.

Tatsächlich mochte man ja folgern, daß der ganze von Heisenberg so scharf akzentuierte Sachverhalt implizierte, es gäbe Ort *und* Impuls bei den Quanten (anders als bei makroskopischen Erfahrungsobjekten wie Steinen, Pferden oder Schuhen) »eigentlich nicht wirklich« – jedenfalls nicht gleichzeitig.

»Er schüttelt den Kopf. Ich glaube, er mag uns nicht.«

»Ach, ist das so? Vielleicht sollten wir mal rübergehen.«

»Ich wette, du traust dich nicht.«

»Was du nur immer mit deiner Wetterei hast, Stu!«

Dirac entging nicht, daß er erneut Zielscheibe des Spotts geworden war. Innerlich bereitete er sich darauf vor, den neuen Angriff möglichst ökonomisch abzuwehren. Konnte sich nicht einfach jeder um seinen eigenen Kram kümmern? Der Sturm ließ nach, der Regen war nur noch fadendünn. Reste von nassen Windvorhängen, wie mit Tapetenmessern vom Himmel geschnitten, fielen schlaff zur Erde. Dirac strengte sich an, seinen Gedanken wiederaufzunehmen.

Er stützte den Arm auf, legte die Wange in die Handinnenfläche und dachte: Vielleicht stehe ich wirklich noch zu sehr im Bann von Bohr-Sommerfeld? Was mich da enttäuscht hat, an dem Heisenbergaufsatz, war ja vor allem, daß hier nicht mit diesen eleganten

Hamilton-Operator: ***Ein Operator ist eine Rechenvorschrift, die Größen und Funktionen einander zuordnet. Die meßbaren Quantitäten (Observablen) der Quantentheorie werden mittels Differential-Operatoren erhalten, die auf die Wellenfunktion ψ angewandt werden. Der wichtigste von diesen ist der Hamilton-Operator der Gesamtenergie, er ersetzt die Hamilton-Funktion H der klassischen Mechanik.***

Hamilton-Operatoren gerechnet wurde, den Bewegungsvorschriften für die Teilchen, wie sie Bohrs Arbeit auszeichnen. Deshalb habe ich das Ding abgelegt; eine Woche blieb es liegen. Und damit wurde alles nur noch schlimmer: Familienschrecken, stumme Vorwürfe, schweigendes Starren, schlaflose Nacht.

Am nächsten Morgen, seine Knochen fühlten sich an wie altes Brot, sein Hirn schien ein Essigschwamm zu sein, setzte er sich noch einmal an Heisenbergs Text – und da dämmerte ihm plötzlich, vielleicht vor Entkräftung oder weil keine Widerstände und Erwartungen mehr übrig waren, daß er hier wirklich etwas Besonderes vor sich hatte.

Nicht neu im Sinne der Relativitätstheorie, also schön und klar und so einleuchtend, als wäre es schon immer wahr gewesen, aber erst jetzt gesehen worden. Dieses Zeug hier war noch sehr mühsam, kompliziert, in vieler Hinsicht unklar. Aber neu. Ein Aufbruch.

»Es liegt«, sagte Dirac an jenem Morgen vor dem Spiegel zu sich selbst, »einfach daran, daß er selber noch nicht weiß, was er will.« Wenn das aber so war, mochte es immerhin bedeuten, daß man der Sache auf die Sprünge helfen konnte.

Von diesem Moment an hatte Heisenbergs Arbeit ihn nicht mehr losgelassen. Sie hatte ihn begleitet wie ein schwingungssatter Grundton, als er zurück nach Cambridge kam. Und sie begleitete ihn weiter: ins Seminar, in sein Studierzimmer, auf den Sonntagsspaziergang und bis in diese finstere Kneipe hier.

Eine dicke Fleischfliege ließ sich auf dem Rand von Diracs Glas nieder und spazierte millimeterweise die Glaskrümmung entlang. Die Lippen des jungen Wissenschaftlers bewegten sich lautlos, als bete er einen Rosenkranz oder sage ein Mantra auf: »Zwei Dimensionen hat das Heisenbergzeug. U und V sind nichtkommutativ, U mal V ist nicht dasselbe wie umgekehrt. Wo habe ich das schon mal gesehen?« Die Fliege wußte es auch nicht. Alte Mathematik ... schon mal gesehen.

Was aber Dirac jetzt visualisierte, was sich bei geöffneten Augen über die Welt um ihn legte, waren die Matrizendarstellungen der beobachtbaren Größen in Heisenbergs seltsamem Formalismus: Multiplizierte man eine dieser Größen, u, mit der anderen, v, kam etwas anderes heraus, als wenn man umgekehrt v mit u multiplizierte.

Plötzlich sah Dirac die Buchstaben doppelt, es bildeten sich Paare von *u*s und *v*s, die Paare lösten sich voneinander, umkreisten einander wie Schmetterlinge, bildeten eine schüchterne, aber sehr hübsche Figur, die in alter Mathematik –

»Ich spucke auf Cambridge!«

»Dieser verluderte Muff!« johlte jener der drei, den seine Kumpane vorhin als Percy angeredet hatten. »Ein Bild des Jammers. Schau nur die Leute an: wie ausgestopft!«

Dirac wurde jetzt wirklich wütend. Zuerst war's nur ein Schläfenpochen, eine Kontraktion von Muskeln, die Hände wollten etwas greifen.

Eine alte Ermahnung seines Vaters fiel ihm ein: »Schließe die Augen und zähl die Sekunden: einunddreißig, zweiunddreißig. Laß dich niemals provozieren. Rohlinge brauchen nichts dringender als die Bestätigung, anderen die Ruhe geraubt zu haben. Das darf man ihnen nicht gönnen.«

Schon richtig, das Problem war nur: Was immer diese Kerle waren, die Bezeichnung »Rohlinge« wurde ihnen sicher nicht gerecht: Sie investierten ja so etwas wie Geist in ihr schlechtes Benehmen.

Dirac zählte, ohne sich dessen bewußt zu sein: einunddreißig, zweiunddreißig. Aber er hatte vergessen, dabei wie empfohlen die Augen zu schließen. Er starrte die drei am Fenster unverhohlen feindselig an.

»Was gibt's zu gaffen? Fühlt man sich bei der Andacht gestört?«

»Gentlemen ...« war alles, was dem Wirt einfiel. Er rief es klagend, fast jammernd.

Percy schnappte angriffslustig: »Was denn? Wir sind hier ganz für uns, tun niemandem was, und der will uns den Tag verderben! Müssen wir uns das gefallen lassen?«

»Genug. Das reicht.« Dirac stand auf und ging sehr langsam um seinen Tisch herum.

Brian und Stuart wichen etwas zurück. Percy aber sagte, jedes Wort betonend: »Kein Grund, aus der Haut zu fahren, Sportsfreund!«

Dirac schüttelte den Kopf: »Nein, es ist ganz anders. Sie machen unnötigen Radau. Sie stören mich beim Denken. Es gibt für all das keinen Grund. Hören Sie auf damit.«

Percy lächelte: »Ein Philosoph?«

Dirac wußte genau, daß er darauf nicht eingehen durfte, und hörte sich trotzdem sagen: »Ich bin Wissenschaftler.«

Percy lehnte sich zurück und sagte: »Ah, ein Ritter der Dampfmaschine. Einer, den Newtons Schlaf gefangenhält. Ich nehme nicht an, daß Ihnen das was sagt? William Blake? Der ... hemm ... wußte noch ... daß es Fragen gibt, die Leute wie wir eher beantworten könnten als einer, der einfach nur ›nachdenkt‹ und womöglich noch alles ausrechnen will. Das Leben zu leben – das ist auch eine Wissenschaft! Ewiges Besserwissen allein macht nicht glücklich.«

»Was denn für Fragen?« Dirac bereute die Erwiderung, kaum daß sie ihm entfahren war.

»Oha! Jetzt fühlen Sie sich also doch herausgefordert, mein Guter?«

»Was für Fragen?«

Percy räusperte sich, blickte mit gespieltem Mitleid erst nach rechts zu Stuart, dann nach links zu Brian. Dann sah er Dirac ins Gesicht und senkte die Stimme: »Nun, zum ersten... was ist das überhaupt, das Leben? Das größte aller Geheimnisse! Kommt nicht ein Lachen, ein Bonmot oder ein Vers, ein Traum diesem Geheimnis näher als die genaueste Berechnung? Und bevor Sie sich in Ihre Platitüden flüchten, von wegen, Leben sei ›Energie‹ und wie die schönen, nichtssagenden Wörter alle heißen –«

»Unsinn. Energie ist nicht lebendig.«

Stuart hielt den Atem an, Brian schmatzte. Percy aber war nicht beeindruckt: »Fein, aber: was ist das dann, das Leben?«

»Zellwachstum und Vermehrung, bei denen aus Zellen bestehende Wesen ihr Energiedefizit durch Zufuhr von außen ausgleichen müssen, entweder mittels Sonnenenergie oder mit Hilfe anderer Lebewesen, die gefressen werden.«

»Ha! Potztausend! Ich sehe, Sie machen sich so Ihre Gedanken. Aber das ist doch ein bißchen platt, oder? Wir scheinen uns auf eine Art Streit eingelassen zu haben, das erfrischt!«

Dirac war nicht bereit, irgend etwas Derartiges anzuerkennen, aber er widersprach auch nicht.

Percy kam in Fahrt: »Also, Herr Wissenschaftler. Wir sollten das ganz sportlich austragen. Nach klaren Regeln. Ich würde sagen: Ich darf Ihnen drei Fragen stellen, die der Wissenschaft ihre Grenzen zeigen, und wenn Sie auf alle so ... gefaßt eine Antwort wissen, dann bin ich bereit, Ihre Nervenschonung für ein kostbareres Gut zu halten als unsere Lebensfreude. Was meint ihr?«

»Fair.«

»Sehr sportlich von dir, Percy.«

Was für Idioten! dachte Dirac.

»Wir haben also gehört, was Leben ist. Unser neuer Freund hat sich da mit technisch korrekten, aber philosophisch höchst unzureichenden Argumenten weggeduckt. Es gibt aber Dinge, denen man ohne geeignetes Empfinden nicht mal nahekommt. Nehmen wir ruhig mal die Wissenschaft selber. Was serviert sie uns da für Bilder von Höherem, von einer anderen Wirklichkeit? Wie steht es mit der ›vierten Dimension‹, von der man jetzt so viel hört? Man hat sie offenbar entdeckt, man spricht von ihr, und doch kann sich niemand vorstellen, was das ist. Im Herzen der Vernunft lauert das Unbegreifliche!«

»Ist das Ihre zweite Frage? Die vierte Dimension?«

Percy nickte: »Wenn Sie so wollen. Erklären Sie's uns, und zwar so, daß man sich was darunter vorstellen kann.«

»Die vierte Dimension ist einfach eine mathematische Form, wie die drei anderen Dimensionen auch. Solche Formen ermöglichen es uns, Bewegung oder Ruhe von etwas relativ zu etwas anderem zu beschreiben. Die Dimensionen sind jederzeit austauschbar, je nachdem, wie man ein Koordinatenkreuz dreht. Man kann also nicht sagen, daß die vierte Dimension die Zeit ist. Es kann auch die Tiefe oder Breite sein, es kommt nur auf die Bewegung an, die wir beschreiben wollen. Es gibt nämlich sowieso keine absolute Bewegung, also auch keine absoluten Dimensionen.«

»Unfair!« maulte Stuart. »Damit ist nichts erklärt! Das sind nur Definitionen!«

Dirac zuckte mit den Schultern: »Es geht doch gar nicht anders. Das gilt für alle Wörter. Genausogut könnten Sie, wenn Ihnen das nicht paßt, von mir verlangen, ich soll Ihnen ›Rot‹ so erklären, daß Sie sich darunter ›was anderes‹ vorstellen können als ›bloß‹ eine Farbe.«

Percy betrachtete Dirac schweigend, als wollte er etwas erforschen, was er noch nie gesehen hatte. Dann wurde sein Blick glasig, verlor den Brennpunkt. Da erkannte Dirac, daß Percy nicht durch ihn hindurchsah, sondern an ihm vorbei, auf etwas anderes, etwas hinter ihm. Er wandte sich um, sah aber nichts. Was sollte da sein? Die Wand? Die Theke? Sie selbst dort in dem breiten Spiegel, vier Leute, die ein sinnloses Gespräch führten?

»Ja. Der Spiegel, mein Freund. Der Spiegel. Ich will Ihnen ein letztes Beispiel davon geben, daß manche Geheimnisse größer sind als Ihre Art, zu fragen und zu antworten. Farben, haben Sie gesagt. Ja: Rot, nicht wahr, ist eben eine Farbe, und Blau ist auch eine Farbe ... Ein Maler zum Beispiel. Der erkennt Farben. Er sieht, wie Sie sagen, das Rot, das Gelb, das Grün. Und dann? Er braucht Inspiration. Er muß mehr verlangen, als das Schulwissen ihm sagen kann. Ein Künstler ist ein Mann, der fragt: Wenn alles eine Farbe hat, welche Farbe hat ein Spiegel?«

Stuart und Brian lachten auf, der Witz kam an bei ihnen.

»Nun? Was sagt der Wissenschaftler? Wollen Sie sagen, daß

man über das schweigen muß, wovon man nicht sprechen kann? Welche Farbe hat der Spiegel?«

»Farben sind Lichtwellenlängen. Es gibt ein Spektrum von kurzen Wellen – also blauen – über mittlere, Gelb – bis zu langen, Rot. Wenn Sie etwas Blaues betrachten, heißt das, daß das Licht aller Wellenlängen außer der blauen von dem Gegenstand geschluckt wird. Das blaue Licht wird zurückgeworfen. Ein Spiegel wirft zwar alles Licht zurück, aber nicht in beliebige Richtungen, wie etwa ein weißes Objekt. Die Reflexion eines Spiegels ist kohärent. Das bedeutet, das Licht – egal, welcher Wellenlänge – wird jeweils in genau die Richtung zurückgeworfen, aus der es kommt. So entsteht eine identische Abbildung der Lichtquelle oder eines anderen reflektierenden Gegenstands vor dem Spiegel.«

»Sie sagen also ... der Spiegel hat überhaupt keine Farbe?«

»Haben Sie mir nicht zugehört? Nichts ›hat‹ eine Farbe. Es geht darum, welche Wellen zurückgeworfen werden und ob das beliebig gestreut oder kohärent geschieht.«

»Er weicht dir aus, Percy!«

»Er faselt! Hör dir an, wie er die Worte verdreht!«

Die beiden eilten ihrem Herrn zu Hilfe, der nur die Schultern hob, schnaubte und sich abwandte. Am Ende sah er stumm zum Fenster hinaus.

Dirac war desorientiert. Was war hier gerade geschehen? Wer hatte den Blitz in den Boden abgeleitet? Hatte es einen Sieg gegeben?

Die Sonne schien draußen, man sah keine Wolken mehr am Himmel. Dirac trat zurück, sah sich im Raum um. Der Wirt lehnte an seiner Theke, mit geschlossenen Augen. Er schien zu schlafen.

Dirac ging zu ihm, stieß ihn sacht an die Schulter. Der Wirt nahm das Geld entgegen, Dirac ging nicht mehr an seinen Platz, ließ das halb ausgetrunkene Bier zurück und ging hinaus – er fühlte sich wie ein Sträfling, den man aus der Haft entlassen hatte.

Zwischen Straßengraben und Wiese glänzten große glatte Pfützen.

Diracs dünner Mantel raschelte, der Wind zerzauste sein Haar.

Kaum hatte er auf seinen Weg zurückgefunden, war das Erlebnis mit den drei Tagedieben vergessen. Wie eine Melodie, die der pfeifende Mund schneller fand als das suchende Gedächtnis, kehrte Heisenbergs Mathematik ins Zentrum seiner Aufmerksamkeit zurück. Nichtkommutativität: das eine mal das andere ist nicht dasselbe wie das andere mal das eine. Alte Mathematik. Alte Mathematik?

Ein blaugrauer Vogel warf sich dicht über Dirac in den Wind, taumelte, trudelte, fing sich, legte sich schräg in den Luftstrom, dann stieg er wieder auf.

Dirac sah ihn in einem Koordinatenkreuz, sah, wie der Vogel sich drehte, dachte: Ort und Geschwindigkeit ... wohin er geworfen wird ... und die Flügel, wie sie schlugen, wie der kleine Vogel flatterte ... Himmel und Pfütze, Wind und Wasser, Vogel und – Fisch?

»Poisson«, sagte Dirac.

Poissonklammern ... Siméon Denis Poisson, 1781 bis 1840. Alte Mathematik.

Nichtkommutativität ... wo hatte er das gelesen? Was war das? Es schien eine Beziehung zu geben, oder war das Haschen nach Wind? Heisenbergs Kommutator:

$$uv - vu$$

und die Relation zwischen zwei Größen in diesem Formalismus für Phasenraumfunktion-Transformationen ... die Erinnerung war verschattet, der kalte Wind leckte an Diracs Wangen – konnte das eine richtige Spur sein? Alte Mathematik, die Heisenbergs neuer Physik zu Hilfe kommen konnte? Dirac setzte über den Straßengraben, ohne recht zu überlegen, was er da tat. Dann lief er quer über die im Matsch versunkene Wiese. Jeder Schritt schmatzte und matschte, aber Dirac hatte es plötzlich sehr eilig: Er mußte nach Hause, mußte auf sein Zimmer, nachlesen, was es damit auf sich hatte. Dreck bespritzte seine Hosenbeine, er rannte weiter. Es konnte nicht stimmen. Die Ähnlichkeit der beiden Formen war nur Zufall. Wie ein Reim in einem Gedicht oder eine Harmonie zwischen zwei Stimmen. Es wäre zu verrückt, wenn das etwas bedeutete.

Schon wurde ihm der eben erst geahnte Gedanke unplausibel, zugleich wuchs die Aufregung. Was, wenn doch was dran war? Nach ein paar hundert Metern querfeldein erreichte er einen Kiesweg. Er merkte, wie er um Atem rang, keuchte: Er war gerannt wie auf der Flucht vor wilden Hunden. Die ländlichen Bezirke lagen hinter ihm, er war jetzt in der Stadt, ohne es zu merken. Er fühlte sich nach vorn geworfen in seine Gedanken, von einem Rückenwind, der ihn flattern ließ wie vorhin den Vogel, nicht im Kampf, sondern vor Freude. Jetzt stand er vor seiner Tür.

Hektisch wühlte er den Schlüssel aus der Manteltasche, wollte aufschließen, aber der Schlüssel verhakte sich. Gepreßt fluchte Dirac.

Ich muß das nachlesen. Saubere Definitionen. Er rüttelte am Schloß, das daraufhin den Schlüssel freigab. Er zog ihn raus, steckte ihn gleich noch einmal rein, drehte ihn um. Es funktionierte, die Tür ließ sich öffnen. Ohne auch nur den Mantel abzulegen, stolperte Dirac in seinem Zimmer umher, durchsuchte Bücher und Mitschriften, kniete am Boden, zog Schubladen auf – der Sturm von vorhin wurde in diesem Zimmer wiedergeboren. Blätter flogen, aber es war alles nichts: kanonische Transformationen, lineare Abbildungen, Differentialgleichungen, Lehrbücher, Formelsammlungen. Alles viel zu grundlegend, nirgends was über Poissonklammern, nichts, nichts.

Aber er hatte es gesehen, hatte es gelesen: in einem Buch, nicht in einer Mitschrift.

Schließlich saß er keuchend in der Unordnung, die er angerichtet hatte, streifte den Mantel ab und mußte lachen: Sonntagabend. Alle Bibliotheken hatten geschlossen.

Er schüttelte den Kopf, fuhr sich mit beiden Händen durchs Haar, als hätte sich, was er suchte, in seinen Haaren festgekrallt. Und er mußte es packen, rauskämmen, finden.

Es wurde eine furchtbare, zugleich seltsam euphorische Nacht. Diracs Herz hämmerte ihm im Hals, halb schlafend verwandelte er sich in den kleinen Vogel, warf sich im Wind links- und rechtsherum. Ich muß warten. Flieg, Vogel, halt aus ... ich weiß nicht, ob die Idee etwas taugt, aber wenn man es wirklich so darstellen kann ... wenn man eine Art Hamiltondynamik mit nichtkommutativen Poissonklammern formulieren kann ... wenn das der Schlüssel ist ...

Der Morgen graute. Dirac stand auf. Die Glieder schmerzten. Er war sehr ruhig, als hätte er eine schwere Arbeit hinter sich. Nach kurzer, flüchtiger Wäsche kleidete er sich hastig an und lief aus dem Haus, geradewegs zur Fakultätsbibliothek.

Er war der erste an diesem Morgen. Die Bibliotheksangestellte ließ ihn kopfschüttelnd ein. An Reihen und Reihen von Büchern lief er vorbei, er kannte sich aus. Am großen Kreuzfenster schwenkte er nach links ein, vor eine der Kolonnen, und dort, in Brusthöhe, stand Whittakers »Analytical Dynamics«.

Schnell fand Dirac, wonach er suchte.

Seine Konzentration war nicht die beste, die Zeichen vor seinen Augen flackerten ein wenig, er hatte Mühe mit dem Lesen. Aber seine Ahnung, begriff er bald, hatte ihn nicht getrogen.

Er hatte einen eigenen Schlüssel gefunden zur neuesten Physik. Es war alles da, in der alten Mathematik, und man hatte doch gedacht, daß diese Dinge jede Anwendbarkeit für immer entbehren würden – Hamiltons Quaternionen-Algebra, Galois' Gruppentheorie ... Dirac wußte es nicht, aber was eben in seinem Kopf begonnen hatte, war etwas Objektives, das in vielen Köpfen reifte: Heisenberg, Emmy Noether ...

Draußen begann das zwanzigste Jahrhundert, in dem Algebren

Quaternionen-Algebra: ***Wenn man mit der Quadratwurzel aus –1 rechnet, der sogenannten »imaginären Zahl« i, kann man die »komplexen Zahlen« bilden, nämlich aus zwei reellen Zahlen x und y, indem man die Summe x + yi bildet. Wenn man x und y als Achsenbeträge auffaßt, kann man mit komplexen Zahlen viele geometrische, dynamische und physikalische Probleme in zwei Dimensionen (auf der Ebene mit den Achsen x und y) behandeln. Im neunzehnten Jahrhundert führte die Frage, ob man sich außer der mit den komplexen Zahlen erreichten zwei- auch eine höherdimensionale Algebra ähnlicher Beschaffenheit vorstellen kann, zur Entdeckung der vierdimensionalen »Quaternionen«. Eine zwischen der komplexen und der Quaternionen-Algebra liegende dreidimensionale Algebra ist übrigens nicht möglich.***

als Bestandteil der physikalischen Welt sich bemerkbar machen, bei denen eins und ein anderes zwar zusammengeschaut werden können, aber nicht mehr vertauscht. Was Heisenberg konjugierte Attribute nannte, war der Anfang – am Ende des Jahrhunderts sollte ein mathematischer Physiker namens John Baez die ganze Quantenmechanik elegant zusammenfassen: Sie sei einfach »die Verallgemeinerung der klassischen Mechanik, die man bekommt, wenn man die Annahme fallenläßt, daß beobachtbare Größen wie Ort und Impuls kommutieren«.

Draußen lachten ein paar Studenten.

Einer hob einen Apfel in die Höhe, die andern tanzten um ihn herum, als wäre der mit dem Apfel ein Zauberer und der Apfel der Preis der Eris.

Welche Farbe hat ein Spiegel?

Dirac lächelte erschöpft, sah lange aus dem Fenster.

Es war ein großer Morgen, nichts als Weite und Licht.

Das Buch zitterte ein wenig in seinen übermüdeten Händen.

Die Welt schien nur darauf zu warten, daß er ihr erzählte, was er herausgefunden hatte.

Die Welt? Fürs erste würde es genügen, Fowler davon zu erzählen.

Später war immer noch Zeit für die Welt, einen neuen Himmel und eine neue Erde.

Gibt es einen mathematischen Epochenstil?

Alan Matheson Turing

1912 bis 1954

Von: Dee.Licht@valismusic.co.uk
Gesendet: Dienstag, 3. September 2002
An: cafl@splinternet.de
Betreff: Mathematisches, Privates und andere seltene Künste

Liebe Cathrin, meine Handflächen schwitzen, während ich tippe. Alles ist bedrohlich, wenn man auf den eigenen Körper aufpaßt, anstatt nur auf »die Sache« – wie zum Beispiel den Job, der eigenen Schwester zu schreiben. Ich könnte damit anfangen, Dir was von berechenbaren Zahlen zu erzählen. Zu der Zeit, um die es bei dem übergeschnappten Implex-Projekt unserer gemeinsamen Freundin geht, damals, als unsere moderne Rechenkultur entstanden ist, hat man sich dafür sehr interessiert: Unterschiede zwischen berechenbaren und nichtberechenbaren Zahlen. Man wollte einen Filter haben, der die berechenbaren rausfischt aus der Menge der Nudeln, die in der großen Zahlensuppe Gottes rumschwimmen.

Diese Typen waren hart drauf, Hilbert & Co. wollte man nicht in die Quere kommen.

Stell Dir den Zahlenstrahl vor. Kennst Du sicher noch aus der Schule – eine Gerade, zusammengesetzt aus unendlich vielen Punkten. Wenn Du sie markierst, hast Du nicht nur die ganzen Zahlen und nicht nur die rationalen, die man mit Brüchen aus ganzen Zahlen ausdrücken kann, sondern auch die Wurzel aus 2, Pi und die ganzen andern aggressiven irrationalen Zahlen. Alles zusammen hast Du also jetzt die reellen Zahlen.

Da nimmst Du jetzt diejenigen raus, deren Dezimalschreibweise mit endlichen Mitteln ausgerechnet werden kann – soundso viele Stellen von Pi angeben und so fort? Die Zahlen, die Du dann hast, die mit endlichen Mitteln als Kommazahlen ausgerechnet werden können, das sind sie, die berechenbaren.

Mit denen hat er angefangen, in seinem berühmten Aufsatz von 1937. Von ganzen, ziemlich riesigen Zahlenklassen hat er gezeigt, daß sie in diesem benannten Sinn berechenbar sind, und weiter: daß man die Menge der berechenbaren Zahlen abzählen kann wie Knöpfe an der Jacke, obwohl sie strukturell so was ist wie die NICHT in diesem Sinne abzählbare Menge der reellen Zahlen. Außerdem hat er drauf hingewiesen, daß man nicht davon ausgehen darf – obwohl die Intuition es nahelegt –, daß eine Zahl, wenn sie nur beschreibbar (definierbar) ist, auch berechenbar sein muß. Er hat gezeigt, daß es beschreibbare Zahlen gibt, die trotzdem nicht berechenbar sind, also Zahlen, bei denen Du zwar eine Definition (»x ist die Zahl, die man bekommt, wenn man ...«) angeben kannst, die sich aber nicht ausrechnen lassen. Und das alles war noch nicht mal das Tollste an dem Aufsatz – eher im Vorbeigehen hat er nämlich den kleinen Trick mit der Maschine eingeführt, und daran kauen wir heute noch rum, das führt weit und weiter, irgendwann vielleicht auch zu dem, was unsere gemeinsame Freundin den Implex nennt und worüber sie diese elektronische Oper schreiben will – wozu sie wiederum bekanntlich mich braucht und Lucas und den ganzen von ihren Fördergeldern und Stipendien ausgehaltenen Stab hier.

Klar, Programmierer und Hungerleider, die wir sind, jauchzen wir in diesen Rezessionszeiten, daß uns überhaupt wer Geld bezahlt fürs Zahlenknuspern und Programmeschreiben. Musik ist das, was dabei rauskommt, und ein paar begleitende Visuals, wie sie hier sagen.
Interessiert Dich alles einen &%$§@, höre ich Dich husten.

Keine Angst, mir ist schon klar, wonach Du gierst, willst wieder mal nur privaten Klatsch lesen und bist einigermaßen skandalisiert von dem, was unsere gemeinsame Freundin Cordula Dir da Neues und ausgesprochen Unerwartetes erzählt hat: Dein Bruder wohnt mit einem Mann zusammen. »Seit wann bist Du schwul?« fragst Du mich also.

Die »saftigen Details« kommen schon noch – ein widerlicher Ausdruck übrigens, liebe Cathrin. Wenn Du so ein Zeug mailst, klingt mir das, als würdest Du Dich mit einem ganz bestimmten Mitarbeiter unserer gemeinsamen Freundin bestens verstehen, der einen unsagbar scheußlichen Humor hat. Mit Lucas nämlich, einem schon seit zehn Jahren hier in England lebenden flamboyanten Schweizer, der immer nur blaue Kleidung trägt und mit seinen unschuldigen großen braunen Augen aussieht wie ein haarloses Bärenjunges. Ein rüder und manchmal ekliger Witzbold, von heterosexuellen Männern spricht er manchmal als »Vaginauten«, und Cordula zieht er, wenn sie uns rumkommandiert, damit auf, wo andere Frauen ihre Tage hätten, hätte sie gleich ihre Epochen.

Am grausigsten ist sein Musikgeschmack ... grad läuft »You can't hurry love« von Phil Collins über die riesigen Speaker – ist es zu fassen? O Gott. Wo bin ich hier reingeraten? Avantgarde, Elektronische Musik, »Tonklötzchenschieber« (Bodenständig 2000). Ernsthaft: Wäre es nicht die Aufgabe elektronischer Künste, gerade nicht die im Grunde triviale Maschinenfrage zu »radikalisieren«, zu »konzeptualisieren« und so fort, sondern im Gegenteil als etwas ganz Normales zu behandeln, das eben unsere Zeit kennzeichnet? So verstehe ich übrigens die Implex-Oper: es geht um die Erfassung eines Zeitstils.

Dazu mehr gleich weiter unten. Jetzt aber endlich zu dem, was Dich interessiert, es schließt nämlich direkt da an. Denn der erste Mann, in den ich mich verliebt habe, hat diesen Zeitstil erfunden. Er war schon tot, als ich ihn kennenlernte. Love's a funny thing.

Und zwar kam das so: Ich habe Cordula und Lucas vor einem

halben Jahr an einem besinnlichen Rumsitzabend mal alles erzählt, was ich Dir gerade aufgeschrieben habe: daß mich das Gespreizte langweilt, daß ich eher ein Interesse daran hätte, den ganz normalen gegenwärtigen Moment zu erfassen, und die fanden das beide richtig und toll.

Wir standen an der Bar in so einem Cocktailschuppen, die Nacht war ziemlich zu Ende, es ging gegen fünf Uhr früh. Das ist die Zeit, wo man ja immer auf genau so eine Art grundsätzlich wird: Was ich schon immer mal sagen wollte, pipapo ...

Und da man, so abgefüllt, andererseits auch bereit ist für ein Abrutschen ins Weinerliche und Rührselige, fing ich an zu winseln, kaum daß die beiden mich gelobt hatten: Aber ach, was red ich denn, von wegen unsere Zeit mit ihrem ganzen Computerkram als was völlig Normales begreifen und charakterisieren – ich hab' ja keine Ahnung von Geschichte, ich weiß ja nicht mal, wer eigentlich den Computer erfunden hat. Man kennt ein paar Namen, hab ich gesagt, Konrad Zuse oder Alan Turing oder was ... da unterbricht mich Lucas: Du wirst aber doch Turing nicht auf derselben Ebene diskutieren wollen wie diese Ingenieure, oder?

Er wurde richtig feindselig, hatte natürlich auch schon einiges getankt.

Jedenfalls hab ich ihn dann entwaffnet, indem ich einfach zugegeben habe: Nö, schon gut, ich weiß nicht viel über Turing. Da war er dann nicht mehr so feindselig, eher alarmiert – sogar gleich ziemlich eifrig, wollte mir sofort Zeug ausleihen, Artikel und Bücher und eine Kurzgeschichte von einem Science-fiction-Autor.

»Dann fang ich mit der Kurzgeschichte an, das klingt doch gut.«

Am nächsten Tag, wirklich prompt, legt er mir ein Buch auf den Tisch, »Year's best SF 6« von 2001, eine Anthologie. Darin gab es diese Geschichte, »Oracle« von einem Greg Egan: »Der Mann ist Programmierer im Zivilberuf, wie wir. Wird dir gefallen.«

Na gut, denke ich und fange an zu lesen, bin ja null vorbelastet, ganz naiv.

Die Geschichte fängt drastisch an: Da ist ein Mann eingesperrt in einem Tigerkäfig – man hat ihm Essensentzug verpaßt, kalt ist ihm auch, er kann nicht richtig sitzen, erst recht nicht stehen oder liegen. Robert Stoney heißt er, und weil er seine Lage eher kühl abschätzt und durchdenkt, als hysterisch aus dem Leim zu gehen, ist er einem sofort sympathisch, zumal er auf dem Höhepunkt des Elends auch noch eine Heuschnupfenattacke durchstehen muß. Zur Selbstvergewisserung (natürlich auch zur Orientierung des Lesers) erinnert sich Stoney, wie er in diese Lage geraten ist – eine unangenehme kriminelle Geschichte um einen Diebstahl. Stoney hat einen Kerl angezeigt, mit dem er irgendwie zu tun hatte und der ihn dann bestohlen hat. Im Zuge seiner Vernehmung – er wollte ja eigentlich selber was anzeigen, gerät aber, ohne recht zu wissen, wie ihm geschieht, plötzlich in die kriminalistische Mühle – kommt auf der Wache »seine Homosexualität ans Licht«, die mit seiner kriminellen Bekanntschaft mittelbar zu tun hat. Plötzlich hat er ein Problem, denn Homosexualität ist in diesem England, nicht allzulang nach dem Zweiten Weltkrieg, noch ein Verbrechen. Stoney hat zwar gewußt, daß es entsprechende Gesetze gibt, sie aber nicht ernst genommen ... und hat bei alledem vergessen, daß er Geheimnisträger ist: Im Zweiten Weltkrieg hat er dabei geholfen, Nazigeheimbotschaften mit mathematischen Mitteln zu knacken. Das führt ihn in die Gefangenschaft: Seine Führungsoffiziere halten ihn für erpreßbar und für ein erhebliches Sicherheitsrisiko. Der Folterknecht, der an dieser Stelle auftritt, um Stoney und dem Leser auf die Nerven zu gehen, versäumt nicht, breitestens darzulegen, wie ekelhaft er Homosexuelle letztlich findet. Es folgt ein ausgedehntes Geplänkel zwischen dem Gefangenen und dem Schinder, das hauptsächlich zeigt, wie deprimierend eindeutig ersterer dem letzteren intellektuell überlegen ist – und daß er nix davon hat.

Kaum ist der Wärter wieder weg, versenkt sich Stoney unter Atemübungen und Aufsagen von Selbstbeherrschungsmantras in seine Arbeit. Er befaßt sich offenbar ohne Notizen, sozusagen freihändig, mit kompliziertesten theoretisch-mathematischen Fragen der Teilchenphysik. Von seinem eigenen Dreck besudelt, mit heuschnupfenhalber zugeschwollenen Augen repetiert er im Geiste einen Aufsatz der Physiker Yang und Mills aus dem Jahr 1954, in dem mathematisch die »Vereinigung der elektromagnetischen Kraft und der starken Kernkraft« zur »elektrostarken Kraft« geleistet wurde.

Während das gefangene Superhirn über diese Sachen nachgrübelt, wird es plötzlich von einer Frau aus dem Kerker befreit. Sie setzt die Wachen mit unsichtbaren Mitteln matt und führt ihn in die Freiheit. Stoney errät nach einigen Fragen an seine Retterin, daß sie nicht vom Mars, sondern aus der Zukunft kommt. Natürlich will er ihr Motiv für seine Befreiung erfahren, und sie gibt ihm einen Hinweis: Nur eine ganz bestimmte Sorte intelligenter Geschöpfe hätte ihm gegenüber besondere Dankesschuld und würde in die Geschichte eingreifen wollen, um ihm Leiden zu ersparen. Stoney begreift: Die Fremde ist ein Roboter, leibliche Hülle eines denkenden Computers.

Wie das bei Egan weitergeht, lasse ich jetzt mal weg, Du kannst es ja selber irgendwann nachlesen. Wichtig ist bloß noch, daß Stoney, der mit seiner neu gewonnenen Freiheit und dank einiger weiterer Hinweise seitens der gescheiten Maschine unter anderem ein Pionier der Gentechnik und der fortgeschrittenen Robotik wird, seine Wohltäterin schließlich fragt, wie denn seine, Stoneys, Geschichte in der unveränderten Vergangenheit ausgegangen sei, die sie als ihre eigene kennt. Da enthüllt sie ihm alles über einen Prozeß, der seinem Alternativgeschichte-Alter-ego gemacht wurde, wegen »Gross Indecency« (so was wie schwere Verletzung des Anstands), also Verstoß gegen Section 11 des Criminal Amendment Act von 1885. Das Urteil lautete »schuldig«, die Strafe war, daß sich Stoney einer Hormontherapie hat unterziehen müssen, die unter anderem zum Wachstum von Brüsten führt. Eine Weile hat er sich das angetan und dann mit vergifteten Äpfeln sein Leben beendet.

Wie gesagt, ich bin nicht besonders firm in Geschichte. Ich weiß meistens nicht, wer die ganzen Claude Shannons und Tom Stoniers und Kurt Gödels so genau waren, von denen Lucas und Cordula andauernd reden. Ich kann Dir jederzeit Kettenbrüche im Kopf ausrechnen, solange sie einen gewissen Schwierigkeitsgrad nicht übersteigen, bin zwar kein Robert Stoney, aber mathematisches Programmieren, lineare Algebra, Listen, Netzwerkkram, das geht schon. Beim Lesen dieser Egan-Geschichte wurde mir klar, daß es Sachen gibt, die ich vage weiß, aber eben nicht richtig: daß Alan Turing, der das Realvorbild dieses Stoney abgegeben hat, schwul war, daß er deswegen Scherereien hatte und daß man daraus einen Haufen Legenden gesponnen hat, war mir bewußt, aber nur ungefähr.

Es gibt mehr als einen Roman über die Codeknackersache im Zweiten Weltkrieg, den von Robert Harris (»Enigma«), in dem Turing ein heterosexueller Draufgänger ist, haben sie als ziemlichen Kitschfilm neulich verfilmt. Und in Neal Stephensons »Cryptonomicon« hat er natürlich auch einen Gastauftritt – Du erinnerst Dich? Das dicke Buch über Verschlüsselung und Spionage, das ich Dir empfohlen habe, das schwarze.

Turing fungiert in all diesen fiktionalen Zusammenhängen als eine Art Hauptheiliger für den Neuheitstaumel, den ich oben angeprangert habe. Deswegen, nehme ich an, bin ich ihm oder dem, was man über ihn wissen kann, auch immer ausgewichen: Meistens steckt ja nicht allzuviel hinter solchen Mythen. Aber was soll ich sagen?

Diese Egan-Geschichte hat mich wirklich, ich kann es nicht weniger kitschig sagen: berührt. Ich meine das buchstäblich, körperlich: wie da der Superdenker mal nicht als von oben beleuchteter Durchgeistigter gezeigt wird, der bleich vor sich hin denkt, sondern gekrümmt, im Käfig, heuschnupfengeplagt ... Ich fing an, Zeug drüber zu lesen, wie es wirklich war. Eine Weile habe ich richtiggehend kleinmädchenhaft GESCHWÄRMT für Turing, ein paar Wochen lang, war völlig verknallt und schäme mich nicht dafür.

Cordula und Lucas haben mir mit Stoff ausgeholfen, Lucas war für seine Verhältnisse ungewöhnlich milde: Lies das hier noch, und das könnte dich auch interessieren ... Stellte sich raus, als Fazit der Studien: Egans Porträt, in all seiner überlebensgroßen Idealisierung, trifft nicht daneben. Ich könnt's Dir inzwischen auswendig erzählen: geboren am 23. Juni 1912, Sohn eines Kolonialbeamten, unstete Jugend, viel Ärger an der Privatschule, die Jungs haben ihn rumgeboxt, von wegen Schwächling, unsportlich, introvertiert, arrogant. Kein Streber allerdings; außer für Mathe hat er sich für wenig anderes interessiert, seine Hefte waren, sagten die Lehrer, unordentlich. 1930 hat er ein Stipendium ergattern können, da ging's ans Kings College in Cambridge. Sogar die physikalischen Interessen, die Egan seinem Stoney anhängt, haben ihn tatsächlich umgetrieben, auf höchsterreichbarem Niveau: John von Neumanns Buch über den mathematischen Formalismus der Quantenmechanik hat er sich ausgesucht, als er mal einen Wunschbuchpreis gewonnen hat. Sah sich allerdings bei alldem eher als Mathematiker denn als Physiker, und da konnte er dann auch erste eigene Beiträge leisten. So ein bißchen Rumveröffentlichen, hier ein Problem, da eine Idee ... und dann ...

Etwas fachorientierte Vorgeschichte habe ich auch noch lesen müssen, um durchzublicken bei dem, was dann kam. Zwei Stränge hat die wissenschaftliche Entwicklung der mathematischen Grundlagenforschung damals zusammengeführt: Das eine war die alte euklidische Technik der Axiome – man nimmt ein paar Behauptungen, hinter die man nicht zurückkann, die nicht weiter bewiesen werden müssen, über den Sachverhalt, den man mathematisieren will, und daraus baut man sich über Implikations- und Folgebeziehungen den Rest. Der zweite Strang war der Wunsch nach Formalisierung und dem, was man heute eine Automatik nennen würde. Leibniz zum Beispiel träumte davon, daß man eine Sprache mit Regeln für Grammatik und Syntax finden könnte, so abstrakt und allgemein und in sich geschlossen richtig, daß man, sobald sich zwei Leute streiten, nur noch den Streitpunkt in diese Sprache würde übersetzen müssen, um auszurechnen, wer recht hat. Bescheidener hat man das da zu realisieren versucht, wo es quasi schon in der Natur der Sache liegt: in der Mathematik.

Ende des neunzehnten Jahrhunderts haben Gestalten wie George Boole und Gottlob Frege eine in diesem Sinn formale Basislogik entwickelt. Etwas konkreter, sozusagen an gegebenem Material, das wir vom Rechnen mit Fingern, Händen und Füßen, Äpfeln und Birnen kennen, haben Peano und Dedekind die Arithmetik der natürlichen Zahlen formalisiert. Davon ausgehend, wollte David Hilbert dann, sehr ehrgeizig, alle überhaupt möglichen mathematischen Sätze und Beweise in so ein Raster einordnen.

Daraus ergab sich dann das »Entscheidungsproblem«, das im Titel des berühmtesten Turing-Aufsatzes vorkommt – Hilbert wollte eine Methode finden, wie man mit endlichem Aufwand rauskriegen kann, ob ein Satz wirklich aus einem formalen System der gewünschten Art abgeleitet werden kann oder nicht.

Man war weit gekommen seit Leibniz – Bertrand Russell und andere dachten Anfang dieses Jahrhunderts wirklich, dessen Lingua characteristica universalis sei erreichbar. Dann aber setzte es auf einmal Tiefschläge: Erst fand Anfang der Dreißiger Kurt Gödel raus, daß arithmetische Systeme der Sorte Dedekind, Peano etc. unvollständig sind; es gibt entweder Sätze, die man nicht damit beweisen kann, oder man kann damit auch falsche beweisen. Und dann kam Turing, 1936: »On Computable Numbers with an Application to the Entscheidungsproblem« in den »Proceedings of the London Mathematical Society«.

Am Anfang dieser Mail habe ich's schon angerissen: berechenbare Zahlen, endliche Methoden. Gödel hatte bewiesen, daß es für die Arithmetik keinen widerspruchsfreien vollständigen Kalkül gibt. Turing demonstrierte, daß man bei manchen Funktionen, also Abbildungen einer Zahl auf eine andere, Verwandlungen eines Werts in einen anderen nach einer bestimmten Vorschrift, nicht entscheiden kann, ob bestimmte Ausdrücke im Kalkül dieser Funktionen ableitbar sind.

Dazu hatte er einen wirklich erhabenen, in seiner Reichweite damals wahrscheinlich von ihm selber nicht ganz erfaßten heuristischen Einfall. Der betreffende Absatz, »Die universale Rechenmaschine«, fängt an mit dem Satz: »Es ist möglich, eine einzige Maschine zu erfinden, die dazu verwendet werden kann, jede berechenbare Folge zu errechnen.« Die hypothetische Maschine, die er dann vorstellt, hat ein unendlich langes Lochband – den »externen Speicher« –, das in diskrete Abschnitte unterteilt ist, auf denen jeweils nur ein Zeichen eines abzählbar endlichen Alphabets, inklusive Leerzeichen, eingetragen sein kann. Ein leerer Abschnitt gilt als mit dem Leerzeichen beschrieben; das Leerzeichen kann aber auch, wenn es von der Maschine eingetragen wird, wie die Löschtaste bei den alten elektronischen Schreibmaschinen, einen beschriebenen Abschnitt tilgen. Mit jedem einzelnen Arbeitsschritt liest die Maschine einen Buchstaben auf einem Abschnitt des Bandes. Dann gibt sie diesen als Input weiter an den logischen Block der Maschine, der nur eine endliche Anzahl von Zuständen annehmen kann und dessen Output über die Relation des derzeitigen

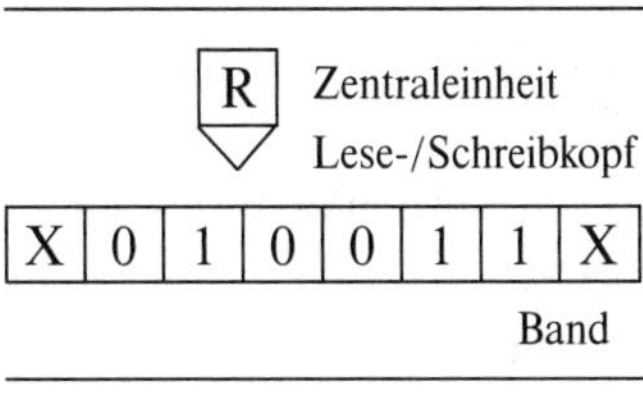

Schema der Turingmaschine

Zustands der abgelesenen Information zu einem konkreten Befehl (einer Funktion) als vollständig bestimmt ist. Die drei möglichen Befehle heißen: »eine Zeile nach rechts«, »eine Zeile nach links« und »gegebene Zeile noch mal lesen«. Der Rest, wie man so schön sagt, ist Geschichte. Im allgemeinsten, begrifflichen, abstrakten Sinn hat Turing damit nämlich den Computer erfunden. Zwar haben andere zur selben Zeit auch an Berechenbarkeitsbegriffen gearbeitet – zum Beispiel Alonzo Church mit seiner Lambda-Schreibweise –, aber Turings Modell war diesen anderen Berechenbarkeitsvorstellungen oder Definitionen davon, was eine Rechenvorschrift, ein Algorithmus ist, durch das anschauliche Bild überlegen. Das, sagen wir: philosophisch Interessante, für die Hilbertsche Hoffnung Fatale an Turings Arbeit war, daß es in Turings Bild zwingend auch nichtberechenbare Funktionen geben muß oder solche, von denen man nicht weiß, ob sie berechenbar sind, und nicht weiß, ob man das in endlicher Zeit rauskriegt. Die begriffliche Turingmaschine in eine tatsächliche zu verwandeln, hat er übrigens nicht einfach anderen überlassen. Kurz vor dem Krieg war er in Princeton und traf da auch Church. Als er zurückkam nach England, hatte er schon einen kleinen Computer dabei, so ein mechanisches Ding, und während des Krieges, als er in der Entschlüsselungszentrale Bletchley Park am Knacken der Codes der Deutschen gearbeitet hat, blieb er dem Computerproblem treu. Im Krieg war er auch noch mal in Amerika, hat dort Claude Shannon getroffen, einen der Begründer der Signalübertragungslehre, von dem die Bits stammen, das Digitale Ein/Aus-Prinzip. Nach dem Krieg hat er dran weitergearbeitet und tatsächlich, wie auch am Ende von Egans Geschichte Stoney, das Feld der künstlichen Intelligenz mitbegründet.

Turing glaubte, daß Maschinen wirklich würden denken können – dann nämlich, wenn sich ihre Antworten auf Fragen nicht mehr von denen von Menschen unterscheiden ließen.

Und die Homsexualitätsgeschichte, der Prozeß, die Verurteilung, die Brüste, der Selbstmord: das ist alles genau so passiert, wie es bei Egan steht.

Wie passend: Right Said Fred sind fertig.

Lucas hat jetzt Abba aufgelegt, die singen gerade, als kleine Turing-Elegie: »I dont wanna talk about things we've gone through/ Though it's hurting me, now it's history.« Das ist es wohl wirklich: Geschichte.

Ich habe ein paar Photos von ihm aus Büchern kopiert und mir an mein schwarzes Brettchen gepinnt. In der kleinen deutschen Schriftensammlung, die es von ihm gibt, »Intelligence Service«, ist ein Photo von einer Sportveranstaltung abgebildet: Turing torkelt ins Ziel, nicht unbedingt groß und schlaksig; knochiger Kerl, scharf gezeichnete Wangen, dunkle Brauen, sieht in seiner Magerkeit aus wie Iggy Pop als Gefangener in irgendeinem Kerker, Dostojewski-Gestalt mit behaarten Oberschenkeln.

Ich weiß auch nicht: Dieser Körper war mir plötzlich wichtig.

Der immergleiche Gedanke stellt sich immer wieder ein, wenn ich das Sportphoto sehe: Dieser Junge mußte zum Schluß also Hormone nehmen. Ich fing an, drüber nachzudenken, wie selten Körper meine Aufmerksamkeit bewußt beschäftigt haben, früher – und ich weiß jetzt, daß das anders geworden ist, sowohl wegen der Abende hier, mit den Leuten, die Lucas kennt, als auch, auf diese verwickelte Art, die ich zu erklären versucht habe, wegen Turing.

Das Sportbild von dem armen Mann mit der Startnummer 140 auf der Brust, ich finde es traurig, politisch, schön.

Wenn ich eine Oper zu schreiben vorhätte, die so funktioniert wie Cordulas Projekt, oder wenn ich ein Buch schreiben würde über die abstrakten Wissenschaften in dem Jahrhundert, in dem Du und ich geboren wurden, »Mathe in 20 Hirnen des zwanzigsten Jahrhunderts« oder so, dann käme es mir, glaube ich, genau darauf an: daß diese Hirne in zwanzig Menschen gelebt haben. Ich stelle mir vor, daß es noch viel mehr gibt, was ich nicht weiß und eigentlich wissen müßte, so, wie ich fast nix über Turing wußte. Es gab unter den Großen, die diese Rechnerepoche geschaffen haben, bestimmt auch Frauen, die Kinder wollten, aber keine kriegen konnten, Säufer, Pädophile, Schizophrene... mir schwebt kein Enthüllungsdreck vor, in dem all diese Details wirklich bis ins kleinste auseinandergefisselt werden. Aber der EINDRUCK, daß es sich um Menschen handelt, der müßte entstehen, im Wechselspiel von Aussprechen und Verschweigen, Zeigen und Andeuten. Wir schwitzen und rauchen hier, machen uns dreckig. Das Aufregende ist doch, daß das, was diese Körper anstellen, sich in einen Beitrag verwandelt zu einem sehr großen Zeitbild, das abstrakt und intellektuell ist. Als Cordula die Idee mit dem Implex hatte, muß sie dieses Zeitbild genau vor Augen gehabt haben: Niemand, auch der fraktalste Kopf nicht, versteht derzeit, warum das, was Computerprogramme für uns tun, eigentlich so schön ist. Daß es das ist, steht ja außer Zweifel, wenn man sich mal ein bißchen damit befaßt. Daß für so was Schönes eigentlich eine Art Ästhetik zuständig sein müßte, liegt ebenfalls auf der Hand. Denn was, sagen wir mal, die Collagen von Max Ernst – ja, ich kenne die Poster über Deinem Schreibtisch – schon ein bißchen verloren haben, was aber das neue Musikvideo von Master P gerade noch aufweist, zeichnet auch die wichtigsten, solidesten Computerprogramme, vom Quicksort-Algorithmus bis zum Fortran I Compiler, aus: die unbedingte, fransenlose Einbettung in eine ganz bestimmte Art, mit sinnlichen oder unsinnlichen Informationen zu hantieren, direkt aus den Problemen der Zeit. Wir können das bloß bei den Computerprogrammen im Augenblick noch nicht anfassen, weil wir selber, als Teilnehmer »dieser Zeit«, zu sehr unter dieselbe Bestimmung gestellt sind.

Später mal – gesetzt den Fall, daß wir es nicht doch noch fertigbringen, unsere Zivilisation unter dem Dreck zu begraben, den ihre komischen Verkehrsformen gewohnheitsmäßig aufhäufen – wird man sehen, daß die Computeralgorithmen der Gegenwart diese Eigenschaft mit Kunstwerken gemeinsam haben – sie bilden einen Zeitstil.

Es ist der Turingsche – so, wie es immer Rechenschulen und -stile gab, bei den Babyloniern, nehme ich doch an, ebenso wie bei den Ägyptern. Wenn alles gutgeht, ist die ganze Computerkunst des Jetzt eine Vorstufe für dieses »später mal«, wo man den Zeitstil wird beschreiben können, die erste Hinwendung zur Selbsterkenntnis. Wenn's so ist, wird es dabei noch einige Sternstunden geben. Vielleicht schreiben sie dann wiederum darüber Opern.

Schauplatz: einsames Künstlerinnenatelier, Zeit: mitten in der Nacht. Eine blasse, überreizte Konzeptkünstlerin, die mit Electronica arbeitet, hat zu tief in die Programme geschaut, und dort hockt, so mußte sie bestürzt entdecken – die Musikuntermalung wird an dieser Stelle laut wie die Sau –, ein Wesen, das niemand bisher sah und dessen Gesicht allen Rechnungen, die wir treiben, allen Programmen, die wir schreiben, zuinnerst implizit ist.

Die Künstlerin wird das Wesen blinzeln und grinsen sehen und nicht wissen, ob sie den Anblick hübsch finden soll oder eher schrecklich. Aber sie wird ihm einen Namen geben: Sie wird das Ding den »Implex« nennen, weil's so implizit aussieht.

Daß ich meine eigene Aufregung darüber, all das hier machen zu können, unter Leuten zu sein, die das verstehen, vor allem mit Lucas teilen kann – ich glaube, das war es, was uns zusammengebracht hat. So, jetzt steht es da. Ja: Er ist derjenige.

Als ob es nicht in jedem Satz gestanden hätte, den ich oben schon über ihn geschrieben habe.

Mein Kerl. Eine schräge Geschichte, wirst Du vielleicht sagen, im Sinne dieses Ausdrucks für lesbisch/schwul/bisexuell, den sie hier haben: queer.

Meine Hände sind wieder trocken.

Ein coming out per mail, zig Kilometer von dir entfernt – sehr seltsam, ziemlich queer. Sie rufen mich. Ich darf was rechnen. Nächste Woche komme ich mal zu Hause vorbei. Dann reden wir. Bis dann & Dir das Beste. D.

ZEHN

Aus den Memoiren eines alteuropäischen Adligen

Andrej Nikolajewitsch Kolmogorow

1903 bis 1987

Ich habe mich mit Stalin immer gut verstanden. – Ich wußte ja, wie das ist: Leute wie der Genosse Generalsekretär haben in jedem Jahrhundert und unter allen Umständen große Lasten zu tragen und machen dabei Schulden, die zu bezahlen ein Menschenalter selten ausreicht. Es spielt gar keine Rolle, ob auf den Münzen, mit denen versucht wird, derartige Schulden zu bezahlen, irgendein Lenin oder Marx oder irgendwelche Hämmer und Sicheln geprägt sind oder bloß Wappentiere der Fürstenhäuser, zum Beispiel mein alter Drache, seinerzeit in meiner Heimat. Ich habe ihn verstanden – meine köstlichen Drei, die wir mal als meine Töchter, mal als meine Schwestern ausgaben, pflegten auf ihre aparte, in diesem Fall unpassende Art lachend, zu sagen: »Wie kannst du ihn verstehen? Er ist weniger als du.«

Sie irrten sich, vielleicht zum ersten Mal.

Den bedeutenden Charakter Stalins habe ich früh begriffen, aber erst spät etwas erlebt, das mir den Beweis für diese Einschätzung lieferte. Es war auf dem Empfang zu Ehren der Befehlshaber der Truppen der Roten Armee am 24. April 1945, als der Generalissimus mit ihnen den Sieg im großen vaterländischen Krieg feierte. Seine Trinksprüche ernteten jenen »stürmischen, lang anhaltenden Beifall« und die »Hurrarufe«, die in den Protokollen verzeichnet sind. Daran allein war nichts Bedeutendes – nach dem Ende dieses Krieges hätte ein sprechender Affe in Stalins prachtvoller weißer

Uniform dieselben Parolen ausbringen können, und ein ebensolches Tosen hätte ihm geantwortet.

Nein, was seine Größe zeigte, war der Moment, da er sagte: »Unsere Regierung hat nicht wenige Fehler gemacht. Wir hatten in den Jahren 1941 und 1942 Augenblicke einer verzweifelten Lage, als unsere Armee zurückwich und die uns lieben und teuren Dörfer und Städte der Ukraine, Belorußlands, der Moldau, des Leningrader Gebiets, der baltischen Länder und der Karelisch-Finnischen Republik aufgab, weil kein anderer Ausweg vorhanden war.« Dieses »wir« war kein bolschewistisches mehr, hier sprach ein Fürst, gütig, des Mitleids fähig, auch ein großer Schlachtenlenker – ein Mann wie mein Vater, ein Mann, wie ich einer hätte werden sollen. Ich muß gestehen, daß mich die Rührung mit sich riß, als dieser geschickte Anführer die Selbstbezichtigung zu einer großen Gebärde der Dankbarkeit an sein loyales Volk herumriß: »Ein anderes Volk hätte zu seiner Regierung sagen können: Ihr habt unsere Erwartungen nicht gerechtfertigt, macht, daß ihr fortkommt, wir werden eine andere Regierung einsetzen, die mit Deutschland Frieden schließt und uns Ruhe sichert. Doch das russische Volk hat nicht so gehandelt, denn es glaubte daran, daß die Politik seiner Regierung richtig war, und brachte Opfer, um die Niederwerfung Deutschlands zu gewährleisten.«

Die Bewunderung, die ich empfand, als ich ihn so reden hörte, gründete auf einer schon früher gefaßten Zuneigung, was für mich gewiß ungewöhnlich ist. Auch an den Moment, da sich diese Zuneigung zum ersten Mal regte, entsinne ich mich sehr genau – das geschah lange vor jenem festlichen Anlaß nach Kriegsende, lange vor dem Krieg. Ich war gerade erst in Stalins Dienste eingetreten, da ließ er mich eines Abends kommen und trug mir auf, einen jungen Mathematiker zu ihm zu bringen – er habe da ein paar Fragen.

Die Worte, mit denen er mich entließ, waren seltsam, ich höre sie ihn heute noch aussprechen, da ich sie niederschreiben soll: »Schauen Sie sich den Mann gut an. Als Eisenbahnschaffner hat er gearbeitet – und dann das Studium: Metallurgie und russische Geschichte, später erst Mathematik. Da gibt's wohl nur zwei Möglichkeiten: Der wird uns entweder sehr nützlich oder sehr gefährlich.«

Ich muß genickt haben und gelächelt, wozu es damals selten Anlaß gab – jedenfalls sah ich im Hinausgehen noch, wie er seinerseits nickte und sich der Schnauzbart sträubte, als grinse der große Mann übers ganze Gesicht.

Ich fand den hochbegabten Gelehrten, über den ich mich anhand nicht allzu umfangreicher Akten auf dem Weg zu seinem vermuteten Aufenthaltsort während einer Pause kundig gemacht hatte, zusammen mit andern Mathematikern in einem der üblichen Lokale der technischen Intelligenz der Hauptstadt. Man saß beim Schachspiel, das diese Leute lieben, weil es ihrem Hang entgegenkommt, Geschichte und Kampf auf etwas zu reduzieren, was man ergrübeln kann.

Ich hatte mir eben überlegt, wie ich es anstellen sollte, mich so vorzustellen, daß mein Erscheinen nicht jenes Erschrecken hervorrief, mit dem zu leben ich seit meinem Eintritt in Stalins Dienste hatte lernen müssen. Nun aber stellte sich, kaum war ich an dem Tisch erschienen, wo zwei Gescheite eine Partie austrugen und mein Gesuchter, Kolmogorow, zu den Zuschauern gehörte, sofort heraus, daß meine Überlegungen ganz überflüssig gewesen waren. Kolmogorow selbst nämlich ersparte mir die peinliche Arbeit, mich einzuführen, indem er halblaut sagte: »Genosse Wojwode« – so nannte man mich in diesen Tagen in Moskau –, »Sie sehen mich so aufmerksam an. Sind Sie neugierig, was ich von diesem Spiel denke, oder wünschen Sie etwas von mir persönlich?«

Ich weiß nicht, was mich an dem hageren Mann mit dem dichten dunklen Haupthaar und der prägnanten Nase mehr ansprach: daß er so selbstverständlich die Kluft zwischen sich, dem Akademiker, und mir, dem Agenten einer höheren Gewalt, zu überbrücken wußte oder daß er mich sofort erkannt hatte. Soviel Macht sich damals auch bereits in meinen Händen konzentriert hatte, ich war doch, ebenso wie die, denen ich diente, äußerst umsichtig, was öffentliche Auftritte betraf. Mein Photo erschien niemals in einer genehmigten Publikation. Ja, man kann sagen, daß ich damals wie auch vor- und nachher nie gezwungen war, mich in irgendeinem Spiegel der Zeit wiederzuerkennen. Beschreibungen meiner Person kursierten zwar bei Leuten, die am politischen Leben Anteil nahmen, aber daß ein einzelner Gelehrter ohne engere Parteiverbindung von mir wußte, war bemerkenswert. Das junge Genie aus Tambow fing an, mir zu gefallen.

»Ich habe tatsächlich mit Ihnen zu reden, Kolmogorow«, den »Genossen« ebenso wie den akademischen Titel ließ ich mit Bedacht weg, ein bißchen sollte ja das Machtgefälle zwischen uns erkennbar bleiben.

»Sicher nicht hier, nehme ich an«, erwiderte er ruhig, was nun doch zwei seiner Freunde – einer, der bei ihm stand, und der blassere der beiden Spieler – gehört hatten. Ihre Blicke wanderten verunsichert und fragend von mir zu ihm und zurück.

»Mein Auto steht zwei Straßen weiter, ich werde Sie gern an einen Ort fahren, wo wir die Sache klären können.«

Er brummte Zustimmung und tauschte mit dem blassen Schachspieler einen Blick. Wenn der Genosse Wojwode allein dieses Lokal betreten hat, wird er sich gesagt haben, ohne Bewaffnete und ohne sich einschüchternd vorzustellen, wird man mir etwas auf Gegenseitigkeit vorschlagen. Ich werde also kaum irgendeiner Sache verdächtigt, die mich in Schwierigkeiten bringen kann.

Er ging zum Kleiderhakenbrett an der Wand, nahm Mantel und Schal. Ich drehte mich zur Tür, nicht ohne zu bemerken: »Lassen Sie sich Zeit, und kleiden Sie sich ordentlich an, Andrej Nikolajewitsch, es ist schneidend kalt heut Nacht, und auch die Wölfe tragen Schals.«

»Nicht Sie allerdings, wie ich sehe, Genosse Wojwode«, erwiderte er mehrdeutig und folgte mir zum Wagen. Ich stieg ein und setzte mich ans Steuer, nachdem ich ihm eine der hinteren Türen geöffnet hatte. Es war kalt in dem Auto, sein Atem bildete Wölkchen, bis ich die Schwierigkeiten mit dem Anlasser überwunden hatte und der Motor langsam das Innere des Fahrzeugs heizte.

»Ein Mann von Ihrer Stellung«, sagte der Mathematiker, »müßte eigentlich einen Chauffeur haben, hätte ich gedacht.«

»In meiner Jugend, als wir keine Autos hatten, habe ich nicht selten meine Gäste oder die meines Vaters selbst mit der Kutsche den Gebirgspaß hoch zu unserem Heim gefahren, dagegen ist das hier ein reines Vergnügen.«

»Sie leben mit viel Vergangenheit, sagt man«, bemerkte Kolmogorow.

Ich ließ mich nicht provozieren und sagte nur gleichmütig: »Sie sind selbst ein Mann, der sich mit Geschichte befaßt. Eigentumsverhältnisse im Nowgorod des fünfzehnten und sechzehnten Jahrhunderts. Sie haben darüber eine historische Arbeit verfaßt?«

»Ich mußte viel nachlesen, meine persönliche Erinnerung reicht nicht so weit zurück.«

Ich lachte über die Art, wie er das »meine« betonte, und war erfreut, daß er mitlachte. Als wir uns dem Sitz der Regierung näherten, wurde er wieder unruhiger, und ich beschloß, diesem jungen Menschen, den ich mochte, die Angst vor dem zu nehmen, was ihm bevorstand: »Der Genosse Generalsekretär will Sie sehen. Er ist angetan von Ihrer Arbeit, Andrej Nikolajewitsch, und hat Ihnen einen Vorschlag zu machen.«

»Interessiert sich denn der Genosse Generalsekretär für die Konvergenz von Reihen aus Zufallsvariablen, für formelle Wahrscheinlichkeiten und dergleichen?«

Ich wußte, daß er mich auf die Probe stellen wollte. Seine und seines Kollegen Knitschin gemeinsame Arbeit über den später nach ihm benannten 3-Reihen-Satz war soeben erschienen, in der notwendige und hinreichende Bedingungen dafür angegeben wurden, wann eine lange Reihe von Zufallsvariablen sich auf bestimmte Ergebnisse hin »einpendelt«. Seine große Zukunft als exaktester Untersucher des Zufalls hatte er noch vor sich, und ich gefalle mir nicht selten bei dem Gedanken, daß meine unbedeutende Rolle in dieser Affäre ihm Anstoß gab, dieser Thematik über die ersten Anfangserfolge hinaus auch in schwierigeren Zeiten treu zu bleiben. Wir fuhren auf den von Scheinwerfern hell ausgeleuchteten Kopfsteinpflasterplatz vor unserem Bestimmungsort. Ich hätte die Konversation abbrechen können, ich fühlte mich jedoch genötigt, auf seine Stichelei einzugehen: »Wahrscheinlichkeit und Zufall, ja... ich habe mich ein bißchen damit beschäftigt, schon bevor ich Ihren Namen hörte. Sachen wie das mit den drei Reihen erinnern mich als Laien an Bernoullis Gesetz der großen Zahl – da geht es auch schon um die Konvergenz einer Folge von Zufallsvariablen, nicht?«

»Ihres arithmetischen Mittels, ja. Es geht um Durchschnittswerte, sozusagen – wie oft man Roulette spielen muß oder würfeln, um ganz sicher sein zu können, daß ein bestimmtes Ergebnis eintritt. Was Bernoulli – Jacob Bernoulli, nur einer aus einer großen und, wie man vor der Revolution gesagt hätte, erlauchten Familie von Mathematikern – herausgefunden hat, war, daß diese Anzahl sehr groß ist, in der Tat erschreckend groß. Die Grenzwertsätze auf diesem Gebiet sind entmutigend für Spieler.«

»Der Bernoullisatz sagt doch im wesentlichen: Je höher die Anzahl der Versuche ist, desto eher geht die Wahrscheinlichkeit gegen eins, daß der Betrag der Differenz aus relativer Häufigkeit eines Ereignisses und tatsächlicher Chance des Eintretens kleiner als eine bestimmte positive Zahl ist. D'accord?«

»Richtig.« Kolmogorow lächelte.

»Auf Bernoulli also beruht das, was Mathematiker wie Sie heute unter Wahrscheinlichkeitswissenschaft verstehen?«

»Darauf, ja, und auf Laplace, der die Wahrscheinlichkeit eines Ereignisses so definiert hat, daß wir darunter die Anzahl der gewollten Ereignisse dividiert durch die Anzahl der überhaupt denkbaren Ereignisse in einem Ereignisraum verstehen sollen. Natürlich muß man voraussetzen, daß die Karten nicht gezinkt sind, der Würfel kein Gewicht hat, alle Ereignisse gleichberechtigt sind, daß es nur endlich viele Ereignisse gibt und daß nicht, wie in der neueren Physik, Ergebnisse einander überlagern können – daß es nur eine Welt, nur ein mögliches Ergebnis pro Versuch gibt. Aber ich zweifle sehr, daß ein so planbewußter Kopf wie unser Generalsekretär für Dinge, die so viel mit dem Zufall zu tun haben ...«

»Wofür sich Stalin interessiert«, den »Genossen Generalsekretär« ließ ich fallen, um anzudeuten, daß die Distanz zwischen mir und dem so Bezeichneten weniger groß war als zwischen ihm und dem jungen Mann, »das wird er Ihnen sicher selber sagen. Kommen Sie, steigen Sie aus, wir bringen Sie ins Warme, wo Sie einen Rum trinken können.«

Auf dem Weg zu dem kleinen Konferenzzimmer, in dem Kolmogorow und ich den Genossen Generalsekretär erwarten sollten, befaßte ich mich wider Willen tatsächlich mit der Frage, die der Mathematiker aufgeworfen hatte: Was versprach sich Stalin von der Begegnung? Im unbeheizten, viel zu weiträumigen Treppenhaus, auf dessen Stufen einst grausame und dekadente Fürsten und ihre dünnblütigen, barbarisch schön herausgeputzten Weiber auf und ab gegangen waren, nagte der Gedanke an mir, es könne etwas geben, das Stalin plante, ohne daß er mich davon in Kenntnis gesetzt hatte. Es waren heikle Zeiten, Lenin war erst vor etwas mehr als einem Jahr gestorben, Trotzki und seine Figuren wühlten noch. Es stand zu fürchten, daß sie etwas planten – auf dem 13. Parteikongreß hatte man die ganze »linke Opposition« zwar gehörig verurteilt, Trotzki war isoliert und seine Vereinsamung noch im Wachsen begriffen. Aber was geschehen mochte, wenn er seinen Ruf als erster Mann der Roten Armee ins Gefecht werfen würde, seine guten Kontakte zu leitenden Militärs nutzte und einen Putschversuch unternahm, wagte ich mir nicht vorzustellen. Denn nicht nur, daß er mich persönlich nicht zu mögen schien und im näheren Umgang, zu dem sich glücklicherweise nur selten Gelegenheit bot, mit der kalten Verachtung behandelte, die er für Stalins exotischere Mitarbeiter reserviert hatte, darüber hinaus machten meine Herkunft und meine Lebensart es nicht erwartbar, daß sich sein Herz jemals für mich erwärmen würde. Seine Arroganz und die Tatsache, daß er die meisten der Gerüchte, die über mich und die meinen in Moskau umgingen, vermutlich als Aberglauben abtun würde, mochte früher oder später seinen Sturz mit sich bringen, da war ich mir sicher. Aber das wäre ein schwacher Trost, wenn man mich dabei opfern würde.

Wie viele Versuche, ihn zu beseitigen, konnte man sich erlauben, bis die Wahrscheinlichkeit, daß man erfolgreich ist, den Wunschbetrag »eins« aufwies?

»Guten Abend, Genossen!« Es war eine meiner drei ständigen Begleiterinnen, die manche für Töchter, andere für Schwestern, wieder andere für Geliebte hielten, es war die Blonde, die uns die Tür des Konferenzzimmers öffnete. Sie lächelte, und der Anblick ihrer weißen, marderspitzen Zähne zwischen den grellrot geschminkten Lippen ließ Kolmogorow schaudern. Die Uniform stand meiner Tochter ausgezeichnet, der Lederriemen quer über die Brust wirkte dekorativ, trotz der an ihm befestigten Taschen, und ihre Höflichkeit schien ruppig genug, um als sozialistische durchgehen zu können. Ich war nicht wenig stolz, als sie dem Gast, der sich eher auf ein Verhör statt auf ein Gespräch einstellte, den zerschlissenen Polsterstuhl vom Konferenztisch wegschob und schneidend liebenswürdig meinte: »Der Generalsekretär wird gleich hier sein, darf ich Ihnen Tee anbieten, Genosse Kolmogorow, oder etwas anderes, was wärmt und die Zunge löst?«

Kolmogorow schüttelte beim Platznehmen den Kopf.

Sie lachte leise, meine schöne Schwester, und spielte mit der ungezogenen Hand im Hinausgehen an meinem Jackenkragen, streifte meine Wange mit ihren langen Fingernägeln und warf uns beiden eine kokette Kußhand zu, als sie die niedrige Tür zum Nebenzimmer von außen schloß.

Ich setzte mich lächelnd ans Fußende des langen Tisches.

Kolmogorow, der unter einem Leninbild ins Leere zu starren begonnen hatte, sah mich, als ich es mir in einem Sessel mit breiten Armlehnen bequem gemacht und die Beine mit den fast kniehohen Stiefeln übereinandergeschlagen hatte, mit einem Mal feindselig, fast feurig an und sagte. »Warum hat sie Ihnen eigentlich nichts angeboten, Genosse Wojwode? Keinen Tee mit Rum, keinen Grog, keinen Wein?«

»Ich trinke nie ... Wein«, erwiderte ich amüsiert, und bevor der Mathematiker Gelegenheit hatte, darauf etwas zu antworten, wurden die beiden breiten Flügeltüren geöffnet, rechts und links von je einem Uniformierten, und Stalin betrat verbindlich lächelnd den Raum. Entschlossen ging er mit ausgestreckter Hand geradewegs auf Kolmogorow zu, der sich rasch erhob und die ihm angebotene Hand schüttelte.

Stalin war körperlich kleiner als sein Gast, aber der Geltungsunterschied blieb unverkennbar. Der Generalsekretär sprach ein paar Begrüßungsworte, belangloses Zeug, und winkte, ohne hinzusehen, die beiden Milizionäre aus dem Zimmer. Kolmogorow dankte. Dann setzten sie sich beide.

Stalin verschmähte den Platz am Kopfende des Tisches und nahm direkt gegenüber dem Gast Platz. Irritiert blickte Kolmogorow zur Seite, auf mich. Stalin lachte leise, nicht unfreundlich: »Der Genosse Wojwode wird im Raum bleiben – ich brauche ihn später noch. Ihn vor die Tür zu schicken wäre sinnlos: Er hat sehr gute Ohren.«

Der Generalsekretär kniff die Augen ein wenig zusammen, es war, als zwinkere er: eine Verhandlungsführung, die ich nur bewundern konnte. Dann faltete er auf der Tischplatte die Hände wie ein gütiger Beichtvater und sagte ruhig: »Ich habe Sie zu mir bitten lassen, weil ich über einem Problem grüble, von dem Sie vielleicht mehr verstehen als irgendeiner unserer hervorragenden mathematisch-technischen Akademiker. Mit einigen dieser Leute haben Sie Umgang, nicht wahr? Erstaunlich, bei Ihrer Jugend, Luzin, Egorow ... Nun, die werden alle sicher wissen, was sie an Ihnen haben, so wie ich weiß, daß ich mich auf Bucharin verlassen kann, auf Ordschonikidse, auf Woroschilow oder den Genossen hier. Politik ist auch eine Wissenschaft, das wird Ihnen als Sowjetbürger nicht verborgen geblieben sein. Wir planen, so gut wir planen können. Wir planen die Wirtschaft und die Außenpolitik, die Ordnung, den Fortschritt, wir lassen die Sachen nicht einfach so passieren. Aber, sehen Sie ... es gibt da ein Problem.«

Kolmogorow verriet das erste Mal an diesem Abend Schwäche, als er, Interesse heuchelnd, erwiderte: »Ja?«

»Also, verstehen Sie ...« Stalin schüttelte den Kopf, als wolle er ausdrücken, daß das, worüber er nun zu sprechen gezwungen war, ihn nicht nur verwunderte, sondern auch ärgerte: »Planen heißt, denke ich, den Zufall ausschalten. Würden Sie mir zustimmen?« Er wartete Kolmogorows Zustimmung gar nicht erst ab. »Aber wenn man Feinde hat ... wenn man Krieg führt ... nicht nur im wörtlichen Sinne, sondern auch im übertragenen, nicht nur gegen äußere Feinde mit Gas und Flammenwerfern und Tanks, sondern gegen Subversion, gegen Nörgler und Saboteure ... dann ist das Wichtigste, was einem dabei zustatten kommt, immer die Überraschung. Das ist etwas Psychologisches, nicht wahr? Ja, so kann man es nennen – aber der dialektische Materialismus lehrt uns zugleich, daß Zufälle, Umschwünge, Sprünge von Quantität zu Qualität nie nur subjektive Dinge sind. Nein, es sind objektive Sachverhalte. Lenins ganzes Verständnis von Strategie und Taktik fußte darauf: Was heute Unsinn ist, undenkbar, verschroben, kann morgen richtig und übermorgen Selbstmord sein. Was wir brauchten, wäre also eine exakte Weiterführung dessen, was Engels mit der ›Dialektik der Natur‹ skizziert hat. Verstehen Sie, abstrakt zu wissen, daß das Wachstum eines Gerstenhalms die Negation der Negation ist, das ist schön und gut, aber eherne Gesetze wären besser. Und nun frage ich mich, wenn ich mir diese Sachen so anschaue: Ist das nicht das, was Sie machen, mit Ihrer Theorie der Wahrscheinlichkeit?«

Als habe der kleine, konzentrierte Monolog ihn erschöpft, löste Stalin die Verschränkung seiner Hände, lehnte sich auf dem Stuhl zurück, legte die Handflächen flach auf den Tisch und seufzte. Kolmogorow räusperte sich, schloß kurz die Augen, wie um sich zu sammeln, atmete langsam, konzentriert, deutlich hörbar. Dann fing er bedächtig an: »Das Problem, das Sie ansprechen, ist in jeder Hinsicht auf der Höhe der Zeit. Ein berühmter Mathematiker, vielleicht der berühmteste unserer Zeit, David Hilbert, hat es als eines seiner dreiundzwanzig ungelösten Kardinalprobleme der Mathematik aufgeführt – das sechste in der Reihe: Wie weit ist es möglich, Zweige der Physik, also der exakten Naturwissenschaft, auf solide Axiome zu stellen, wie das bei rein mathematischen Zweigen ja immer wieder gelungen ist? Hilbert hat die Wahrscheinlichkeitslehre in seinem Vortrag von 1900 auf dem Weltkongreß zu Paris den physikalischen Disziplinen wie Mechanik und Wärmelehre zugeschlagen. Und erfreulicherweise gab es, als er das tat, auch schon einige Bemühungen, die in diese Richtung zielten – sie hatten übrigens, ganz wie Ihre Erwähnung unserer Planwirtschaft nahelegt, mit wirtschaftlichen Fragen zu tun, etwa mit kapitalistischen Lebensversicherungen und deren Prämiensystem, wo es natürlich um die Wahrscheinlichkeit des Eintretens von allerlei Unglücksfällen geht, eine äußerst wichtige Anwendung. Ein Deutscher namens Georg Bohlmann, Schüler von Felix Klein, hat sich da besonders hervorgetan. Man muß allerdings wissen, daß der Fortschritt unserer Forschungen –«

Stalins Lachen, warm und selbstsicher, unterbrach Kolmogorow: »Ach ja – man hat mir erzählt, daß Sie auch Geschichte studiert haben, Genosse Kolmogorow. Aber daß Sie mir eine Nachhilfestunde geben in mathematischer Doxologie, das hätte ich nicht erwartet.«

Eine effektvolle Pause ließ die in dieser Eröffnung enthaltene Drohung nachbeben, dann breitete Stalin die Hände auseinander. Kolmogorow verstand den Wink: »Ich denke nicht, daß man Ihnen geben kann, wonach Sie verlangen, Genosse Generalsekretär. Es klingt fast ... verstehen Sie mich nicht falsch, aber wäre das, was Sie mir geschildert haben, nicht eine Art höhere Wahrsagerei? Eine Überraschung berechnen zu können, so daß sie einerseits für den Gegner garantiert unerwartet ist, andererseits aber von uns selbst jederzeit vorausgeplant werden kann ... ich fürchte, es müßte, wenn man Hilberts sechstes Problem lösen wollte, eher darum gehen, genau solche unrealistischen Erwartungen systematisch aus den eigenen Prämissen zu eliminieren.«

Stalin hob die Brauen, Kolmogorow erklärte: »Wenn wir von ›Ereignissen‹ reden und von deren ›Häufigkeit‹, dann sollten wir, wenn wir im Sinne Hilberts vorgehen wollen und das ganze streng formalisieren, darauf verzichten, diesen Dingen einen psychologischen Inhalt zu geben. Nichts mehr von Erwartungen, nichts mehr von Zufällen, nur reine Strukturen. Die Definitionen hätten dann ihren Sinn in den Sätzen, die sich damit bauen lassen, sie wären nicht mehr aus der Anschauung gewonnen, sondern aus unserer mathematischen Arbeit. Lassen Sie mich deutlicher werden: Eine systematische Wahrscheinlichkeitslehre würde von Anfang an mit Quantitäten arbeiten. Wahrscheinlichkeit ist immer positiv und liegt zwischen null – das Unmögliche – und hundert Prozent – das absolut Sichere. Dann müßten wir uns als nächstes um Rechenoperationen sorgen, die damit möglich sind. Wenn man so was hat wie ›Es regnet morgen‹ und ›Der Wind kommt von Osten‹, also zwei Ereignisse, die morgen auftreten könnten, dann müßte es möglich sein, sie zu multiplizieren, wie zwei Zahlen multipliziert werden. Wenn es eine bestimmte Wahrscheinlichkeit gibt dafür, daß es morgen regnet, und eine andere bestimmte Wahrscheinlichkeit dafür, daß es morgen einen Wind von Osten her gibt, dann müßte in unserem angestrebten System die Quantität der Wahrscheinlichkeit, daß es regnet und zugleich der Wind von Osten kommt, exakt dem Produkt der beiden Einzelwahrscheinlichkeiten entsprechen. Dabei dürfen wir nie den Zufall hinausformalisieren: Die ganze Theorie ist ja eine von den Sachen, die eben nicht zwingend passieren, sondern nur mit einer gewissen –«

»... mit einer gewissen Wahrscheinlichkeit.« Stalin freute sich. »Endlich verstehen wir uns, Genosse Mathematiker, das sind doch klare Aussagen.«

Kolmogorow strömte einen Geruch aus, den meine herrlichen Drei und alle Kinder der Nacht berauschend gefunden hätten und den ich sofort wahrnahm, ohne mich durch Unruhe oder andere äußere Anzeichen zu verraten: Angst.

»Ich weiß nicht, ob Sie wirklich verstehen, was ...«

Stalin winkte ab: »Ach, aber natürlich! Sie wollen mir sagen, daß ich mich von unvernünftigen inhaltlichen Festlegungen dessen, was wir wahrscheinlich nennen, freimachen soll. Und sehen Sie: Ich bin nicht enttäuscht. Im Gegenteil, junger Freund!« Der Generalsekretär erwärmte sich nun richtig für sein Thema. Er schob mit dem ganzen Körpergewicht seinen Stuhl zurück, erhob sich, begann auf und ab zu gehen und dozierte belustigt: »Das ist es doch, was ich hören wollte! Wenn *Sie* mir sagen, daß eine zuverlässige Lehre der Wahrscheinlichkeit nur mit solchen ...« Er schnippte ungeduldig mit den Fingern, ich half aus: »Axiomen, Quantitäten und Grenzwerten ...«

»Danke, ja, nur damit also wirtschaften kann, so ist mein Glaube ans Überraschungsmoment gefestigt! Wenn man nicht wissen kann, was noch alles zwischen Himmel und Erde geschehen mag, ohne sich auf Bekanntes zu beziehen, so wird der, dem das absolut Unbekannte zu Diensten ist, immer den Sieg davontragen!«

»Ich fürchte«, schaltete sich Kolmogorow skeptisch ein, »ich kann Ihnen jetzt nicht mehr ganz –«

»Das müssen Sie auch nicht!« Stalin lachte höchst erfreut. »Nein, bei meinem Leben, das müssen Sie nicht! Um so besser. Arbeiten Sie's aus! Legen Sie es fest!« Er blieb stehen und richtete den Zeigefinger auf Kolmogorow wie auf einen Angeklagten. »Ja, ich will es von Ihnen – und verlassen Sie sich drauf, Sie bekommen jede nur denkbare Unterstützung. Wir bringen Sie mit den hervorragendsten Geistern zusammen, es soll an nichts fehlen! Arbeiten Sie es aus, dieses Axiomensystem, diese dürre Basis ohne Inhalt, zeigen Sie mir, daß mehr nicht möglich ist – lösen Sie ihr Hilbertsches Problem, und tun Sie's so trocken und bescheiden, wie Sie's mir geschildert haben. Dann will ich mich freuen! Je unbekannter das Unbekannte notwendig bleiben muß, desto besser.«

Er griff die Lehne des Stuhls, von dem er aufgestanden war, mit der Rechten und schob den Stuhl hin und her, während er seine Aufforderung nachdrücklich bekräftigte: »Was immer Sie brauchen! Was immer Sie wollen!«

Dann setzte er sich wieder und verschränkte erneut die Hände auf dem Tisch.

Kolmogorow wagte nicht, etwas zu erwidern, zu sehr hatte der Gastgeber sich in Rage geredet, zu stark ähnelte sein hell entflammter Enthusiasmus einem Wutanfall.

So war es erneut Stalin, der nach einer langen Pause weiterredete, jetzt aber in leisem Ton: »Sie werden große Dinge erleben, mein Freund. Das Unvermutete, das ganz in Ihrem Sinne Unwahrscheinliche wird wahr werden in diesem Land. Es wird eine Zeit sein, da ... sagen wir ... Fremde sich in größerem Maß als bisher in unsere sowjetischen Angelegenheiten einmischen werden. Wir sind ein ausgeblutetes Land, auf heimische Kräfte allein wer-

Elementarereignisse:

$a, b, c, \in \mathbb{S}$

$\mathbb{F}$: Menge von Untermengen von $\mathbb{S}$, deren Elemente »Zufallselemente« heißen.

I. $\mathbb{F}$ ist ein Mengenkörper.

II. $\mathbb{F} \supset \mathbb{S}$.

III. Zu jeder Menge $\mathbb{A}$ in $\mathbb{F}$ gibt es ein $P(\mathbb{A}) \in \mathbb{R}^{+}$.
$P(\mathbb{A})$ heißt »Wahrscheinlichkeit« von $\mathbb{A}$.

IV. $P(\mathbb{S}) = 1$.

V. Wenn kein Element von $\mathbb{A}$ zugleich Element von $\mathbb{B}$ ist,
dann $P(\mathbb{A} \cup \mathbb{B}) = P(\mathbb{A}) \cdot P(\mathbb{B})$.

VI. Für eine abnehmende Ereignisreihe
$A_1 \supset A_2 \supset \cdots \supset A_n \ldots$ von $\mathbb{F}$, für die $\cap \mathbb{A} = 0$
gilt
$\lim P(\mathbb{A})_n = 0, n \to \infty$

Die Axiome der Wahrscheinlichkeit.

den wir uns nicht stützen dürfen, wenn wir unsere Revolution, die uns so sehr am Herzen liegt, vollenden wollen.«

Kolmogorows Neugier war geweckt. »Das hat schon angefangen, wovon Sie reden, richtig? Wir haben viele Nichtrussen hier in Moskau, scheint mir – fast so viele wie vor der Revolution, aber das waren Räuber und Blutsauger aus den Zentren des Westens. Die Leute, die jetzt hier sind ... wir brauchen sie wirklich für die Radikalisierung der Revolution, nicht wahr? Hauptsächlich für gewisse Aufgaben. Djerschinskij zum Beispiel, der Mann, den Lenin unsere Tscheka hat aufbauen lassen«, ein schlauer Schachzug von Kolmogorow, fand ich, die Geheimpolizei »unsere« zu nennen und sich so vom Verdacht fernzuhalten, sie sei ihm eine unliebe

Einrichtung, »ist er nicht Pole? Und Ihr eigener Vertrauter hier, der Genosse Wojwode, stammt er nicht ...«

»Aus Rumänien. Sicher. Aber das alles sind Selbstverständlichkeiten. Ich rede nicht von dieser Art Fremdling – wir sind Sozialisten, also Internationalisten und jederzeit bereit, alles, was Menschenantlitz trägt, als unseren Bruder und unsere Schwester anzusehen. Aber es gibt noch andere Gesichter.«

Alles hing jetzt davon ab, ob Kolmogorow das Richtige oder das Falsche sagte: seine Karriere, seine Zukunft, sein Leben. Sollte er die Andeutung ignorieren? Sollte er die Brücke betreten, die Stalin ihm gebaut hatte? Kolmogorow faßte sich ein Herz: »Sie meinen, wir müssen auch mit ... Leuten zusammenarbeiten, die nicht ... die gar keine Menschen sind.«

Stalin stimmte zu, sehr ernst: »Sie sind ja gar kein so kalter Rationalist, was? Sprechen Sie's aus. Hier, sehen Sie ihn sich an ...« Er faltete die Hände auseinander und wies mit der Linken auf mich: »Die blasse Haut, die Augenbrauen, die rötlichen Augen. Ein ganz besonderer Genosse, dieser Herr.«

»Upir«, sagte der Mathematiker leise und fuhr zusammen, als Stalin mit der flachen Hand auf den Tisch schlug und laut rief: »Genau! Upir! So können Sie es nennen, so nennen es unsere alten Weiber, so nennt es die Angst – sein Volk, seine Art. Wir können sie auch Viesczy nennen, wie die Kaschuben sagen, oder Veripard, wie man in Estland sagt. Wie wäre es mit Upior und Wampir, so heißt's in der Ukraine, oder Upar, das sagen sie in Belorußland. Sie sollten sehen, was sich bei Vollmond alles in Sibirien schießen läßt! Sie sollten die Berichte lesen, die Napoleon hat anfertigen lassen, bis heute geheimgehalten! Wissen Sie, was ein Werwolf ist? Haben Sie schon einmal einen Ghoul gesehen? Meine Verächter haben unrecht, sage ich. Linke Internationalisten wollen sie sein und tun so, als wollte ich uns einkapseln und einen eisernen Vorhang um den Sowjetstaat ziehen, hinter dem ich mich meinen herrschaftlichen Gelüsten hingeben kann ... herrschaftliche Gelüste sind bei mir gar nicht so stark entwickelt, das können Sie mir glauben! Aber die Welt des Planbaren und die des Unmöglichen zu vereinen: das ist eine Aufgabe, das ist eine Tat! Nicht wahr, Freund Vlad?«

Ich nickte ergeben. Wie alt hatte ich werden müssen – mehr als vierhundert Jahre –, um einem Mann zu begegnen, der es, was Charisma betraf, mit meinem Vater, dem alten Drachen der Walachei, aufnehmen konnte. Vom Schießplatz her hörte man Krachen.

Kolmogorow blinzelte und saß unglücklich auf seinem Stuhl. Stalin fuhr sich mit beiden Händen durchs volle Haupthaar, Zeichen der Erschöpfung wie der anhaltenden Unternehmungslust. Die Nacht war jung. »Ich habe noch Geschäfte«, erklärte er in zuvorkommendem Ton, stützte sich auf die Tischplatte und erhob sich etwas schwerfälliger als notwendig, um noch einmal Eindruck mit seiner schieren Masse zu machen.

Kolmogorow erhob sich, gab ihm die Hand. »Also, machen Sie, was Sie mir entworfen haben. Schreiben Sie's auf, Ihr Axiomensystem der Wahrscheinlichkeit.«

»Wie soll ich Sie ...«

»... auf dem laufenden halten?« Stalin ließ den Blick zwischen seinem Gast und mir hin und her wandern: »Sie haben doch jetzt einen Verbindungsoffizier. Genosse Wojwode wird gelegentlich nach Ihnen sehen und mir dann mitteilen, ob's gut vorangeht.«

Kolmogorow trat kalter Schweiß auf die Stirn. Stalin beugte höflich das Haupt und übersah, wie Kolmogorow die Geste erwiderte. Statt dessen blickte er mir in die Augen und sagte: »Wir treffen uns um Mitternacht zur kleinen Lage, bringen Sie Ihre Mädchen mit.«

Ich nickte wieder. Ohne ein weiteres Wort entfernte sich der Generalsekretär.

Nur widerwillig ließ sich Kolmogorow aus dem Besprechungsraum die Treppe hinunterführen, wo uns meine drei Herrlichen entgegenkamen, untergehakt, die Blonde in der Mitte. Sie lachten leise, es war ein Klirren, und den Mathematiker, der sich dicht an der Wand an ihnen vorbeidrückte, fröstelte. Vor dem Gebäude, auf dem Kopfsteinpflaster, das naßschwarz vom Sprühregen glänzte, sagte er, ohne mich anzusehen: »Bemühen Sie sich nicht, mich zurück zum Lokal oder nach Hause zu fahren. Ich möchte ... ein bißchen spazierengehen.«

»Sehr gut, das macht den Kopf frei, Andrej Nikolajewitsch.« Ich streckte ihm die Hand entgegen.

Er trat einen Schritt zurück und sah an mir vorbei, als er sagte: »Nun gut, also ... wir bleiben in Verbindung, Genosse Wojwode.«

Ich bin sehr sicher, daß er hörte, was ich ihm in die Nacht nachrief: »Aber bitte, warum so förmlich? Wir arbeiten doch jetzt zusammen. Nennen Sie mich einfach Genosse Dracula.«

ELF

Das Spiel Grau

John von Neumann

1903 bis 1957

»Dem take the maximum and then give we the minor / And Babylon have dis ya world upon a timer / Fi all these guns and all these wars dem a the designer«

Gentleman

Manche Bäume brannten noch. Der Wolf Janos hatte gelernt, sich von ihnen fernzuhalten. Er stand oben, im Mondlicht, den Schweif gesenkt, das Haupt erhoben; der kalte Wind schnitt durchs Fell ins Fleisch wie Vogelkrallen. Als die Welt verrückt geworden war und die Lichtblitze über den Städten im Stundentakt aufleuchteten, hatte ihn eine Eule angegriffen, mitten am Tag. Der Vogel war dem Wolf lästig, dann gefährlich geworden, mit Krallen und Schnabel. Den Federirrwisch auf den vereisten Boden zu werfen und zu töten war mehr Arbeit gewesen als manche Jagd.

Janos stand auf dem Schneeteppich, der den roten Felsen bedeckte. Das Eis um die Steine und unter den Bäumen sah metallisch dunkelblau aus, der Himmel pupillenschwarz und der Schatten des roten Felsens finsterer als alles, was der Wolf je gesehen hatte.

Er heulte nicht, das tat für ihn der Wind.

Janos sah zur Stadt im Süden, prägte sich das Terrain noch einmal ein: Wegmarken, Birkenwäldchen, das verlassene Feld, die kaputten Landmaschinen, der breite, schiefe Silo, Kieswege unter

Schnee, Brunnen, Hof der verschwundenen Bauern, Wasserturm, Teich, zweites Birkenwäldchen, daneben verkrüppelte Weiden wie abgebrannte Kerzenstümpfe.

Rechts davon, nach Süden, sah er die ehemaligen Schafweiden, und dann kam der Rest vom Dörfchen, die Schnellstraße und dort lagen endlich die Quadranten, die den Wolf und seine Armee, das Rudel aller Rudel, interessierten.

Dort gab es andere Jagdgründe als die erschöpften hier im Bergigen – aber leider eben auch schon andere Wölfe. Hinter ihm flackerte das Feuer der beiden brennenden Bäume vor dem roten Felsen. Janos drehte sich nicht um, als er einige Wölfe von der »weißen« Partei hecheln hörte, Haken schlagen, zwischen den Markierungen hindurchschlüpfen, um nicht erwischt zu werden. Die schwarzen Manövergruppen scharrten weiter östlich, lauerten, gingen rastlos im Kreis und warteten ungeduldig auf den Angriff. Da war der gelbe Felsen, Zwilling des roten.

Das Manöver lief ohne Stockungen ab, die beiden Gruppen, weiße wie schwarze, hatten verinnerlicht, was Janos ihnen beibringen wollte: jede Partei in einem Konflikt wie dem, auf den wir es anlegen, kontrolliert einige Variablen. Die Konsequenzen der Wahl der Züge aller Teilnehmer am Konflikt hängen von allen Wahlmöglichkeiten ab, sie betreffen sämtliche Teilnehmer. Wir müssen davon ausgehen, daß der Gegner vernünftig wählt.

Leises Knirschen erst hinter, dann neben Janos. Es war Varg, den Janos am Gang erkannte, einer seiner erfahrenen Vertrauten, gerade zwei Jahre alt und aufstiegswillig. Knirschen, aus den Augenwinkeln erkanntes Senken des Kopfes, dann Sprache, von der die Menschen sagen würden, sie sei »telepathisch«, weil sie nicht verstünden, wie sehr Geruch darin eine Rolle spielt und daß auch etwas zu hören ist, leise, wie Knurren ohne böse Absicht:

—Sie sind in der Entscheidungsphase, General.

—Danke, Varg. Ich höre und sehe sie.

—Die Weißen haben den ganzen Streifen, drei Spielquadranten, unter den zwei brennenden Rotbuchen genommen, und die Schwarzen, obwohl sie am Zug sind, trauen sich keine Kampfbewegungen mehr zu. Sie gruppieren nur noch ihre Verbände neu. Nachschub auf verlorenem Posten.

—Auch das habe ich mitbekommen, Varg. Aber ich fürchte doch, unsere Schwarzen geben sich immer noch nicht genug Mühe. Sie wissen ja, daß sie Platzhalter des Feindes sind, und es fällt ihnen schwer, sich mit denen in der Stadt zu identifizieren.

Varg war beeindruckt, daß Janos all das von hier oben beurteilen konnte. Janos leckte sich über die Nase, Varg schwieg. Es war unübersehbar, daß der Feldherr mit seinen Gedanken allein sein wollte.

Worauf Janos wartete – seit Stunden – war die Beantwortung seiner Frage, ob drüben in der Stadt doch wieder die alten Lichter angehen würden. Er hatte Geschichten gehört, von Wölfen seines ursprünglichen, viel zu kleinen Rudels, die sich in die städtischen Quadranten zwischen die hohen Häuser vorgewagt hatten, andern Wölfen begegnet waren, die sie angefallen hatten, und doch davongekommen waren.

Es sah nicht nach Lichtern aus. Varg erriet, wonach Janos spähte, und sagte:

—Keine Menschen mehr.

—Uns wird keiner zähmen und züchten. Das müssen wir selber machen.

Janos wandte sich um, geschmeidig und lautlos.

Varg folgte ihm dichtauf. Vieles war Varg an seinem General unheimlich – so wußte er Dinge aus Vargs letztem Leben, die sehr nützlich waren. Aber warum? Verstieß das nicht gegen die Regeln des Immer-wieder-zur-Welt-Kommens, wenn man sich daran erinnern konnte, was für Leben das waren, die man schon gelebt hat?

Varg, der kein dummer Wolf war und aufmerksam zuhörte, wenn Janos aus seinem Menschenleben erzählte, hatte inzwischen zwei Vermutungen, woran es liegen konnte. Die erste hing damit zusammen, daß Janos seinen Erzählungen zufolge schon in seinem Menschenleben ein ganz außergewöhnliches Gedächtnis besessen hatte: Telefonbücher, lange Listen mit Menschennamen und Zahlen hatte er als Kind seitenweise im Kopf gespeichert. In späteren Jahren verblüffte er Freunde und Bekannte mit allerlei Erinnerungskunststückchen:

—Hermann Goldstine, ein Mathematikerkollege, hat mich mal gefragt, wie Charles Dickens' »Geschichte aus zwei Städten« anfängt.

—Hast du es gewußt?

—Nach ein paar Absätzen hat er mich gebeten, aufzuhören, bevor ihm schlecht wird.

Sie kamen am Paß unter der linken brennenden Rotbuche an. In Formation liefen sechs Wölfe des schwarzen Kontingents die Böschung entlang und sahen ängstlich nach rechts. Der rechte Flügelwächter machte einen Ausfallschritt, die andern verstanden das Signal, und der Keil, den sie bildeten, verwandelte sich in eine einspaltige Reihe. Um einen Baum bogen sie, duckten sich, schlichen tiefer in den Wald. Janos sagte zu Varg:

—Woran denkst du, mein Lieber?

—Charles Dickens. Du hast mir mal davon erzählt, wie du ...

—Ach ja, Charles Dickens. Auch so ein Beleg, mit dem Oppenheimer mir immer auf die Pelle gerückt ist, wenn er mich von seinem Hindu-Unsinn überzeugen wollte. Wiedergeburt: wenn er Belege hatte, war er immer ganz glücklich. Ich höre noch seine Stimme ...

Die Wolfsohren stellten sich auf, als Janos dies sagte, obwohl das Echo, das er für Varg jetzt wiedergab, nur ein inneres war:

—Charles Dickens spielt im David Copperfield mehrfach mit dem Gedanken, Déjà-vu-Erlebnisse seien Beweise dafür, daß man schon mal auf Erden war. Und in modernen Romanen erst: Bei Joyce, wichtiger Dichter, findet man Zeug über Metempsychose. Das sind, hat Oppi immer gesagt, ja nicht mal Glaubenssätze, das ist was viel Besseres: ein künstlerisch wahr gemachtes Erlebnis.

—Verstehe ich nicht.

Janos bleckte die Zähne, stellte den Schwanz auf, der Autorität halber, und sagte dann nach einigem weiteren Nachdenken, während von der andern Seite des gelben Felsens Kampf- und Niederwerfungsgeräusche zu hören waren:

—Mußt du auch gar nicht. Ich glaube, Oppi hat's selber nicht ganz verstanden. Es ging ihm jedenfalls darum, nachzuweisen, wo die Idee überall aufgetaucht war, daß die Seele haltbarer ist als der Körper, was immer diese Unterscheidung bedeuten soll. Ich würde heute eher sagen: Die Information geht nicht verloren. So jedenfalls erklär' ich mir, daß es mich schon mal gab, als Mensch – aber ich könnte auch falsch liegen. Jedenfalls war's, das mußte ich am Ende einsehen, ein ganz enger Aberglaube, diese Vorstellungen nur dem Hinduismus zuzurechnen. Die Pythagoräer und einige der obersten Klassiker wie Plato und Sokrates haben ebenfalls die Reinkarnation gelehrt, die chassidischen Juden glaubten dran, und der heilige Origines läßt ähnliches durchblicken, und ... na ja ...

Janos ließ den Satz sich in Atemdampf auflösen; ihm war klar, daß er über den Kopf seines Getreuen hinwegdozierte, wie so oft. Einsam fühlte er sich, einsamer noch als manchmal mit Veruca, der Alphawölfin des Rudels. Die verstand wenigstens, was er selbst nicht verstand: das Eilige, das Drängende, das in ihm war, als hätte er wenig Zeit, als wären die andern alle nur Tiere und er ... Was war er?

Lobombre, dachte Janos, der Wolf: *Lobo* und *Hombre,* woher habe ich das? Sing, Wolf, heule, Wolf ... ein Lied ist das, oder nicht? Aber auch ein Störfeuer, in meinem Gedächtnis.

Er hörte Pfeifen, in kurzen Abständen wiederholte Sequenzen, sah, wie Varg neben ihm aufmerkte und sich zugleich hinhockte. Er tat's ihm gleich: Hier würde es jetzt eine »Truppenbewegung« geben, sagten die Pfeifzeichen, da wollte man nicht für einen Kombattanten gehalten werden. Wer hockte, hatte Janos sie gelehrt, war aus dem Spiel, galt als »tot« oder war an der Runde unbeteiligt. Schwarz hatte den Durchgang verloren, zwischen zwei Territorien, die Schlacht auf der andern Seite des Felsens war entschieden, der Nachschub damit abgeschnitten – es sei denn, die Signale wären Irreführungen seitens der Weißen, weil sie Gefangene gemacht und den Code der Schwarzen erraten hatten. Ob ihnen so was schon eingefallen war? Signalstörungen: eine wichtige, verletzliche Flanke, notierte sich der General im Geist.

—Wenn ich das richtig sehe, hat Schwarz jetzt verloren, oder? Wir sind ja schon in der Wahlrunde von Weiß. Weiß gibt jetzt die Bewegungen vor ... und Schwarz hat es nicht geschafft, das Minimum zu halten.

—Laß uns auf den gelben Felsen gehen, dann sehen wir den weißen Angriff genauer.

—Ich habe Hunger.

—Stell den Hunger zurück, lern lieber was. Siehst du, du hast nämlich recht: Das Spiel ist so konstruiert, daß jeweils eine der Parteien in die Offensive geht, und so wie es heute Nacht ausgeknobelt worden ist, sind das die Schwarzen. Sie müßten so spielen, wie ich es euch beigebracht habe: nach dem Minimax-Satz. Das beste Ergebnis, das beim schlimmstmöglichen Ausgang zu erzielen

Minimax-Satz: ***Die mathematische Formulierung des stabilen Spielpunkts, an dem der minimale Verlust und der maximale Gewinn einander begegnen (s. Illustration).***

X, Y: gemischte Strategien für Spieler A und B.
A: Auszahlungsmatrix

$$\downarrow$$

$$\max_x \min_y X^T AY = \min_y \max_x X^T AY = \vartheta$$

x,y: Lösungen
ϑ: Spielwert

Die Minimax-Gleichung, die von Neumann bewiesen hat.

wäre, sollen sie anstreben. Ihr maximales Minimum wäre die Verbindung zwischen den beiden großen Quadrantenballungen: lieber die Brücke halten als eines der beiden Ufer, dann kann man später vielleicht doch noch eins davon zurücknehmen. Wir werden sehen, wie sie sich verhalten.
Sie waren auf dem gelben Felsen angelangt und lauerten gespannt. Eine Kopfbewegung Janos' bedeutete Varg, er solle auf den Angriff der weißen Gruppe achten. Der lief ganz so ab, wie wenn das Rudel einen Hirsch oder ein ähnlich großes Tier erlegte. Rechts und links rannten zwei an den Verteidigern des Kleinquadranten vorbei, schnitten ihnen geschickt den Weg ab, von Westen her kam eine ganze Division der Weißen, mindestens zehn Wölfe, und die sechs Verteidiger strichen unruhig durcheinander. Varg erkannte seine Brüder Os und Marui unter den Verteidigern, Janos stellte befriedigt fest, daß drei seiner älteren Söhne zu den Einkreisern gehörten. Das Spiel konnte beginnen.

—Ein realistisches Szenario für uns zu erfinden war gar nicht so simpel. Es gibt so viele Stufen in der Spieltheorie ... auszuschließen war selbstverständlich der trivialste Fall, ein endliches Spiel mit vollständiger Information, das sich verhält, wie die mechanischen Materialisten im siebzehnten und achtzehnten Jahrhundert das von der ganzen Welt gedacht haben: Aus dem Anfangszustand und den Regeln kann man deduzieren, wie es weitergeht, kein Schritt wird gewürfelt oder bleibt dem Schlachtenglück überlassen. Bei so einem Spiel gibt es für jeden der beiden Spieler je eine optimale Lösung mit reinen, das heißt zufallsfreien Strategien. Seit Ernst Zermelos Beweis von 1912 ist das keine Annahme mehr, sondern sicher: So ein Strategiepaar existiert, wenn man dadurch auch noch nicht unbedingt weiß, wie es ausschaut – also, Schach ist so ein Spiel, in diesem Sinn trivial. Unter einem Aspekt freilich sind diese Spiele doch interessant: Man sieht bei den Auszahlungspunkten, bei den Ergebnissen pro Zug, wenn man den Schachfiguren zum Beispiel bestimmte Werte zuordnet ...

—So wie du den Spielquadranten, in die wir den Wald aufgeteilt haben ...

—Ja, genau. Da sieht man also: Das beste Ergebnis des Spielers, der schlechter abschneidet, ist das schlechteste dessen, der besser abschneidet, wenn in den Spielstrategien ein Sattelpunkt erreicht ist. Das heißt: Wenn man so ein Spiel als Tafel mit horizontalen und vertikalen Seiten sieht, wäre der Sattelpunkt der mit dem Maximum der Minimum-Spalte gleich dem Mininum der Maximum-Reihe. Und darauf eben sollen es die Spieler anlegen, meine ich: Wenn man der Verlierer ist, kriegt man so wenigstens den bestmöglichen Trostpreis.

—So sollen wir den Krieg führen, um die Stadt zu nehmen.

Janos stimmte leise knurrend zu. Es war noch dunkler geworden: Eine schmale Wolke hatte den Mond in eine verdeckte untere und eine kalt leuchtende obere Hälfte zerteilt. Der Kampf hatte begonnen.

—So müssen wir unsern Krieg führen, ja. Weil er ein Vernichtungskrieg ist und also auch kein Spiel mit reiner, zufallsfreier Strategie. Wie beim Seilziehen: Jede Seite kann die andere hindern, zuviel zu holen, aber es gibt ein rutschiges Land in der Mitte, matschige Marsch. Bei uns Wölfen sind das die 800 Meter Streifen neutrales Land zwischen Territorien, normalerweise. Die gibt es auch zwischen der Stadt und den Bergen, auf dem ganzen Gebiet, das ich uns in Quadranten eingeteilt habe.

—Die Nahrung wird knapp.

Bemerkte Varg düster, und Janos dachte: Da spricht der Magen mindestens so deutlich wie der Kopf.

—Ja, die Nahrung wird knapper. Die Vögel sterben. Das Wasser versiegt. Der Schnee ist ungesund. Und der Kampf so gut wie entschieden, da unten.

Die meisten Schwarzen unterwarfen sich, einer ließ sich von zwei Weißen an der Innenmarkierung des Quadranten hetzen, hin und her – das kam immer wieder vor, irrationales Zeug. Einem stieg der Kampf zu Kopf, manche fingen an, einander wirklich zu beißen. Es hatte anfangs, während der ersten Manövertage, immer wieder Verletzte gegeben. Die inzwischen verbesserte Disziplin, dachte Janos, war leider kein zuverlässiger Garant dafür, daß diese Vorfälle aufhören würden.

Die Sieger heulten. Das, wußte Janos, hörte man bis in zehn Kilometer Entfernung. Er trottete zum Rand des gelben Felsens, von wo aus er zwischen zwei Tannen, die eine umgestürzt, die andere gerade, die breite Senke unterm roten Felsen überblicken konnte.

Gab es einen Sattelpunkt in diesem Tal? Ein Minimum an Quadranten, das sich bei intelligent geführtem Präventivangriff einstreichen ließ?

Rationale Spieler, glaubte Janos, haben irrationalen gegenüber immer einen Vorteil, denn sie verlieren nie mehr als unbedingt nötig, und verlassen konnte man sich darauf, daß der Minimax-Satz bewiesen war: Bei 2-Parteien-Nullsummenspielen, bei denen der Gewinn der einen notwendig der Verlust der andern Partei ist, gibt es für Zeilen- und Spaltenspieler, für Weiß und Schwarz jeweils eine reine oder gemischte Lösung, die im Minimax-Sinn optimal ist. Bis man das den Wölfen allerdings verständlich gemacht hatte ...

—Wir sollten noch jagen, wenn morgen wirklich der Angriff stattfindet.

—Falls noch nicht alles Jagbare im Wald von unsern Spielen verscheucht ist.

Janos fuhr überrascht herum. Vargs Aufforderung zur Jagd war in Ordnung, aber wer wagte es, über die Spiele zu spotten? Veruca. Sie ließ die Zunge heraushängen und keuchte, während sie unbeweglich neben Varg stand. Janos lachte in sich hinein: Sie ist aufsässig, das ja, aber auch ehrlich, und das ist ein großer Vorteil. Ein Alphaweibchen, das mich umschmeichelt, könnte ich nicht aushalten.

—Also schön.

Sagte Janos gönnerhaft, auch zu den beiden Söhnen, die, naß von Schnee, eben den Hang hochkamen.

—Gehen wir jagen.

*

Janos lag auf der Seite, die Augen halb geschlossen, und sah die Kleinen unweit der glühenden Steine spielen, bewacht von ihren Müttern. Die Welpen konnten nicht schlafen, die Erwachsenen zwangen sich dazu. Die Kleinen spielten nicht so, wie Janos ihre Väter spielen gelehrt hatte, sie hatten keine Spielfelder und keine Gewinnziffern, aber trotzdem kam in ihren Spielen alles vor, was Janos den älteren Tieren nicht beibringen mußte: Unterwerfung und besiegen, auf dem Rücken liegen oder drohen, Ohren eng anlegen und Haupt senken oder Schwanz aufstellen und knurren.

Es ist wirklich Zeit, zu handeln, dachte der General. Normalerweise zerfallen Rudelfamilien, wenn die ältesten Söhne alt genug sind, um ein eigenes Rudel zu gründen. Die besten Kämpfer meines Superrudels sind bald drei Jahre alt. Sie dürfen nicht ausscheren, bevor wir uns die Stadt gesichert haben. Veruca leckte seine Schulter, dann den Hals.

—Worüber denkst du nach?

—Oppenheimer. Ein Mensch, den ich kannte. Ich frage mich, ob er einen Zusammenhang gesehen hätte zwischen dem, was ich hier mache, meinem vorherigen Leben, von dem ich noch nicht mal weiß, wie lange es her ist, und der Wiedergeburtssache überhaupt. Schließlich hat Krischna ja dem Prinzen Arjuna in der Bhagavad-Gita seine Privatvorlesung über Reinkarnation auch auf einem Schlachtfeld gehalten, im Streitwagen vor der Schlacht. Oppenheimer hat's mir vorgelesen, damals in Los Alamos, wo wir die Bombe gebaut haben: »Da sprach Krischna in der Mitte zwischen den beiden Heeren zu dem kummervollen Arjuna lächelnd: Während du gelehrte Worte sprichst, bedauerst du, was des Kummers nicht wert ist. Die Weisen beklagen weder die Lebenden noch die Toten. Niemals gab es eine Zeit, als ich oder du oder all diese Könige nicht existierten, und ebenso wird niemals in der Zukunft einer von uns aufhören zu sein.«

—Ich weiß nicht, was das alles ist, was du da redest. Fiebergeschwätz.

Unwirsch stieß der General sein Weibchen mit dem Kopf von sich, stand auf und sagte:

—Ich hab genug gesehen für drei Fieber. Die Bombe, die wir gebaut haben ...

—War das so eine, wie sie die Menschen eingesetzt haben, als die Welt verrückt geworden ist?

—Keine Ahnung, was für eine Bombe das war. Ob es überhaupt eine Bombe war oder was Biologisches oder Chemisches. Wir sind am Leben.

*

Varg war der erste auf dem roten Felsen, als die Nacht zerfiel.

Er hatte unruhig geschlafen, wie alle, seine Beine fühlten sich halb gefroren an, sein Magen knurrte trotz der Hasenbeine, die er am Abend zuvor abgekriegt hatte. Seine Träume machten ihn jetzt noch schaudern: Türme in der Menschenstadt, die ganz langsam und geräuschlos in sich zusammenfielen, ockerfarbenen Staub aufwirbelnd, darüber eine Sonne aus Silber. Er fuhr zusammen, als ein Schatten neben ihn glitt, dann sah er, daß es sein General war.

—Der große Tag.

—Mir ist nicht gut, Janos.

—Ich weiß. Das ist normal. Ich erinnere mich an das Gefühl, wenn man meint, Krieg stehe bevor. Als ich ein Mensch war, damals, als sie mich John nannten, Teepartygespräche ohne Ende, während Klara sich sonnte in der Aufmerksamkeit der Herren vom Institut, und dann kam Rum in den Tee, und dann ging es los, mit Feuerzungen: Gerede vom Krieg und von Schlachten, je später der Abend, desto historischer die Gespräche. Was wäre passiert, wenn George Armstrong Custer am Montag, dem 24. Juni 1876, seine Männer früher zum Vorgebirge geschickt hätte und sie schon vor 2 bis 3 Uhr morgens eingetroffen wären? Little Bighorn, sattelförmig, zwischen Rosebud Creek und dem Fluß, den die Sioux Greasy Grass Creek nannten. Ähnlich wie hier eigentlich, die Geographie.

—Haben wir eine Wahl?

—Wir müssen die Stadt nehmen. Sonst verhungern wir hier draußen und erfrieren. Ich weiß nicht, wieviel kälter es noch wird, aber die Tage sind keine richtigen Tage mehr, falls dir das aufgefallen ist. Fallout, nehme ich an.

—Vielleicht ist alles ein Traum.

—Wenn es ein Traum wäre ... dann würde mich vor allem interessieren, welchen Sinn er hat. Nicht den, den Dickens dem Déjà-vu unterstellt hat, jedenfalls. Es müßte ein psychologischer Sinn sein, wie ihn Doktor Férénczi entschlüsselt hätte, mit dem ich übrigens verwandt war und der wiederum ein Freund des Doktors

Freud war, ein noch größerer Traumdeuter vor dem Herrn. Lang ist's her, und ich habe keine Ahnung, wie lang, ist das nicht verrückt?

Was er Varg nicht verriet, war, daß er sich von der Eroberung der Stadt unter anderem versprach, endlich herausfinden zu können, wie lange es her war – welches Jahr die Menschen schreiben würden, wenn es sie noch gäbe.

Die Beinahedämmerung quoll zwischen den Zweigen hindurch und färbte den Himmel gelb, dort, wo der Mond verschwunden war.

Unterm roten Felsen sammelten sich die Wölfe in ihren eingeübten Formationen: Rhomben, Keile, Abwehrhalbkreise, erst zwei Dutzend, dann drei, dann mehr.

Ich kann nur hoffen, daß das hier überhaupt ein 2-Parteien-Nullsummenspiel ist, grübelte Janos. Was mache ich hier – ich, wer? *Lobombre* – der Mensch/Wolf-Zwitterspieler im Spiel, siamesischer Janus. Janos gleich Janus, dachte er fröstelnd. Als Kind, in Budapest, nannten sie mich Jantschi.

—Glaubst du, daß viele von uns sterben werden?

—Ein paar bestimmt. Vielleicht auch ich und du.

An diesem Satz verdaute Varg eine Weile, dann knickte sein rechtes Ohr ein, während das rechte aufrecht stehen blieb. Es sah putzig aus, fand Janos.

—Wie bereiten sich eigentlich Menschen vor, wenn sie wissen, daß sie sterben müssen? Weißt du, ob es lang war, dein Leben als Mensch?

—Länger als alle Wolfsleben. Aber besonders gut vorbereitet aufs Sterben war ich nicht, das kann ich dir sagen. Ich wurde religiös, bin zum Schluß zum Katholizismus übergetreten ... das ist eine Lehre über das Jenseits, an die Menschen glauben, mit eigenen Regeln und so weiter.

—Ein Spiel?

—Sozusagen. Wir waren ... ich bin geboren worden, als diese Lehren, diese Religionen schon keine ganz so große Rolle mehr spielten in Europa, 1903. Wir waren eine christlich-jüdische Familie, ein Religionsmischmasch.

Janos bellte kurz ein verabredetes Signal. Die ersten Abteilungen setzen sich in Marsch: ein Keil in der Mitte, zwei halbkreisförmige Flanken. Die Abstände zwischen den Wölfen in diesen Figuren wurden schnell größer, die linke Flanke klappte im Lauf gleichsam nach vorn und näherte sich rasch dem Silo.

—Erzähl mehr von deinem Menschenleben.

—1919 war ich sechzehn. Da haben sie in Ungarn versucht, einen kommunistischen Staat aufzuziehen, das Béla-Kun-Desaster. Mord und Totschlag, danach der Faschist Horthy, Mord und Totschlag andersrum. Zwei Jahre später hab ich mein Abitur gemacht, zusammen mit einem Uni-Assistenten kurz darauf das erstemal veröffentlicht. Für Leute wie mich, sie nannten uns Juden – eine Rudelsache –, gab es Quoten an der Uni, aber meine Noten waren gut. In Budapest habe ich Mathe studiert, bin aber nur zu den Prüfungen erschienen. Ich hatte mich 1921 auch in Berlin eingeschrieben, Chemie, auf Wunsch des Vaters, wegen der Geldverdienerei. Bis 1923 ging das so, danach an die Eidgenössische Technische Hochschule Zürich, Chemiediplom, dann Mathedoktor in Budapest 1926, Doktorarbeit über Mengenlehre, da habe ich meine Definition formuliert, was eine Ordinalzahl ist: die Menge aller Ordinalzahlen, die niedriger sind. Dann bin ich zu Hilbert nach Göttingen und hab angefangen, mich für die damals neueste Physik zu interessieren. Die haben sich damals alle da rumgetrieben: Heisenberg, Born, Dirac, Bohr. 1929 hat mich Veblen eingeladen, in Amerika über Quantenmechanik und deren mathematische Grundlagen zu lesen und ... ach ja ...

Janos nickte melancholisch, als er in der Truppe nach dem ersten Keil seine Alphawölfin entdeckte.

—Geheiratet habe ich da auch das erste Mal. Ich wollte Veblen einen Gefallen tun und die Vorleserei als geldwerte Fähigkeit entwickeln, aber es heißt, ich wäre nie besonders gut gewesen. Bin immer zu weit vorgeprescht, man konnte mir nicht folgen. Na und? Dirac war auch kein großer Lehrer, und doch hat er die spezielle mit der allgemeinen Relativitätstheorie als erster zusammengebracht. Ich fand es nett, wie er auf Nachfragen von Studenten, die was nicht verstanden haben, immer wörtlich wiederholt hat, was er grad gesagt hatte – und das war meistens wörtlich dasselbe, was in seinem Buch stand. Mein eigenes Buch, »Mathematische Grundlagen der Quantenmechanik«, wurde ein ziemlicher Hit. Die Beschreibung quantenmechanischer Systeme als Vektoren im Hilbertraum, große Idee, das wurde die Version, wie man das macht.

—Hm?

Janos knurrte, den jüngeren Wolf zurechtweisend, der mit glasigem Blick dem Angriffszug gefolgt war und in seiner Geistesabwesenheit einem Reptil, nicht einem Wolf ähnelte. Varg war zu sich gekommen und hielt sofort mit dem älteren Wolf Schritt, als der einen schmalen Pfad den Felsen hinuntereilte und sich an der dreieckigen Nachhut vorbeischob. Die ersten aus dem Keil hatten die Schnellstraße erreicht, auf der keine Autos mehr fuhren.

Eine Signalkette unterrichtete Janos, Varg und andere, die nach rechts ausscherten zu den Landmaschinen auf dem verlassenen Feld, daß von Stadtwölfen nichts zu sehen war.

Zwischen Traktor, Mähdrescher und Vogelscheuche lagerten Flankenschützer, darunter Veruca. Janos, aufgeregt wie bei einer intensiven Blutwitterung, übernächtigt und hungrig, dachte an die Seltsamkeit der Wolfsintimitäten: Der Rüde kommt von hinten, mit den Vorderpfoten werden die Flanken des Weibchens umfaßt. Minutenlang verbunden bleiben wir so, und wenn es dann vorbei ist, liegen wir erschöpft am Boden, die Schnauzen im Schnee vergraben. Das stellt die Stammbäume sicher, so gibt's keine Kuckuckseier.

Pfiffe, Heulen, Rufe, Bellen:

—Signal für Janos: Rechter Bogen biegt in die ersten fünf Stadtgrenzenquadranten ein.

—Stadtzug eröffnet, Nachricht an Janos.

—Keil sichert den Bauernhof, Botschaft für Janos.

—Wir rücken nach, sagt es Janos.

Sein Name: Parole für jeden, Schlüssel für alles, Verständigungsmittel und Kürzel, das kannte er noch aus dem Leben, in dem er John von Neumann geheißen hatte. Er kauerte mit Veruca, Varg und andern hinterm Traktor und dachte: Was davon kann ich hier gebrauchen? Schöne Sachen haben sie nach mir benannt: Von-Neumann-Algebren zum Beispiel, eine bestimmte Sorte Algebra der Operatoren, und das Von-Neumann-Eck in Princeton, weil ich da so viele Autounfälle gehabt hatte.

Das war die beste Zeit, dachte er, während er die Wärme der andern Tiere spürte: die vierziger Jahre, die Militärarbeit, 1944 das Buch mit Oskar Morgenstern, seines Zeichens Ökonom: »Theorie der Spiele und des wirtschaftlichen Verhaltens«.

Ich habe gesungen. Beim Autofahren. Es ging mir gut, damals.

—Nachrücken zum Hof, ruft Janos!

—Etwas ist nicht in Ordnung am Bauernhof. Janos soll kommen!

—Fortschritt an der Stadt. Wir sind auf dem Supermarktparkplatz, sagt Janos Bescheid!

—Bauernhof! Janos! Jetzt!

Der General brauchte Varg nur zuzunicken. Drei seiner Söhne stellten freiwillig eine Eskorte, man lief, so schnell man konnte. Schon im Näherkommen hörte man das Gebell und Gebeiß. Ein toter Wolf aus Janos' Heer lag nah der Scheune, zwei weitere kämpften mit fremden Wölfen, die keine der Spielregeln kannten, welche Janos seinen beigebracht hatte. Sie bissen nicht nur in Kehlen, sie bissen sogar in Beine, warfen sich gegen ihre Gegner, rollten mit ihnen im Schneedreck herum.

—Varg! Mit mir! Forcas, zum Stall!

Drei der eigenen waren ins Haus eingedrungen, dort schien nur ein Weibchen der Stadtwölfe die Stellung zu halten. Varg und Janos sprangen den Bedrängten auf der Platzmitte bei. Aus dem Stall sprangen zwei weitere Feinde, gejagt von vier Weißen.

Die Fremden wurden in die Mitte des Hofes getrieben und getötet.

Es waren neun, dazu noch drei, die anderswo auf dem Grundstück gestellt und besiegt wurden. Zwei, vielleicht drei mehr flohen am Silo vorbei.

—Die holt unsere Nachhut.

Janos befahl, daß man die Toten vom Hof wegschleifte, eigene wie fremde, und auf den Acker legte, für Krähen und andere Vögel. Der Hof sollte Stützpunkt sein, schon heute, da durften keine Leichen liegen.

Das Organisieren half Janos, mit der Anspannung fertig zu werden. Alles wie früher, fiel ihm ein: Manche Kollegen haben sich's nicht erklären können, warum ich noch in meiner letzten Lebensphase für all diese Agenturen und Konzerne arbeiten wollte, für die CIA, Standard Oil. Aufgehen im Spiel, das war das Motiv. Regeln, bewegliche Gitter der Selbstbestätigung.

—Wir sollten Computer haben.

Sagte er zu Varg, als die Durchsuchung des Haupthauses beendet war. Große leere Räume, keine Spur von Menschen, nichts zu Essen, ein frisch bezogenes Bett, Schränke.

—Computer?

—Ja. Maschinen zum Rechnen. Die Menschen hatten immer mehr davon. Ich war dran beteiligt, als sie erfunden wurden oder jedenfalls die Form bekamen, die sie dann hatten, und meine Frau Klara wurde Programmiererin. Sie hat Regeln geschrieben für die Spiele, die diese Maschinen uns spielen ließen. Fürs Aberdeen-Testgelände hat sie Knallerbsen gezählt. Stanislaw Ulam und ich haben mal zum Spaß ausgerechnet, wieviel Rechenzeit so eine Berechnung für eine dieser Bomben – in dem Fall war's die Wasserstoffbombe – verschlingt. Mehr als alle Menschen bisher gerechnet hatten, war mein Verdacht gewesen. Eine Entzauberung kam dabei raus: Die Kinder mit den Schiefertafeln, die Eulers und Bernoullis und Gausse hatten am Ende doch mehr rumgerechnet, als unser neuer Supercomputer an der Superbombe rumrechnen mußte.

—Kann man mit so einem Computer einen Krieg gewinnen wie unsern hier?

Spieltheorie: ***Wann immer Parteien unterschiedliche Interessen haben (ich will etwas, das du nicht willst), ist der Zweig der mathematischen Logik, der die Situationen beschreibt, die dabei entstehen, die Spieltheorie.***

—Tja, das ist die große Frage, Varg. Ist Spieltheorie das passende Programm für so einen Computer? Viele Militärs haben mir das damals geglaubt. Die Minimax-Idee wurde die offizielle Militärdoktrin der größten Kriegsmaschine aller Zeiten, der US-Army. War das klug? Ich weiß nicht.

Die beiden Wölfe hockten oben auf der Treppe des Herrenhauses. Von draußen hörten sie, wie Veruca und die andern vom Traktor-Vogelscheuchen-Punkt zum Hof nachrückten und die Botschaft mitbrachten, daß irgend etwas die Vorhut festhielt – ein erster Kampf mit den Stadtwölfen jenseits der Schnellstraße vielleicht. Varg leckte sich den rechten Vorderlauf, er war verletzt.

Der General fragte sich, ob es seine Wahl gewesen war, als Wolf wiedergeboren zu werden. Das Lied fiel ihm ein, das seit der Nacht zuvor in sein Wachbewußtsein zurückkehren wollte. In Los Alamos war das gewesen, wo sie die Bombe gebaut hatten. Eine Latina, Wäscherin vielleicht oder Putzfrau, Yolen, sang das Lied, mit spanisch-englischem Mischtext, auf dem Weg zur Arbeit, bei den Parkplätzen:

»Lobombre. Sing wolf. Howl. The mouth knows the morning / The teeth the afternoon, / But the heart knows midnight, / And all the predations of the moon. / Sing wolf. Howl.«

Ich hab mich schon mal dran erinnert, hab es häufig gesummt, am Ende, im Rollstuhl, als mich der Krebs langsam fertiggemacht hat.

—Laß uns nach unten gehen.

Forderte er den Getreuen auf. Sie kamen gerade rechtzeitig, die große Traube der Wölfe zu sehen, die sich auf einem Karren drängte. Alle blickten stadtwärts.

—Was ist? Was gibt es da?

—Das würden wir dich gern fragen, du erinnerst dich doch so genau an alles.

Janos sprang auf den Wagen, man machte ihm Platz.

Was er sah, war ohne Fernglas nicht genau zu erkennen: Die eigenen Wölfe, die Weißen wurden von den andern übers weiße Feld getrieben, über ihnen flogen Krähen. Die andern aber gingen nicht zu Fuß, sie waren nicht allein: bunte Punkte, die lauten Krach machten. Janos begriff, was er sah – motorisierte Schlitten, deren Bedienung jene, welche mit ihnen auf den Schlitten saßen, den Wölfen beigebracht haben mußten: Schäfer und Boxer, Dalmatiner und ein kleiner, vielleicht ein Dachshund, ein Spitz.

—Was ist das bloß? Was ist das?

Fragte Varg bestürzt.

Der General schüttelte den Kopf, besiegt, resigniert und erheitert, als er antwortete:

—Das, mein lieber armer Kamerad, ist ein kooperatives n-Personen-Spiel mit gemischter Strategie. Pech gehabt, würde ich sagen.

ZWÖLF

Das Rechenzentrum der Avantgarde

Jean Alexandre Eugène Dieudonné

1906 bis 1992

Nicolas Bourbaki

***1939**

Als Student der mathematischen Wissenschaften (Mathematik im Plural) an der naturwissenschaftlichen Fakultät der damals noch einen und unteilbaren Pariser Universität lernte ich 1954 in einem Hörsaal des Institut Henri Poincaré eine revolutionäre Auffassung der Mathematik (im Singular) kennen, die sich nicht nur auf mein weiteres Studium in diesem Fach auswirkte, sondern auch auf meine Auffassung von der Literatur und meine schriftstellerische Tätigkeit, hauptsächlich in der Dichtung.«

Der Dichter, der das sagt, ist der 1932 geborene Komponist in Mathematik und Literatur Jacques Roubaud, herausragend aktives Mitglied der Schriftstellerallianz »Oulipo« und einer der beiden Gründer ihres Ablegers ALAMO. Er hat einen hexalogischen, also nach dem Sechserprinzip der Sestinen-Dichtung organisierten Roman verfaßt, »Die schöne Hortense«, und eine Erzählung, in der er auf die Prinzipien der Mengenlehre zurückgreift, »Prinzessin Hoppy oder die Geschichte vom Labrador«, sowie zahlreiche konventionellere Dichtungen. Die 1998 gehaltene Rede, deren Eingangssätze oben zitiert sind, stattet einer zu mindestens fünfzig Prozent erfundenen Person Dank dafür ab, Roubauds (und nicht nur dessen) Werk als ungewöhnlichen Hybriden des Dichterischen und des Errechneten auf den Weg gebracht zu haben: Nicolas Bourbaki.

Einst, in seinem ersten Leben, war der wohl ein General im französisch-preußischen Krieg mit Namen Charles Bourbaki (1816–1879). Zu der Zeit, als Roubaud mit »ihm« in Berührung kam, hatte eine Seelenwanderung stattgefunden – Bourbaki, wiedergeboren, lieh seinen Namen einem Kollektiv, das zwar die martialischen Assoziationen des Nachnamens schätzte, den Charles aber gegen einen Nicolas eintauschte.

Nachdem er als loser Verband von neun scharfsinnigen und auf gründliche Veränderung der Prämissen ihrer Tätigkeit zielenden Mathematikern Anfang der dreißiger Jahre ins Leben gerufen worden war, ging es diesem Verein zunächst darum, ein Lehrbuch der Analysis zu erstellen. Bald aber griff man bei der Forschungs- und Systematisierungsarbeit auf Nachbargebiete über, die gesamte reine Mathematik geriet nach und nach in den Blick: Topologie, Zahlkörper, Ringe ...

Die Publikationspraxis des fiktiven Generals und Generalisten darf man enzyklopädisch nennen: Statt, wie dergleichen Allianzen sonst tun, sich vornehmlich mit aktuellen Interventionen in Form von Einzelarbeiten in die Diskussion einzuschalten, veröffentlichte man die neuesten Systematisierungsergebnisse ab 1939 mit einiger Regelmäßigkeit in Buchform und brachte es dabei auf über 40 Bände, die außer in Frankreich und dem übrigen Westeuropa auch im späteren Ostblock weite Verbreitung fanden.

Die große Abhandlung, der »Basistext«, aus dem das alles erwuchs, sollte ursprünglich aus zwei Teilen bestehen. Der erste behandelt die Grundlagen der Mathematik und sollte sechs Bände umfassen: Mengenlehre, Algebra, allgemeine Topologie, grundlegende Infinitesimalrechnung, topologische Vektorräume und die Integraltheorie Henri Lebesgues (1875–1941), der für Bourbaki ein wichtiger Ideenspender war.

Pierre Cartier, Mitglied der Gruppe von 1955 bis 1983, der Bourbakis Gründerzeit erlebt hat, erinnert sich: »Die letzten vier der sechs Bücher stellen die Grundlagen der Analysis dar, wie Bourbaki sie gesehen hat, mit einem deutlichen Akzent auf der funktionalen Analysis.« Schon damals also waren Auswahl und Anlage programmatisch zu verstehen. Der zweite Teil des »Basistexts« setzte dies fort, er bestand nach Cartier »aus zwei sehr erfolgreichen Monographienreihen – über Lie-Gruppen und kommutative Algebra«.

Mit André Weil, Henri Cartan und Jean Dieudonné gehörten schon der ersten Bourbaki-Generation erstrangige schriftstellerische Talente der französischen Mathematik an. Sie alle hatten auf ihre Weise Anteil an der Revolution der beschleunigten Abstraktion, deren Beginn in den zwanziger Jahren liegt, als Emmy Noethers ringtheoretische Arbeiten die Umrisse einer »Neuen Mathematik« vorzeichneten.

Weil gehört zu den Initiatoren der abstrakten algebraischen Geometrie, die mit beliebigen Grundkörpern kalkuliert, statt wie in der klassischen algebraischen Geometrie nur mit dem Bereich der komplexen Zahlen. Cartan gab Erneuerungsbestrebungen im Bereich der Algebra Mitte der fünfziger Jahre entscheidende Impulse, unter den Bourbakisten war er vor allem der fruchtbarste akademische Lehrer, sein Seminar an der École Normale Supérieure in Paris galt allgemein als bourbakistische Kaderschmiede.

Jean Dieudonné schließlich, der Mann mit dem gottgegebenen Nachnamen, war unter den Aposteln der feurigste: Eine »Neue Welt«, so bekannte er später, habe sich mit einem Schlag vor ihm aufgetan, als er 1930 in Berlin das Buch über moderne Algebra des holländischen Noether-Schülers van der Waerden gelesen habe. Diese Welt zu kartographieren und zu erobern war fortan sein Ziel.

Der am 1. Juli 1906 in Lille geborene Dieudonné, der von 1924 bis 1927 am späteren Zentrum des Bourbaki-Aktivismus, der Pariser École Normale Supérieure unter dem Funktionentheoretiker Paul Montel studiert hatte, war nicht irgend ein Apostel, sondern ein Paulus: Er schrieb nicht nur, polemisierte und lehrte, sondern gehörte auch zu den reisefreudigsten Mathematikern der Zeit – schon als Student war er in Princeton, Berlin und Zürich gewesen und hatte später Lehrämter an einem halben Dutzend französischer Universitäten sowie von 1953 bis 1959 eines in Chicago inne, von zahlreichen Gastvorlesungen abgesehen. Äußere Ehrenbezeigungen für den Forscher und Propagandisten waren immer auch Anerkennungen der Hingabe an die denkbar antisubjektive Sache: Der zeitweilige Präsident der Französischen Mathematischen Gesellschaft, der 1992 starb, hieß, könnte man diesen Antisubjektivismus zuspitzen, eigentlich nicht Jean Dieudonné, sondern Nicolas Bourbaki.

In späteren Jahren wurde er sich dieser von niemandem je formell bestätigten Rolle als Sprecher der denkenden Hydra zunehmend bewußt und veröffentlichte wissenschaftshistorische Texte, die sich als eine Art »Apostelgeschichte« lesen lassen; darunter große Monographien über die entscheidenden revolutionären Jahre wie seine »Geschichte der algebraischen und Differentialtopologie 1900–1960«.

Apostelgeschichte heißt ja nicht nur Anekdotensammlung, sondern auch Dokument der Lehre, und so ging es in diesen späten Texten durchgängig auch um eine Apologie des Formalismus, und zwar des »reinen«. Die Weigerung Bourbakis, sich in das einzumischen, was nicht seines Amtes war – Ingenieurwissenschaften und andere Anwenderbezüge etwa –, bekräftigte Dieudonné noch 1962, als die entscheidenden Schlachten schon geschlagen waren, in einem Vortrag über die mathematischen Errungenschaften der vorangegangenen zehn Jahre: »Ich würde gerne betonen, wie wenig sich die jüngere Geschichte bereit gezeigt hat, den frommen

Plattheiten der Unheilspropheten zu entsprechen, die uns immer wieder vor den schrecklichen Folgen warnen, welche die Mathematik erleiden müsse, wenn sie sich von den Anwendungen auf andere Wissenschaften fernhält. Ich beabsichtige nicht, zu behaupten, daß der enge Kontakt mit anderen Feldern, zum Beispiel der theoretischen Physik, nicht für alle beteiligten Parteien nutzbringend ist; aber auf der anderen Seite ist doch völlig klar erkennbar, daß der gesamte bestechende Fortschritt der Mathematik, von dem ich rede, mit der einzigen Ausnahme der Distributionstheorie, nie irgend etwas mit physikalischen Anwendungen zu tun hatte.«

Im bereits zitierten Interview mit der Zeitschrift »Mathematical Intelligencer« erzählt Pierre Cartier eine frappierende Anekdote: »Am Anfang war ich wohl ein bißchen ein Ketzer in der Bourbaki-Gruppe. Ich pflegte ein langlebiges Interesse an mathematischer Physik. Vor ein paar Jahren, bei einem Gespräch mit André Weil, kurz nachdem er seine Memoiren veröffentlicht hatte, sagte ich: ›Sie haben erwähnt, daß Sie 1926 in Göttingen waren. 1926 ist in Göttingen ja etwas Wichtiges passiert.‹ Weil fragte: ›Was ist denn da in Göttingen passiert?‹ Ich sagte: ›Natürlich die Quantenmechanik!‹ Und Weil antwortete: ›Ich weiß nicht, was das ist.‹ Er war damals immerhin Student bei Hilbert gewesen, und Hilbert selbst interessierte sich sehr für Quantenmechanik. Max Born war dort, Heisenberg war dort und andere, aber André Weil hat sich darum anscheinend gar nicht gekümmert.«

Diese Abstinenz, man könnte auch Quietismus dazu sagen, hatte nicht nur strategisch-operative, etwa Kräfte ersparende, sondern tiefere und ziemlich pessimistische Gründe. Schon bei der Eröffnung des großen Spiels, auf das Bourbaki sich eingelassen hatte, im ersten Manifest von 1939, heißt es: »Daß eine innige Verbindung besteht zwischen experimentellen Phänomenen und mathematischen Strukturen, scheint auf die unerwartetste Weise voll bestätigt zu werden durch die jüngsten Entdeckungen der zeitgenössischen Physik. Aber wir wissen gar nichts über die Gründe dieser Tatsache (angenommen, man könnte wirklich diesen Worten eine Bedeutung beimessen), und wir werden vielleicht nie etwas darüber wissen.«

Die wesentlich weniger einmütig auftretenden Nachfolger der ersten Bourbaki-Generation um Weil, Cartan und Dieudonné, etwa der Katastrophentheoretiker René Thom oder der hochgradig exzentrische, zwischenzeitlich der Welt als Einsiedler den Rücken kehrende Alexandre Grothendieck, setzten die an Diderots und D'Alemberts Enzyklopädie ebenso wie an Hilberts logistischem Mathematikverständnis orientierte Arbeit der Gründer zunächst fort. Später kehrten einige der jüngeren Adepten der Großverschwörung den Rücken, verschwanden auf Tangenten oder etablierten sich, wie Thom, als Widersacher des Unternehmens.

Produktiv besessen von Regeln und Herleitungen, unterstellten die Bourbakisten auch die konkreten Gruppenaktivitäten, also das Verfassen von Schriften, Abhalten von Seminaren, Einberufen von Konferenzen klar definierten Vorschriften: Mit fünfzig Lebensjahren mußte man die Gruppe verlassen, Mitgliedschaften wurden mehr oder weniger geheimgehalten, jedenfalls nicht an die große publizistische Glocke gehängt, drei Treffen im Jahr fanden statt, und das Ziel aller Bemühungen sollte nicht irgendeine ungreifbare kollektive Erleuchtung sein, sondern ein Nachschlagewerk der Mathematik, das nach einer Reihe von Entwürfen Gestalt annahm, als der Dichter Roubaud mit dem Bourbakismus in Berührung kam.

In der zweiten Auflage eines von dem Dichter und Mathematiker François Le Lionnais herausgegebenen Sammelbandes fand sich neben einem Aufsatz des Bourbaki-Mitbegründers Dieudonné über David Hilbert, den Urvater aller neueren formalistischen Grundlagenforschungsprogramme, und einem Ausblick André Weils auf die »Zukunft der Mathematik« auch ein mit Bourbaki gezeichneter Text namens »Die Architektur der Mathematik«, der auf Roubaud den oben geschilderten Eindruck machte.

Als Verfasser gilt Dieudonné: »Während Dieudonné der Schreiber Bourbakis war, viele, viele Jahre lang«, berichtet Cartier, »kam jedes gedruckte Wort aus seiner Feder. Natürlich gab es viele Skizzen und vorläufige Versionen, aber die gedruckte Version war jedesmal seine. Und mit seinem phantastischen Gedächtnis erinnerte er sich auch später an jedes einzelne Wort. Ich weiß noch, das war wie ein Witz bei uns, man konnte fragen: ›Dieudonné, was war das noch mal für ein Ergebnis wegen sowieso?‹ und er ging zum Regal, nahm den entsprechenden Band raus und schlug ihn auf der richtigen Seite auf.«

Die Bourbakisten bekannten sich mit Dieudonnés Eröffnungsmanifest zur axiomatischen, in der Reduzibilität mathematischer Strukturen auf tiefere, unanschauliche Ur-Formen begründeten Methode. Diese Entschlossenheit zur abstraktesten Formenpflege muß in der Luft gelegen haben wie ein Gewitter. Auch andere Wissensgebiete wurden in Frankreich bald von sogenannten Strukturalisten erobert, so die Ethnologie, Psychologie und Gesellschaftstheorie. Daß sie im Fall Bourbaki zumindest zu Teilerfolgen führte – der endgültige Masterplan der Gesamtmathematik blieb den Bourbakisten ebenso versagt wie anderen Hilbertianischen Radikalen –, liegt sicher daran, daß sie von einer sehr klaren Vorstellung davon begleitet war, mit welchen Mitteln die Supermathematik konstruiert werden sollte: »Waren bisher Algebra, Analysis, Zahlentheorie und Geometrie scharf voneinander geschiedene Provinzen der Mathematik, so werden wir sehen, daß die Theorie der Primzahlen der Theorie der algebraischen Kurven eng benachbart ist oder daß die euklidische Geometrie an die Theorie der Integralgleichungen grenzt. Das Ordnungsprinzip wird dabei die Vorstellung einer Hierarchie von Strukturen sein, die vom Einfachen zum Komplizierten und vom Allgemeinen zum Besonderen geht.«

Die so begonnene Reise führt von den Mutterstrukturen wie der Gruppentheorie und den topologischen Strukturen über die um diesen »innersten Kern« herumgruppierten »mehrfachen Strukturen« wie die topologische Algebra, bis zu den diese Cluster wie eine Kometenwolke einhüllenden »speziellen Theorien«: »In diesen erhalten die Elemente der betrachteten Menge, welche in den allgemeinen Strukturen völlig unbestimmt geblieben sind, eine genauer charakterisierte Individualität. Erst an dieser Stelle gelangen wir zu den Theorien der klassischen Mathematik: der Analysis der Funktionen einer reellen oder komplexen Variablen, der Differentialgeometrie, der algebraischen Geometrie, der Zahlentheorie.«

Der brillante heuristische-rhetorische Kniff, das Althergebrachte gegenüber dem, was man erst erarbeiten will, als das Abgeleitete zu behandeln, zeitigte nicht nur als Forschungsprogramm die gewünschte Wirkung. Bourbakis, also Dieudonnés Begriff davon, was Mathematik sei und mit welchen Mitteln man in ihr aufräumen sollte, mobilisierte einige und einiges. So organisierte 1959 die OECD ein vielbeachtetes internationales Seminar über die neue Mathematik und deren strukturen- und mengentheoretisch geleitetes Denken; an den Schulen Frankreichs, später Europas und endlich der Welt wurde die Mengenlehre zur mathematikdidaktischen Mode oder, wie René Thom klagte: zur Epidemie.

Dieudonné widersprach ihm entschieden: »Ich meine, der Weg zur ›intuitiven Vorstellung‹ führt notwendigerweise zunächst durch eine Periode rein formalen und oberflächlichen Verstehens, das erst allmählich durch ein besseres und tieferes Verständnis ersetzt werden wird.«

Hier wird deutlich, daß es Bourbakisten und ihren Sympathisanten nicht nur darum geht, an den Schulen endlich, wie Dieudonné polemisch zuspitzte, Dinge zuzulassen, die »nach dem Jahr 1800 gefunden wurden«. Man will auch eine Entscheidung darüber erzwingen, ob Strukturen etwas Empirisches oder Logisches sind, ob sie der formalen Strenge des Kalküls oder ihren eigenen inneren »Differenzen« und dem »Gleiten« ihrer Elemente von einem Knotenpunkt zum andern gehorchen. Genau an dieser Stelle tat sich auch die für den naiven Beobachter unerwartete, aber tiefe Kluft zwischen Bourbakismus im engeren und Strukturalismus im weiteren Sinn auf. Jacques Roubaud spricht in seiner zitierten Rede deshalb abschätzig von jenen anderen, die sich von der neuen Struktureuphorie anregen ließen – da »grassierte« etwas, »was man den Strukturalismus nannte (gefolgt vom Poststrukturalismus, der noch schlimmer war)«, und Intellektuelle wie Roland Barthes und Julia Kristeva feierten einen »verschwommenen und bisweilen burlesken Strukturbegriff«, der nebst allem, was er sonst Unheilvolles bewirkte, in seinem Ernst längst nicht so spielerisch war wie die Praxis Bourbakis.

Nicht daß Roubaud prinzipiell etwas gegen Schöngeistiges einzuwenden gehabt hätte, er war ja Dichter. Aber statt Strukturalist zu werden, trat er 1966 lieber einer anderen, Kunst und Leben neu ordnenden Gemeinschaft bei: der Oulipo-Gruppe. Diese Assoziation freier literarischer Formalisten, deren Namenskürzel für »Ouvroir de la Littérature Potentielle« steht, war 1960 von dem Exsurrealisten Raymond Queneau und François Le Lionnais als »Seminar für experimentelle Literatur« gegründet worden. Bald gehörten ihr auch der Italiener Italo Calvino, der Amerikaner Harry Mathews und der Engländer Ian Monk an. Sie erhielt ihren endgültigen Namen, als die Mitglieder sich darüber klarwurden, daß das ursprünglich geschätzte Wort »experimentell« inzwischen für beliebige Kinder beliebiger Inspirationen stand. Man wollte aber nicht irgend etwas träumen oder basteln, sondern, wie die

Ein Versuch des Oulipo-Sympathisanten Tristan Bastit, seine Autobiographie als katastrophentheoretischen Graphen zu zeichnen.

Bourbakisten, enzyklopädisch-systematisch zu dem vordringen, was Symbolsysteme neu ordnen konnte, deren alte Benimmregeln der Bewußtseinslage der Nachkriegszeit nicht mehr entsprachen.

»Regelhaftigkeit in allem« hieß der Anspruch, dem man gerecht werden wollte. Roubaud zum Beispiel steuerte zum oulipiensischen Kanon zwei solche Regeln bei, die Roubaudschen Prinzipien. Das erste fordert, daß »ein Text, der entsprechend einer bestimmten restriktiven Prozedur erstellt ist, sich auch explizit auf diese bezieht«. Das zweite verlangt, daß »ein Text, der nach einer mathematisch formulierbaren Prozedur geschrieben ist, auch die Konsequenzen der mathematischen Theorie tragen muß, die er illustriert«.

Roubauds oben erwähnte »Prinzessin Hoppy« ist ein Exempel der zweiten Regel; die erste fand Verwirklichung in einer Dichtung Georges Perecs, die ohne den Buchstaben e auskommt und zugleich dessen Verschwinden thematisiert (»Anton Voyls Fortgang«).

Daß Autoren, die an die Beschleunigung der Konvergenz des Rechnens mit dem Dichten soviel Verstand und Herzblut wandten, früher oder später über die hinter ihrem Rücken erfolgte Etablierung eines Maschinenparks stolpern würden, der Rechen- und Textapparate in nie gekannter Vielfalt offeriert, kann nicht überraschen. Wären die Computer nicht schon von Alan Turing erfunden worden, dann hätten die Oulipiens sie sich ausdenken müssen. 1980 riefen deshalb Roubaud und sein Co-Oulipien Paul Braffort ALAMO aus, das »Atelier de Littérature Assistée par la Mathématique et les Ordinateurs«, eine Arbeitsgruppe für computergestützte Literatur. Die kombinatorische, filternde und generative Potenz der neuen Rechner hat das oulipiensische Unternehmen nicht unbedingt in die öffentliche Breite hineinwirken lassen – das schafften am erfolgreichsten die Romane Calvinos, Queneaus und Perecs –, wohl aber in die historische Tiefe. Bei ALAMO untersucht und permutiert man nämlich mittels Algorithmen Vorläuferwerke aus allen Dichtungsperioden, diverse Sprachräume (etwa der italienische mit dem ALAMO-Ableger TEANO und der amerikanische mit ALAMO USA) historisieren ihre eigenen Schätze.

Form oder Inhalt, Kalkül oder Anschauung, Plan oder Ahnung: was bei Hilbert und Brouwer noch vorphilosophisch war, wurde im zwanzigsten Jahrhundert zu einer Schlüsselauseinandersetzung. Die Plan-Partei hat es dabei geschafft, die enzyklopädische Methode und das Geschichtsbild vom steten Fortschritt zu besetzen. Das historische Schicksal von neoenzyklopädischen Allianzen wie Bourbaki, Oulipo und ALAMO aber feierlich als das von wichtigen avantgardistischen Strömungen zu charakterisieren hieße, die beiden bedeutsamen Tatsachen der begrenzten öffentlichen Wirkung und der zeitlichen Gedrängtheit ihres Schaffens zu übersehen: Für welch kleines Publikum und in was für kurzen geschichtlichen Abständen rekapituliert da die mathematische oder literarische Phylogenese ihre Ontogenese.

Der Kampf für oder gegen den Formalismus, ein nachgerade urmoderner, reicht bis ins Politische – welcher geistigen Auseinandersetzung wäre das im zwanzigsten Jahrhundert erspart geblieben? Eindeutige Zuordnungen, etwa die der Formalisten zur Linken, wie sie das enzyklopädische Vorgehen und das Bestehen auf Fortschritt nahelegen, könnten dabei durchaus vorschnell sein. In der jüngeren Geschichte der Ästhetik waren es zwar die reaktionären Blut-und-Boden-Dichter, welche die an Formen und Mitteln und deren Versachlichung interessierten Experimentellen als »artfremd« und »seelenlos« denunzierten, dann aber nannten die Freunde des »sozialistischen Realismus« den verfeindeten »Formalismus« sogar explizit so und bekämpften ihn. Auch in der Wissenschaft galt unterdessen der Kampf überzeugter Nationalsozialisten gegen das, was sie »jüdische Physik« und »jüdische Mathematik« nannten, jenen Attributen der neueren Wissensrevolutionen zwischen Quantenmechanik, Relativitätstheorie und Mengenlehre, welche die Formalisten, also auch die Bourbakisten, am meisten schätzten.

Aber wie es in der Kunst, in Gestalt beispielsweise von Ezra Pound und Gottfried Benn, auch »rechte«, autoritäre Formalisten gab, lagen die Dinge in den Wissenschaften vor der großen, blutigen Sortierarbeit des Weltbürgerkriegs um das Schicksal der Moderne näher beieinander als nach den Katastrophen.

Der Wissenschaftshistoriker Herbert Mehrtens, Verfasser der umfangreichen Analyse »Moderne Sprache Mathematik«, hat darauf hingewiesen, daß Jean Dieudonné noch in den frühen dreißiger Jahren, kurz bevor und vielleicht noch kurz nachdem er über das Buch van der Waerdens den formalen Kontinent entdeckte, eng mit Ludwig Bieberbach zusammengearbeitet hat, einem von 1921 bis 1945 an der Berliner Universität wirkenden Mathematiker, der neben seinen hervorragenden Leistungen auf Gebieten wie Analysis, Funktionentheorie und der Theorie der konformen Abbildungen in den mittleren bis späten dreißiger und frühen vierziger Jahren zu den lautesten Trommlern für »Deutsche Mathematik« gehörte – und sogar eine gleichnamige Zeitschrift herausgab.

Feindschaften entstehen historisch öfter aus Nähe, nicht aus unüberbrückbarer Fremdheit. Dieses Gesetz hat das Schicksal von Gruppen wie Bourbaki, Oulipo und ALAMO, ihrer Aufnahme- und Abfallsmomente und ihrer Literatur mitbestimmt, wie eine weitere Erinnerung Cartiers belegt: »Die vierte Generation von Bourbaki war mehr oder weniger eine Gruppe von Grothendiecks Studenten. Aber als sie zur vierten Generation wurde, hatte Grothendieck selbst Bourbaki schon verlassen. Er gehörte zehn Jahre lang dazu, aber er verabschiedete sich im Zorn. Die Persönlichkeiten waren damals sehr ausgeprägt. Ich erinnere mich, daß es oft heftige Streitereien gab. Es gab außerdem, wie bei solchen Dingen immer, Generationenkonflikte, wie in jeder Familie.«

Weit eher als das Bild einer Strömung trifft auf die genannten Gruppen jenes von Regenfäden auf der Außenseite eines Eisenbahnfensters bei Reisegeschwindigkeit zu: Schnell sind sie geformt und fließen eine Weile als silbriger Schimmer dahin, dann aber, ohne in etwas Größerem aufzugehen, löst sich die Erscheinung in dicke Tropfen auf, die der Fahrtwind zittern macht. Es bleiben ein paar Vorträge, Definitionen, Theoreme, isolierte Wahrheiten. Ein kontemplativer Ersatz für das Unternehmen, die Vernunft aus den Büchern, Gedichten und Kalkülen in die Makrogeschichte zu übertragen, ist unerreichbar. Menschliche Praxis läßt sich durch Wissen allein nicht erlösen.

DREIZEHN

Wann fällt Babylon?

Alexandre Grothendieck

*1928

»I got so much trouble on my mind.« Public Enemy

Hauswände zittern zwischen Hitzevorhängen. Flammen fressen Dächer und spucken schwarzversengte Blätter oder verkohlte Holzsplitter aus. Bleigrauer Rauch verweht über dem Horizont. Die große Stadt, eine der modernsten der Region, wird gerade »in die Steinzeit zurückgebombt«, wie ein hoher Militär der Angreifernation erklärt. Es regnet Bomben, Entlaubungschemikalien und hohle Metallgehäuse, in die man Kugellager, Nadeln, Splitter aller Art gegossen hat. Wenn sie beim Einschlag oder kurz nach dem Abwurf explodieren, saust Fragmentschrott durch die Gegend, der alles zerschneidet und zerfetzt, was er trifft.

Draußen im Wald, ein paar Kilometer vor der Stadt, hört man die Einschläge und spürt die Erschütterungen. Zwischen den Fanfarenstößen, wenn die Bombardements ruhen, spricht der Lehrer. Er redet auf französisch. Diese Sprache kennt man hier gut, es ist die Kolonialsprache der Region, welche die Franzosen Indochina getauft haben. Und Frankreich hatte als letzte Angreifernation versucht, die Menschen zu unterwerfen, die hier sitzen.

Wenn sie nicht gerade dem Lehrer aus Europa zuhören, müssen sie den längsten Krieg des zwanzigsten Jahrhunderts führen. Gelegentlich singen sie ein Kampflied: »Keine Schlucht ist so tief wie unser Haß.« Doch der Lehrer aus Europa redet nicht über die Splitterbomben, die auf Hanoi niedergehen und deren raffinierter Mechanismus einige technische Erklärungen nahelegen würde, von der metallischen Feder im Innern bis zur chemischen Zusammensetzung der Zündladung. Der Lehrer redet vielmehr über »Kategorien«, eine der allgemeinsten Ressourcen des mathematischen Denkens. Er malt Pfeile, dann, wenn es um Mengen geht, auch Kreise und eiförmige Figuren auf die Schiefertafel und sagt: »Eine Kategorie, nicht wahr, also, ich frage nicht gern: was ist das? Ich frage lieber: was machen wir damit? Praktische Erwägungen – wir brauchen sie, um ein paar algebraische Eigenschaften von Mengen möglicher Transformationen zwischen mathematischen Gegenständen desselben Typs zu formalisieren, und zwar solcher Transformationsmengen, in denen es eine Identitätsabbildung gibt und die in einer bestimmten Hinsicht geschlossen sind. Jede Kategorie ist eine zweiseitige Unterscheidung, wir haben die Menge der Gegenstände und für jedes Paar zweier Gegenstände einen Morphismus, eine Transformationsvorschrift, die den einen in den anderen überführt. Mit Gegenständen meine ich mathematische Strukturen, eine Gruppe, einen Ring, einen Vektorraum ... diese Menge hier etwa ...«

Der kahlköpfige, schlanke Mann steht an der Tafel unter Palmblättern. Er schwitzt in seinen groben Sachen und schreibt auf die Tafel, und einige der um ihn Sitzenden schreiben mit, zum Teil mit Kugelschreibern der Amerikaner. Die Lernwilligen und Neugierigen sitzen ihm auf dem feuchten Dschungelboden buchstäblich zu Füßen. Zwei Bewaffnete in viel zu großen Uniformen lehnen an einem zerbeulten Jeep, gähnen und rauchen. Später wird man in biographischen Skizzen über den Mann, der vietnamesischen Studenten der Physik und Mathematik während der Bombardierung Hanois Vorlesungen über Kategorietheorie gehalten hat, lesen können, er habe dies »aus Protest gegen den Krieg« getan, etwa so, wie andere Leute zu dieser Zeit ihre Einberufungsbefehle verbrannten oder dokumentarische Theaterstücke schrieben. Andere werden schreiben, er war nie da. Es wird Legende sein und in ein

Buch mit einleuchtenden Fiktionen passen: Wenn's nicht wahr ist, ist es gut erfunden.

Lange nach den Luftoffensiven, lange nach dem Sieg des Vietkong, wenn die Motive und Gedanken der westlichen Protestierenden im mythischen Amalgam 68er-Bewegung aufgegangen sein werden, wird man das Politische an dem Entschluß, an einem solchen Ort zu dieser Zeit solche Vorträge zu halten, ein bißchen entpolitisieren, ein wenig psychologischer sehen: Vielleicht waren es die Kriegserfahrungen des Lehrers aus frühester Jugend, die ihn nach Vietnam gehen ließen?

Er wird zu diesen Ratespielen nichts beitragen. Denn was damals Zeithintergrund war, wird viel später nur in den Schlacken einer Obsession fortleben, die dazu führt, daß der Mann, der mitten im Zentrum weltgeschichtlicher Erschütterungen die Tugend der mathematisch-apollinischen Konzentration hochgehalten hat, aus diesem Zentrum herausfällt und als eine Art verrückter Prophet fortlebt, dessen Aufenthaltsort niemand kennt. Wenigen schreibt er noch Briefe, die seine Erwartung des nahen Weltendes dokumentieren.

Lehren im Dschungel, der Leuchtturm der Vernunft mitten im Sturm des Krieges – ein hehres, etwas kitschiges Bild, das jedoch Resonanz findet in jedem Verstand, der sich einmal gefragt hat, wie das zusammengeht: einerseits Vernunftgeschichte, am reinsten auskristallisiert in der Binnenverbesserung des mathematischen Kategorienapparats, und andererseits Weltgeschichte, naturwüchsig, katastrophisch, gewaltsam, dann wieder drückend statisch. Was hat der Lehrer, der später ein Verschollener wurde, nachts geträumt auf seinem Feldbett vor den Stadtgrenzen von Hanoi, die gerade Trümmerfeldgrenzen wurden?

Vielleicht war er bis zu dieser Reise, wenn sie denn stattgefunden hat, wirklich noch ein cartesianisch-vernünftiger, klassisch-mathematischer Kopf, dessen Protest gegen den Krieg gänzlich rationalen Erwägungen entsprang: Ist das nicht Wahnsinn, was die da treiben? Sobald die Kategorien der Kritik solche der Praxis, des Eingriffs, eben Protests werden, kann man sich von dem Wahnsinn, den man ablehnt, aber nicht mehr so ohne weiteres distanzieren. Er zieht einen in sich hinein. Wurde der Lehrer, als er beschloß, seiner Kritik Taten folgen zu lassen, notwendig vom Kritiker zum Apokalyptiker?

Die bösen Träume haben damals viele geträumt, vor allem junge Akademiker der Metropolen wie er. Vom Studentenaktivisten an der Freien Universität Berlin bis zum Linguistikprofessor am Massachusetts Institute of Technology: die Splitterbomben und Napalmschauer waren Zeichen, daß die senile Statik des restaurativen Nachkrieg-Weltsystems, an dem man als junger Metropolenntellektueller Anteil hatte, in irre Zerstörungswut umschlug. Brücken sprengen, Wälder verbrennen, alles von der Kommandozentrale des großen Reichtums aus: Babylon die Große, der freie Westen, von dem sich die jüngsten, schönsten und klügsten seiner Kinder abwandten: Laßt uns in Ruhe, das, was wir aufbauen wollen, könnt ihr nur kaputtmachen.

»Ich bin kein Mathematiker mehr«, offenbarte der Verschollene dem Wißbegierigen, der ihn Ende der achtziger Jahre in der französischen Abgeschiedenheit gefunden hatte. »Dieser Tage verbringe ich meine Zeit lieber damit, meine Träume zu transkribieren.«

Nach einer nicht unmöglichen Lesart war Alexandre Grothendieck damit schon immer beschäftigt gewesen. Denn auch seine Mathematik hatte, sosehr sie auch eine große gläserne Maschine zur Bearbeitung vormals unangreifbarer Probleme war, für nicht wenige seiner Kollegen lange ausgesehen wie ein transkribierter Traum: ein von schwarzen, fensterlosen Zinnen und seltsamen, augentäuschend in unmeßbare Höhen aufragenden Wällen begrenztes majestätisches Reich, das kaum der wohlgeordneten Tempelanlage der Vernunft glich, wo Forscher sonst ihre Andacht ver-

A: $(n \times n)$-Matrix

x_i, y_j: reelle Zahlen, für die gilt

$$| x_i | , | y_j | < 0$$

$$\downarrow$$

Es gibt ein K mit

$$\left| \sum_{1 \le i,j \le n} a_{ij} (x_i, y_j) \right| \le K$$

Die Grothendieck-Konstante.

richteten, eher jener Stadt Gottes, die Augustinus erschienen war. In Grothendiecks Welt gab es Punkte abstrakter Geometrien, »nukleare Räume«, in denen die Fülle ganzer Universen aufgerollt und das Raumhafte zum völlig Unanschaulichen und rein Begrifflichen zusammengeschnurrt war. Eine der Brücken in der Grothendieckschen Stadt der Wahrheit war eine Ungleichung, die eine Konstante in die Topologie einführte, nach deren genauem Wert man Jahrzehnte später noch suchte.

Die Kategorientheorie, über die er auch in Vietnam las, verdankt ihm einen entscheidenden Schub. Die beiden amerikanischen Mathematiker Samuel Eilenberg und Saunders Mac Lane hatten sie praktisch voraussetzungslos Mitte der vierziger Jahre als neue abstrakte Strukturtheorie eingeführt. Manche sahen später sogar eine echte Rivalin der Mengenlehre für die Grundlagentheorie aller Mathematik in ihr. Ende der Fünfziger erschienen zwei Arbeiten, die zeigten, daß die neue Strukturtheorie nicht nur vorhandenes Wissen anders systematisierte, sondern neues erschließen konnte: D. M. Kans Aufsatz über adjungierte Funktoren und »Sur quelques points d'algèbre homologique« von Alexandre Grothendieck.

Dieser zweite Aufsatz legte den Grundstein zu Grothendiecks frappierendster Leistung, aus der viele weitere abzweigen sollten: die Umformulierung der gesamten algebraischen Geometrie auf der Grundlage der Ringtheorie. Vor diesem Schritt bediente man sich in der algebraischen Geometrie statt solcher Ringe der allgemeineren Idee Zahlkörper, bezog sich mithin auf Mengen von Zahlen, in der man alle Elemente mittels Addition, Subtraktion, Multiplikation und Division anderer Elemente derselben Menge gewinnen kann – ein Beispiel dafür sind die rationalen Zahlen, bei denen allerdings die Division durch Null verboten ist. Die ganzen Zahlen dagegen, ein Beispiel für einen Ring, erlauben keine Division aller Elemente zur Gewinnung anderer Elemente. Durch Grothendiecks Angriffsstrategie einer Umstellung der algebraischen Geometrie auf Ringe rückte die Vereinheitlichung zweier umfassender Gebiete mathematischen Denkens, der algebraischen Zahlentheorie und der algebraischen Geometrie, erstmals in greif-

Adjungierte Funktoren: ***Ein Funktor ist ein Morphismus von Kategorien. Eine »Adjunktion« besteht aus zwei Kategorien A und B, einem Funktor F von A nach B, einem Funktor G von B nach A und einer natürlichen Transformation h, die den Identitätsfunktor von A (der jedes Objekt und jeden Pfeil in A auf sich selbst zurückführt) auf die Verknüpfung zwischen A und B abbildet.***
Es muß dann für jedes Objekt x und jeden Pfeil f: x nach G(y) in A einen Pfeil $f^{\#}$ in B geben, der von F(x) zum Element y führt, so daß die Beziehung zwischen
1. ηx von x nach G(F(x)),
2. f von x nach G(y) und
3. G($f^{\#}$) nach G(y)
kommutativ ist, das heißt: f ist gleich ηx mal G($f^{\#}$). (F,G) nennt man dann ein Paar adjungierter Funktoren, F den linksadjungierten Funktor von G und G den rechtsadjungierten Funktor von F.

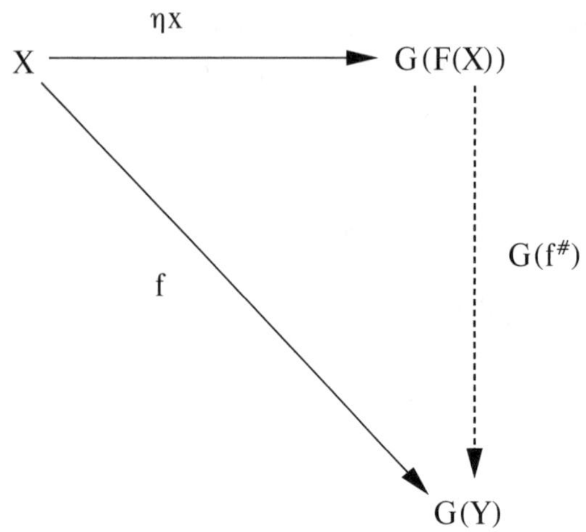

Zu den adjungierten Funktoren.

bare Nähe. Wer von der Dynamik dieses Erdrutsches erfaßt wurde – als erster natürlich Grothendieck selbst –, kam lange Zeit nicht mehr zur Ruhe, so verlockend waren die neuen Forschungsmöglichkeiten.

In der manischen Schaffensperiode Grothendiecks, die bis Mitte der siebziger Jahre anhielt, gelangen ihm, der nicht selten zwölf Stunden am Tag arbeitete, daneben vielgerühmte Seminare abhielt und gelegentlich morgens schlafend auf dem Fußboden der Universität gefunden wurde, unter anderem einige überraschende Beweise lange erratisch im Wissensvorrat des Fachs herumstehender Vermutungen und eine Reihe weiterer Durchbrüche zwischen architektonisch getrennten Flügeln des universalen mathematischen Gebäudes.

Seine mathematische Karriere im engeren Sinn des Worts war eine rasche Folge von ihm wenig bequemen Kostümen, deren er sich am Ende entledigte: Ab 1959 wirkte Grothendieck als Professor am Institut des Hautes Études Scientifiques (IHES) in Bures-sur-Yvette, das er mit anderen zum französischen Institute for Advanced Study machte, wie es in Frankreich während der sechziger Jahre stolz hieß.

Grothendiecks Anwesenheit hätte genügt, den Ort zum Nabel der algebraisch-geometrischen Welt zu machen. Aber er war damals durchaus kein Eigenbrötler, sondern wirkte unter anderem an den Bemühungen der Bourbaki-Gruppe mit, die Mathematik insgesamt auf eine neue, axiomatische Grundlage zu stellen.

Zwei anderen Gruppenmitgliedern, Armand Borel und Jean-Pierre Serre, verdankt die Wissenschaft die Herausgabe einiger Exzerpte aus Grothendieckschen Vorlesungen, die unter anderem eine Neuformulierung eines wichtigen Lehrsatzes enthielt, die Grothendieck aus Zeitmangel zu veröffentlichen versäumt hatte.

1970, vier Jahre nachdem man ihm für seine Forschungen mit der Fields-Medaille die höchste aller Mathematikerauszeichnungen verliehen hatte, gab Grothendieck seine Stellung am IHES jedoch auf, um in einer Gruppe namens »Survivre« für Frieden und Umweltschutz zu streiten. Bis 1972 blieb er Gastprofessor am Collège de France, danach arbeitete er in Orsay und kurze Zeit in Montpellier. Mitte der Siebziger zog er sich unvermittelt aus der mathematisch-akademischen Öffentlichkeit zurück. Vermutlich in der Nähe von Montpellier widmete er sich fortan dem naturnahen Landbau und »nahm das Habit eines Mönchs an«, wie Roy Lisker geschrieben hat, der mathematisch-journalistische Detektiv aus den USA, der ihn schließlich aufspürte.

Als der Jahrhundertforscher der Welt den Rücken kehrte, war das kein Eingeständnis einer Niederlage, sondern geschah in der Absicht, Konsequenzen zu ziehen. Hatte noch jemand daran gezweifelt, so stellte ein Brief die Sache klar, den er im April 1988 an die Königlich Schwedische Akademie der Wissenschaften sandte, um seine Ablehnung des damals mit 270000 Dollar dotierten Crafoord-Preises zu begründen. Der Brief, mit dem Grothendieck nicht nur die Wissenschaftler der Gegenwart endgültig von seiner Schwelle wies, ging in Kopie an die Zeitung »Le Monde«. Er hat Bestürzung ausgelöst, enthielt er doch schroffe Passagen wie die folgende: »Ich habe bemerkt, daß jene hochgestellten Forscher, denen Preise wie dieser zuerkannt werden, meist bereits einen sozialen Status erworben haben, der sie mit mehr als ausreichenden materiellen Pfründen und wissenschaftlichem Prestige ausstattet, verbunden mit den Privilegien und der Macht, die daraus folgen. Es ist offensichtlich, daß dieser Überschuß für wenige auf Kosten der Mehrheit erfolgt. Die Leistungen, welche mir das Wohlwollen der Königlichen Akademie erworben haben, wurden vor 25 Jahren erbracht, zu einer Zeit, als ich ein integraler Bestandteil des wissenschaftlichen Milieus war und dessen Geist und Werte teilte. Ich habe dieses Milieu schon 1970 verlassen, und ohne die geringste Schwächung meiner Forscherleidenschaft habe ich mich von jenen Kreisen mehr und mehr entfernt. Inzwischen haben die ethischen Maßstäbe des wissenschaftlichen Berufsstandes – zumindest unter Mathematikern – in einem solchen Ausmaß abgenommen, daß das reine, gemeine Plagiat unter Kollegen, meist auf Kosten derer, die sich nicht verteidigen können, fast zur allgemeinen Regel geworden ist und zumindest allgemein toleriert wird, selbst in den flagrantesten und inakzeptabelsten Fällen.«

Die in dem Schreiben außerdem angesprochene Unterstützung der Wissenschaft durch industrielle und, wichtiger noch, militärische Geldgeber war schon für seinen Abschied vom IHES zumindest *ein* ausschlaggebender Grund gewesen.

Die Frage, ob ein Wissenschaftler auch ein politisch urteilender und die Konsequenzen dieser Urteile tragender Mensch sein kann, stellte sich im zwanzigsten Jahrhundert in anderen Disziplinen scheinbar deutlicher als in der reinen Mathematik, die weder A- noch B-, noch C-Waffen und auch keine Splitterbomben hervorbringt.

Dennoch – und nicht nur, weil die Spieltheorie es bis zur offiziellen Militärdoktrin der US-Army gebracht hat – erzeugte dieses in einem ganz neuen, nämlich erstmals weltmaßstäblichen Sinn politische Jahrhundert verschiedene Modelle des politisch denkenden und handelnden Mathematikers. Die Möglichkeiten, in diesem Beruf Gesinnung zu zeigen, reichen von den im Film »A Beautiful Mind« (2002) breit und plakativ dargestellten paranoischen Weltverbesserungs- und Verschwörungsphantasien eines John Nash bis zur ruhigen, aber intransigenten Haltung des europäischen Emigranten und MIT-Professors Dirk van Struik. Mit ersterem kam Grothendieck sogar persönlich in Berührung: Auf Nashs ausgedehnten Europareisen lernten sie einander in Frankreich kennen. Später soll Nash eigens Französisch gelernt haben, um einen Aufsatz schreiben zu können, den Grothendieck lesen sollte, von dem sich Nash als einem von ganz wenigen Menschen auf der Welt noch erhoffte, er würde ihn verstehen. Nashs an den zusammenbrechenden Nietzsche erinnernde Wahndepeschen in alle Welt zeigen den Kopf, der gewohnt war, menschliche Verhältnisse unter spieltheoretischen Aspekten zu ordnen, als einen von der Unordnung der Weltläufte wie von Fieberkrämpfen Geschüttelten. Alles kam in diesen Briefen vor: die Lage im Nahen Osten neben mathematischen Singularitätstheoremen, Pfeilbilder neben Anklagen wider Nixon, antisemitisch gefärbte Haßparolen neben Gleichungen. Daß Nashs Fall ein pathologischer war, bezweifeln wenige, daß es sich bei Grothendieck ebenso verhält, ist nicht ganz so plausibel.

Zu rational, zu auftrittsgewiß und strategisch wirkt die Zurückweisung eines Preises samt Preisgeld, verglichen mit Zetteln, die von unverständlichem Gekritzel überzogen sind. Ein Nash ist Grothendieck nicht gewesen. Aber war er womöglich, wie man vermuten könnte, wenn man biographische Abrisse liest, die seine politische Orientierung als »linksradikal« und »marxistisch« bezeichnen, ein zweiter Dirk van Struik?

Van Struik, ein Holländer und die meiste Zeit seines Lebens orthodoxer Marxist, arbeitete unter anderem mit Norbert Wiener über Quantentheorie. Er war der erste Fachmann, der Texte zur Geschichte der Differentialgeometrie veröffentlichte, und schrieb 1948 ein grundlegendes mathematikhistorisches Werk, die »Konzise Geschichte der Mathematik«. Daß er darin die heuristischen Prinzipien des historischen und dialektischen Materialismus befolgt, ist nicht besonders bemerkenswert; daß er das aber auch tat, wo er sich ein Bild von sich selbst machte, zeigt, daß er die Methode nicht bloß herunterbetete: Er hat versucht, zu zeigen, woher Leute wie er kommen, wie sie möglich sind, was sie begrenzt.

Ergab sich das Nash und Grothendieck verbindende, tragische Moment der Paranoia aus in diesem Sinne unzureichender Selbstaufklärung? Oder war es ein Kondensat des vage gespürten Gesamtunrechts im Kopf? Es hat noch die rationalsten Kampagnen und Interventionen Grothendiecks beschädigt. So auch im Fall der Preisablehnung: Roy Liskers Ermittlungen förderten zutage, Grothendieck sei der Überzeugung gewesen, die Schweden hätten ihm den Preis angetragen, um ihn zu korrumpieren und zum Schweigen zu bringen. Ohne daß jemand – außer engsten Vertrauten – etwas davon gewußt hätte, arbeitete der Verschollene zu dieser Zeit an einem 1500 Seiten dicken Erinnerungs- und Analysewerk mit dem Titel »Récoltes et Semailles«, in dem sein ebenfalls mit einer Auszeichnung wegen derselben Forschungen bedachter belgischer Schüler Pierre Deligne die Rolle eines verräterischen Brutus spielt.

Schon als der exzentrische Fields-Preisträger Anfang der Siebziger nach Montpellier kam, hatte er sich im 20 Kilometer entfernten Lodève einen kleinen Hof gekauft, wo er ohne fließend Wasser, Strom und Bett lebte. Inzwischen war er an einen ähnlich unwirtlichen Ort umgezogen und begrüßte Lisker mit den Worten: »Sie wissen sicher, daß ich Besucher nicht willkommen heiße. Aber wenn Sie schon so weit gekommen sind, warum bleiben Sie nicht zum Frühstück?«

In der ärmlichen, nur mit religiösen Bildern und etwas ornamentalem Kunsthandwerk verzierten Behausung Grothendiecks bekam Lisker, zu dem sein Forschungsobjekt dann doch etwas wie Zutrauen faßte, dessen 1500 Seiten umfassendes Werk in die Hände. Er durfte sie, wie er sagt, »anschauen« – zum Lesen reichte die kurze Zeit natürlich nicht. Man unterhielt sich auf englisch. Grothendieck soll sich beschwert haben, daß »Le Monde« an seinem Brief drei Worte verändert hätte: »... offensichtliche Zensur!« Vom Schicksal seines Manuskripts, schreibt Lisker, das er, inklusive Schimpf und Schande für die Mathematikergemeinschaft, zu veröffentlichen gedachte, habe er berichtet: »Die ›Societé des Mathématiques de France‹ wird es nicht drucken, der Verlag Odile Jacob hat Bedenken. Ich habe exakt 21 weitere Jahre zu leben, das hat man mir offenbart. Bis dahin wird das Werk wohl gedruckt werden.«

Später schrieb Grothendieck dem Amerikaner Briefe, die dieser in seinem selbst vervielfältigten Din-A5-Journal »Ferment« veröffentlicht hat, und wollte ihn offenbar als Übersetzer des Buches gewinnen. Lisker lehnte ab und verlor Grothendieck aus den Augen. 1991 schrieb dieser einen beunruhigenden Brief an dreihundert Personen, darunter Lisker, in dem vor allem »Offenbarungen« enthalten waren und der Einleuchtendes zum Zustand von Wissenschaft und Welt mit Abseitigem mischte. Unterdessen, so erfuhr Lisker auf Umwegen, hatte Grothendieck weitere 2000 Seiten Erinnerungen verfaßt, diesmal unter dem Titel: »La Clé des Songes«. Später nahm der Klausner seine Prophezeiungen teilweise zurück, Lisker aber unternahm weitere Anstrengungen, den erneut abgetauchten Mathematiker aufzuspüren, und fand diesmal Unterstützung in Fachkreisen. Schließlich spielte man ihm die Information zu, Grothendieck sei 1993 in die Gegend von Arriège gezogen, lebe noch, wünsche aber keine Aufmerksamkeit.

Sein erneutes Verschwinden kam nicht unerwartet. Zwar war er nominell zwischen 1984 und 1988 noch als Forschungsdirektor am Centre Nationale de Recherche Scientifique angestellt gewesen, aber schon in Bures-sur-Yvette ließ sich erkennen, was er von Karriere hielt: Seine Seminare hielt er ab, ließ sich aber selten in seinem Büro blicken. Auf Nachfrage eines besorgten Kollegen, wie er sich seine Zukunft vorstelle, soll er geantwortet haben: »Ich treibe mehr wirkliche Mathematik an einem Tag als ihr in einem ganzen Jahr.« So zog er am Ende wie ein spätantiker Philosoph seine ordnende Hand aus dem geistigen Leben, als sie im Lärm, den die Chaosherrscher der Wirklichkeit verursachten, zu zittern begonnen hatte.

Die simple Anpassung an die normale Praxis, die er als prinzipienlose Rödelei verachtete, erlaubte ihm womöglich schon seine schwierige Herkunft nicht. Sein Vater, der Moritz Schapiro geheißen haben soll, war in der anarchistischen Bewegung des vorrevolutionären Rußland aktiv gewesen und gehörte der »Schwarzen Fahne« an.

Nach der Revolution gelang es ihm nicht, im bolschewistischen Staat für seine politischen Vorstellungen zu arbeiten; er verließ Rußland 1922 und ging nach Berlin, wo seine ebenfalls politisch engagierte Frau ihm den Sohn Alexander gebar. Die Eltern lebten ohne das Kind, das in Deutschland blieb, zunächst in Frankreich und kämpften ab 1936 offenbar auf republikanischer Seite im Spanischen Bürgerkrieg. Der Vater, heißt es, wurde später, zurück in Mitteleuropa, von den Nazis verhaftet und ermordet, die Mutter erlebte das Ende des Zweiten Weltkriegs in einem Lager. Alexandre soll eine Zeitlang in der Schweiz zur Schule gegangen sein. Angaben über seine frühe Vergangenheit sind in Detailfragen gelegentlich widersprüchlich, je nachdem, welche mathematisch-biographischen Lexika und anderen Quellen man benutzt. Einig sind diese Einträge aber allesamt über den Rang dessen, was er von seiner Lehrzeit als Student Jean Dieudonnés an geleistet hat. Schon die ersten »eigenen Gedanken« – über unendlichdimensionale Vektorräume – berechtigten zu großen Erwartungen.

Er hat sie durch seine Revolutionierung der algebraischen Geometrie übertroffen. Schneller als andere Entdeckungen sprach sich das, was er gefunden hatte, in Europa, Amerika, der Sowjetunion und Japan herum. Jahrzehnte danach tragen Leistungen wie die arithmetisch-algebraischen Geometrieforschungen, für die Gerd Faltings 1984 die Fields-Medaille bekam, und die Lösung des Fermat-Problems durch Andrew Wiles Mitte der Neunziger, die Simon Singh in seinem populärwissenschaftlichem Weltbestseller »Fermats letzter Satz« schildert, den Stempel der Grothendieckschen Revolution.

Kaum darf man übertrieben nennen, was ein deutscher Mathematiker zu Lisker auf einem Empfang am Rande einer Konferenz über Wiles' Fermat-Lösung im August 1995 gesagt hat: »Alle Wissenschaftler, die Sie hier sehen, bewohnen das Haus, das Grothendieck gebaut hat.« Vielleicht laufen irgendwo auf dem Erdball auch noch einige von Grothendiecks vietnamesischen Zuhörern umher und machen, wenn schon nicht Karriere, so doch Entdeckungen.

Der späte Grothendieck, auf einer Nachtfahrt von odysseischen Dimensionen, ist kein einsamer Irrer, sondern einer von all den guten Geistern der Neuzeit, die uns im Laufe der Jahrhunderte verließen. Man wird das Gefühl nicht los, daß sie dafür gute Gründe hatten, die zu begreifen uns angst machen müßte.

VIERZEHN

Zwei coole intellektuelle Frauen reden über Omega

Gregory Chaitin

***1947**

»Gleich in der Kunst ist nicht gleich.«
Theodor W. Adorno

W*arum* die dieses ganze verdrehte Zeug gemacht haben, das ja im zeitlichen Abstand wie was Zusammenhängendes wirken *muß,* ist von hier aus schwer zu erkennen. Ich mein das nicht intellektuell, im Sinne von inkommensurabel, also daß wir das nicht in unsere Sprache übersetzen könnten oder daß es da einen Epochenbruch gegeben hätte oder wie der Schnokus sonst heißt. Eher so wie man was im Nebel sucht, dampfig, wie von Turner gepinselt.«

»Schon, aber man kann sich ja auch mutwillig verrückt machen. Wir müssen aufpassen, daß wir das alles nicht zu sehr anstaunen. Wie ungewöhnlich das alles war, die Gleichzeitigkeit so vieler Erschütterungen im selben Moment. Wenn ich zum Beispiel Ginsberg und Chomsky, Warhol und Grothendieck derselben Epoche zuordnen will und das dann aber doch nicht anders als gewaltsam schaffe – da frage ich mich, ob unser Ansatz überhaupt gut ist. Es überzeugt zwar immer unmittelbar, wenn man sagt – wie wir das ursprünglich festgehalten haben: Da war ein Erdrutsch, eine Welle hat alles in die Luft geworfen, verschoben, der Boden ist ihnen unter den Füßen verrückt geworden. Presto, das waren sie dann, die berühmten sechziger Jahre. *I got a head full of ideas, and it makes me insane,* singt Dylan. Die Künstler und die Popsänger und die Mathematiker hatten plötzlich, kein Aas weiß, warum, die Köpfe voller Ideen und haben alle mehr oder weniger zur selben Zeit gemerkt, daß sich was ganz Bemerkenswertes tut. Man gerät in die

Gefahr, alles mit allem zu verrühren, wenn man zu stark auf diese Leute fixiert ist, die wir uns ausgesucht haben, auch dein Chaitin. Denn daß die Typen, die uns beschäftigen, an *allem* interessierte Menschen, beim Zeitunglesen mitkriegen, die Zeit ist aus den Fugen, das überrascht ja keinen. Wenn wir dann aber gerade diese Typen als Spezialisten ihres Faches behandeln, was sie zu dem Zeitpunkt vielleicht überhaupt nicht waren, und dann staunen, daß sie alle zur gleichen Zeit ... Man entwickelt einen Beziehungswahn. Die meisten Leute auf den meisten Spielfeldern waren wie immer mit ihrem eigenen Kram viel zu beschäftigt. Aber einige, na ja ... Hier schreibt einer 1969, ein Kunstonkel, Sol LeWitt, gegen den Einwand, Konzeptkunst sei, weil begriffsabhängig, eher Literatur beziehungsweise Philosophie als Kunst: ›Wenn Wörter gebraucht werden und sie sich aus Ideen über Kunst speisen, dann sind sie Kunst und nicht Literatur; Zahlen sind ja auch nicht dasselbe wie Mathematik.‹ Hier hat er eine Witterung aufgenommen von dem, was Zeitgenossen wie Chaitin in der Mathematik gerade gemacht haben.«

»Klar, es ist gefährlich. Das wichtigste, aber komplett banale movens bei all dem, was die, die du ›Generalisten‹ nennst, damals gemacht haben, dürfen wir nie vergessen: Sie brauchten Bewegung. Um auch mal Dylan zu zitieren, der singt genau das – er wünschte, er wäre auf irgendeiner australischen Bergkette. Er hätte zwar keinen Grund, dort zu sein, aber er stellt sich doch vor, es wäre 'ne nette Veränderung.«

*

Zwei junge, kluge Frauen, Mitte Zwanzig und Anfang Dreißig, sitzen vor einem Eiscafé und arbeiten unbezahlt an der instabilen geschichtlichen Wahrheit. Die eine der beiden Frauen heiße ab hier, weil richtige Namen nichts zur Sache tun, mit Tarnnamen *Zeder,* die andere wollen wir *Honig* nennen. Die eine ist promovierte Mathematikerin und Philosophin, die andere Künstlerin; sie hat das Projekt, das beide gerade besprechen und dessentwegen sie ein paar Mappen mit Dokumenten dabeihaben, ursprünglich angestoßen. Auf die Idee zu dem dokumentarisch/künstlerischen Projekt »Hat es ›die sechziger Jahre‹ wirklich gegeben?«, das in einer Ausstellung und einem Büchlein resultieren soll, ist die Künstlerin, die hier Honig heißt, gekommen, als die Mathematikerin, die hier Zeder heißt, ihr von Gregory Chaitin erzählt hat, den sie vor Jahren bei einer Vorlesung erleben durfte und der für Zeder »der Prototyp einer Sixties-Gestalt« ist, »obwohl er damals noch ein Teenager war – aber schon Wichtiges geleistet hat, also dürfen wir ruhig glauben, daß er diese Zeit ziemlich bewußt erlebt hat.«

Zeder und Honig, die einander vor zwei Jahren kennengelernt und vor neunzehn Monaten das erste Mal miteinander geschlafen haben, freuen sich sehr an ihrem neuen Projekt, weil es ihr Zusammenleben in eine neue Gegend führt, anders als wenn man sich bloß andauernd küßt, miteinander kocht, ausgeht oder in den Urlaub fährt.

Es ist ein sehr warmer Tag in nassen Wochen mit großen Regenfällen. Die Großstadt steht im Sommer viel klarer da als sonst. Von den Hochhäusern leuchten die weißen am schönsten, die gläsernen und stählernen wirken fast ein bißchen veraltet – wie Computerbilder in Architektenfarbanzeigen aus den mittleren neunziger Jahren. Könnten die Glashäuser denken, sie würden sich Regenschleier herbeiwünschen, die ihnen etwas Masse verleihen.

*

»Chaitin«, sagt Zeder, »hat sich getraut, als ernsthafter Mathematiker den Abschied von Mathematik als etwas, was nur im Kopf stattfinden kann, voranzutreiben. Ein Anti-Intuitionist reinsten Wassers, sozusagen, und trotzdem ein Konstruktivist. Da hat sich eine neue Front gebildet. Es ist ihm gelungen, noch einen Schritt weiter in die Apparate und ihre Schlußweisen hineinzugehen als Turing und Shannon. Das war ein erster folgenreicher Schritt zu so etwas wie einer richtigen Informationstheorie statt bloßer, aber natürlich verdienstvoller Berechenbarkeitstheorie wie bei Turing oder neuer Signalübertragungstheorie bei Shannon. Die Lektionen dieser beiden hatte der junge Chaitin, den ich mir immer als bläßlichen, übergescheiten Kerl mit rebellischem, schwer zu bürstendem dunklem Haar vorstelle, gründlich gelernt. Weiterzugehen hieß für ihn Maßstäbe entwickeln, sich mit der Frage auseinandersetzen, wie man die bei Informationsbehandlung oder Datenverarbeitung vorkommenden Größen begrifflich faßt und mißt. ›Komplexität‹ als Funktion der Programmgröße: Algorithmen, die schrittweise etwas berechnen, haben ja einen gewissen Umfang. Er dachte an Programme für eine Turingmaschine und die ›Einheiten‹, das Maß, waren ihm bald die Zustände der Outputs. Wie kann man Sachen aufrechnen, wann sind zwei Programme äquivalent, gleich komplex?«

Der Kellner sieht mißmutig von seinem Stehplatz in der Tür des Cafés zu den Frauen herüber, er hat sein eigenes Äquivalenzproblem: Wieviel Geld muß ich verdienen, bis ich mir den roten Sportwagen kaufen kann, den ich haben muß? Er ist auf seine Art ein frommer Mann, er weiß, daß der liebe Gott ein Gleichheitszeichen ist und die Menschen dran glauben müssen, daß die Gleichungen ihrer Lebens- und Arbeitsverhältnisse in jedem Fall aufgehen, weil sonst alles auseinanderfiele. Das Einverständnis, das Lachen und Scherzen und die höchst gescheiten Gespräche der beiden Frauen gehen ihm auf die Nerven. Außerdem ist es zu heiß heute, selbst für einen Augusttag.

»Zwei verschiedene Versionen dieser ersten Theorie der Programmkomplexität«, doziert Zeder, während Honig Rauch durch die Nase bläst und verständig guckt, »hat er in seinem ersten Aufsatz für zwei verschiedene Turingmaschinen formuliert, das war

1965. Dann gab's auch noch eine dritte Theorie der Programmgröße, in der er sich auf binärcodierte Programme bezieht. Zwei Russen, Solomonoff und Kolmogorow, hatten ähnliches am Laufen, aber Chaitins Ding wurde in zwei Ausgaben des ›ACM Journal‹ veröffentlicht. Der Redakteur hat's auch an Kolmogorow geschickt, denkt man gar nicht, kalter Krieg und so weiter, Vorsicht vor Stalin und den anderen Vampiren. Aber manche Sachen waren wohl doch zu esoterisch. Und bis zu SDI und Computerembargos, erst für Russen, dann für Schurkenstaaten, war der Weg noch weit.«

Honig spielt mit dem Zeigefinger der linken Hand in ihren Locken, gähnt ein bißchen, weil ihr so schön warm ist, und sagt: »Gut, also es ging los mit der Komplexität der Programmgröße.«

»Genau, und am Ende dieses ersten Schritts stand Chaitins Begriff von algorithmischem Informationsgehalt, gemessen an algorithmischer Inkompressibilität, die seine Definition von ›Randomness‹, chaotischer Zufälligkeit, ist.«

»Noch mal. Aber gaaaaanz langsam bitte.«

»Algorithmischer Informationsgehalt ist der pure Infowert eines Algorithmus. Ein Wert, eine Anzahl von Rechenschritten, die man nicht weiter runterrechnen kann auf einen einfacheren Algorithmus, der dasselbe kann. Deshalb: Inkompressibilität. Kompression heißt ...«

»Zusammenquetschen«, lächelt Honig anzüglich. Zeder schüttelt den Kopf, sagt aber: »Ja, von mir aus. Vereinfachen. Und wenn etwas inkompressibel ist, hat es keine tiefere, eine Ebene drunter liegende Ordnung mehr, keinen tieferen Bauplan. Es ist in einem gewissen Sinne ›zufällig‹ – so hat Chaitin im Handstreich den Zufall definiert, der in Rechenschrittstrukturen sitzen kann. Aber nicht muß. Klar?«

»Okay«, sagt Honig und lehnt sich etwas nach vorn, jetzt wirklich beeindruckt: »Das ist natürlich schwer zu fressen für Nichtmathematiker, daß das Fundamentalste, die einfachste Form, den

Maßstab für Beliebigkeit abgibt. Paradox eigentlich: das Simpelste ist doch im Alltag das Ordentliche, Verkomplizierung schafft doch erst Unordnung.«

Zeder lacht: »Wenn du es so formulierst, dann auf jeden Fall. Aber ich seh schon, es ist wie immer: Wenn man es in Prosa nacherzählt, wird es uneindeutig und kann leicht auf diese populärwissenschaftliche ›Oh, wow, welch seltsame Welt des Wissens‹-Art sensationalisiert werden. Es ist eigentlich viel nüchterner. Ich muß wohl doch ein bißchen technischer werden hier.« Sie ißt ein, zwei Löffel Eis aus ihrem Malagabecher, während Honig etwas nascht, das auf der Karte »Rot und Weiß« heißt: Joghurteis mit heißen Heidelbeeren.

Dann sagt Zeder: »Also – sein Ansatz war die Programmgrößenbestimmung bei LISP-Programmen.«

»Das ist 'ne Programmiersprache, richtig?«

»Ja. Das Kürzel LISP steht für List Processing. LISP wurde 1959 bis 1960 von John McCarthy entwickelt, dabei geht es vor allem um Listen, um Datenlistenmanipulation. Später wurde daraus so was wie die KI-Standardsprache, das ganze Künstliche-Intelligenz-Zeug hat viel mit LISP angestellt. Chaitins Idee war, nach ›eleganten‹ LISP-Programmen zu suchen und zu beweisen, daß sie ›elegant‹ sind.«

»Den Anführungszeichen um ›elegant‹, die du peinlicherweise auch noch tatsächlich mit den Fingern in die Luft malst, als ob ich blöd wäre«, mault Honig und malt unbewußt ebenfalls Anführungszeichen in die Luft, »entnehme ich, daß das auch wieder so eine Begriffsdefinition von Chaitin ist.«

»Der macht so was selber, diese Scherze, bei Vorträgen – Anführungszeichen mit den Fingern in die Luft und so«, verteidigt sich Zeder. »Ich hab ihn damals an der Uni in Buenos Aires gesehen, da paßt er hin, schwüle und feuchte und drückende und versmogte Welt. Federt nur so rum, eine reine Freude. Ist ein sehr netter Kerl, nicht übertrieben großgewachsen, mit Platte, grinst, wenn es sein muß, der Katze aus ›Alice im Wunderland‹ den Schneid weg, lacht gern, hat was Mediterranes, wie gemacht für Pasta und Gestikulierfreudigkeit, Emphase, Adriano-Celentano-Charme. Wir sollten ihn auf Video haben, für die Ausstellung. Wahnsinnig netter Mann, zufällig ein Genie.«

Honig zieht einen Flunsch und streckt die Beine in den roten Sandalen aus, spielt mit den Zähnen und sagt dann: »Weiter im Text. Mehr erklären von dieser ganzen LISP-Konzeptkunst, bitte.«

Auch Zeder streckt die Beine aus und schiebt ihre Jeansbeine unter Honigs nackte Unterschenkel. Honig, die einen Rock trägt, reagiert versöhnlich: Bein-streichelt-Bein.

Zeder seufzt und sagt: »Konzeptkunst. Hm. Nö, eigentlich ... also: vergiß LISP mal für 'n Moment, ich muß, glaube ich, doch ganz anders anfangen. Und zwar: erinnerst du dich, was ich dir über die Unvollständigkeitssätze erzählt habe?«

»Kurt Gödel«, leiert Honig wie abgefragt, »der rausgekriegt hat, daß ein ... äh ... arithmetisches Axiomensystem und auch jede logische Formalsprache fürs Schließen nie zugleich vollständig und widerspruchsfrei sein kann.«

»Und das bedeutet?«

»Das bedeutet, daß man entweder nicht alle in einer solchen basalen Logiksprache formulierbaren Sätze beweisen kann, oder auch falsche. Da geht es dann um so Paradoxa wie ›Dieser Satz ist falsch‹ und daß man die sozusagen erst als absurd erkennt, wenn man ihren Kontext verläßt. In den dreißiger Jahren. Korrekt?«

»Im Groben.«

»Vielen Dank.«

»Chaitin hat es mit etwas strengeren, formaleren Paradoxa zu tun, als du da grade angeführt hast. Bei ihm geht es um eine Abart des sogenannten Berry-Paradox, bekannt gemacht durch Bertrand Russell: Was ist die erste positive ganze Zahl, die dieser Satz nicht nennen kann? Geht ja nicht, weil: er nennt sie ja gerade. Ziel der Beschäftigung damit war für Chaitin die Suche nach scheinbar oder wirklich Zufälligem im Sinne der Inkompressibilität. Zufälligkeiten oder scheinbare Zufälligkeiten gibt es ja jede Menge in der Zahlentheorie, etwa bei der Primzahlverteilung, für die es noch keine zuverlässigen Regeln gibt, die über, sagen wir: Hilfen bei der Konstruktion hinausreichen. Die Rolle, die Zufälle eventuell auf der genannten untersten Ebene des Schließens spielen, wollte sich Chaitin genau angucken, weil er, wie er heute sagt, immer vermutet hat, seit er Gödels Ergebnisse kennenlernte, daß unter Gödels Unvollständigkeit noch eine weitere, tiefere, liegt.«

Honig grinst breit: »Na eben. Der Mann ist also genau richtig. Konzeptkunst pur, absolut sechziger Jahre – in der Kunst ist genau dasselbe passiert.«

Zeder zieht die Stirne kraus und rümpft die Nase: »Kann ich mir nichts drunter vorstellen. Ist das jetzt einfach eine ganz allgemeine Parallele bei der Vorgehensweise, die du meinst, oder was Konkreteres?«

Honig schnaubt und winkt zunächst mal den Kellner ran.

Sie bestellt sich einen Espresso Corretto, Zeder zieht mit einem Irish Coffee nach, und als der Bursche weg ist, debattieren sie kurz darüber, ob nicht ein weiteres Eis, diesmal für sie beide zusammen, besser gewesen wäre, zum Beispiel »Sibirisches Sorbet«, eine, wie Zeder meint, »hoffentlich ausreichend gefährliche« Kreation aus Zitroneneis, Wodka und Sahne. Man entscheidet dagegen.

Dann wird Honig ernst und sagt: »Ich meine das schon ziemlich konkret mit der Konzeptkunst. Der historische Ablauf war ganz ähnlich, inklusive Bezugnahme auf eine Avantgarde, die eine Generation zurücklag – Gödel bei Chaitin, wenn ich es recht verstehe – tu ich? Na also. Und was die Apparate angeht, die Computer meine ich, also materielle, wie man in der Kunstschwafelei sagen würde: ›Dispositive‹ – siehste, ich kann das auch mit den Gänsefüßchen –, die gab es jedenfalls für die Künstler genauso. Entlang der Achse Konzeptualisierung, Abstraktion, wie du sagst. Es gibt jede Menge Anekdoten aus der Zeit des Aufkommens der Konzeptkunst. Da fragt dann etwa Victor Burgin, ein vom Minimalismus herkommender junger Künstler und Yale-Student, zur Zeit von Chaitins ersten Sachen den Gastvorleser an seiner Uni und verdienten Avantgardisten Robert Morris: ›Wenn das Werk, wie Sie schreiben, nur ein Parameter des Raums ist, in dem wir es betrachten, und auf gleicher Ebene mit anderen steht, warum muß man es machen?‹ Was ist der kleinste Rest, das, wie du Chaitin zitierst, Inkompressible? Burgin macht also fortan keine Objekte mehr, sondern ... tja, Ideen? Oder Mel Bochner, der liest und zeichnet und kritzelt in seiner kleinen Künstlerwohnung geometrische Skulpturenmodelle auf Karopapier, wie ein technischer Zeichner, und plötzlich geht ihm ein Licht auf: Man kann sich diese Formen doch auch einfach vorstellen, ergo warum bauen?«

»Aber das ist alles Praxis, das ist alles Kunstpraxis, nicht ästhetische Theorie, da sehe ich schon das erste Auseinanderklaffen zwischen Chaitin und deinen Leuten«, gibt Zeder zu bedenken, als der Kaffee kommt.

»Aha!« Honig strahlt übers ganze Gesicht, greift in ihre Ledertasche und zieht eine Klarsichtmappe raus. Drin liegt ein dünner Stapel Blätter, die sie mit Daumen und Zeigefinger anblättert, dann zieht sie eins raus und liest vor: »Obwohl die Kunstwerke weder begrifflich sind noch urteilen, sind sie logisch. Nichts wäre rätselhaft an ihnen, käme nicht ihre immanente Logizität dem diskursiven Denken entgegen, dessen Kriterien sie doch regelmäßig enttäuschen. Am nächsten stehen sie der Form des Schlusses und dessen Vorbild im sachhaltigen Denken.«

»Und das ist von ...?«

»Adorno«, triumphiert Honig, »womit ich gleich zweimal gewinne: Wenn er recht hat, sind die Kunstwerke und das, was die Konzeptleute an deren Begriff und Praxis verändert haben, tatsächlich ganz nah an Chaitinschen Problemen; zufällig oder gemacht, auf ihre innere Vorschriftenlogik reduzierbar oder nicht, reduzibel oder irreduzibel. Das ist die Frage. Aber eben nicht immer, sondern historisch vergänglich zu der Zeit, zu der Adorno das geschrieben hat – in den Sechzigern. Wenn er unrecht hat, dann ist zumindest dein ›Es sind alles Praktiker‹-Argument ausgehebelt, weil eine der relevantesten Theorieanstrengungen der Zeit so schön mit den Sachen konvergiert, von denen du erzählt hast. Um es verschwörungstheoretisch zu sagen: Das sollte kein Zufall sein!«

»War aber vielleicht einer. Genau wie bestimmte Wahrheiten letztlich Zufall sind, wenn Chaitin recht hat«, murmelt Zeder.

Honig neckt: »Das heißt, jetzt bist du wieder dran, stimmt's? Recht hat womit?« Zeder zieht die Beine weg – Honig bedauert mit leisem »Oooch« – und setzt sich provokativ ordentlich hin, dann sagt sie: »Also, Chaitin formalisiert das Berry-Paradox: Ein Programm N soll die kleinste Zahl suchen, die nicht von einem Programm der Komplexität N berechnet werden kann. So kommt er zum Beweis eines Ergebnisses, das ich schon angedeutet habe: Kein Programm kann eine Zahl berechnen, die in Chaitins Sinn komplexer ist als es selbst. Außerdem aber findet er auf diesem Weg raus, daß es keine Möglichkeit gibt, je sicher zu sein, daß ein gegebenes Programm das beste – oder wie Chaitin sagt: eleganteste – ist, das ein bestimmtes Arrangement von Ausgabedaten produziert. Man kann nie wissen, ob es nicht ein genauso konzises, gleich komplexes gibt, das ebenfalls dieses Resultat, diesen Satz hervorbringt oder beweist. Manche Wahrheiten, folgert Chaitin, sind aus so vielen verschiedenen denkbaren Gründen wahr, daß ihre Wahrheit zufällig ist. Ein herber Schlag für jene, die es gern sauberer gehabt hätten, da unten, in Fundamentalien.«

Der Kaffee ist ausgetrunken. Ein paar kleine Wolken sind am Himmel aufgetaucht. Zeder winkt nach dem Kellner, will bezahlen. »Wollen wir noch wohin, oder gehen wir nach Hause und machen an den Mappen weiter, oder sonstwas?« fragt Honig ungeduldig.

»Ich würde sagen, wir ändern die Reihenfolge: Erst gehen wir nach Hause, dann machen wir sonstwas, dann an den Mappen weiter, und danach gehen wir noch wohin.«

»Perfekt.«

*

Um halb zehn am nächsten Morgen sitzt Honig im Pyjama – schimmert käfergrün, aber keine echte Seide – am Frühstückstisch, um sie viel Licht, fast eine Aureole, und schaut sich einen Zettel mit Stichworten zu Chaitins Biographie genau an.

Zeder steht am Gasherd und macht Pfannkuchen mit seltsamen Formen. Dazu redet sie über Omega, die Chaitinsche Zahl.

Honig, träge, etwas verquollen trotz langer Dusche, sehr zufrieden mit sich in ihrem Körper, hört nicht ganz genau zu, sondern liest lautlos, aber mit bewegten Lippen, vom Blatt ab: »Geboren in Chicago/Illinois am 25. Juni 1947, Mathe studiert am City College der City University of New York, kriegt dort 1965 den Belden Mathematics Prize und ein Jahr später die Nehemiah-Gitelson-Medaille für die ›Suche nach der Wahrheit‹.«

Zeder kratzt mit dem Bratenheber an ihrer Pfannenseltsamkeit herum und faßt zusammen, was sie eben erzählt hat: »Das Ergebnis war also der Nachweis, daß es gewissermaßen eine ganz unerwartet strukturierte Sorte irreduzibler mathematischer Fakten gibt, die man nur nutzen kann, wenn man sie als Axiome festschreibt. Und das alles erschlossen übers Halteproblem – schon beeindruckend. Soviel zu Omega.«

Sie macht eine effektvolle Kunstpause, erwartet Anerkennung oder Dank für die luziden Ausführungen. Aber Honig hat sich auf dem hölzernen Gartenstuhl am Frühstückstisch zurückgelehnt, das Papierchen über Chaitin in der Hand. Ihre Augen sind geschlossen, sie lächelt. Zeder schiebt die Pfanne von der Flamme, schleicht auf Zehenspitzen zu Honig, den Bratenheber in der Hand, beugt sich vor und küßt Honigs Halsgrube.

Honig öffnet die Augen und sagt langsam, mit einem Gähnunterton: »Nimm das Ding weg, sonst tropft es auf meinen Schlafanzug. Und zieh dir 'ne Hose an, man frühstückt nicht im T-Shirt. Und dann erzähl mir das Ganze noch mal, ich hab nicht zugehört.«

Zeder bläst ihr Luft ins Ohr, läßt den Bratenheber auf den Boden fallen, man rangelt und lacht. Am Ende sitzen beide neben dem Holzstuhl auf dem Boden, und Zeder sagt: »Ich habe dir gerade Chaitins Herzstück erzählt – das Anarchistischste, Sixtieshafteste, was er gemacht hat. Omega. Und du? Sitzt in der Sonne, hörst nicht zu und bist bloß wieder blöd schön. Hör jetzt auf, mir am Ohr zu knabbern!«

»Menno!« Zeder steht auf, hilft Honig wieder auf den Stuhl und geht zurück zum Herd. Sie arbeitet noch ein bißchen am Frühstück und serviert schließlich, während Honig, die den Tisch gedeckt hat, am Toast und sonstigen Brot zugange ist.

Schließlich sitzen sie beim Essen.

Honig sagt kauend: »Ompf ... Omega. Halteproblem. Erklären!«

»Tu nicht immer so, als hättest du das Wichtigste mitgekriegt, wenn's nur der letzte Satz war. Ich hasse das. Wie Schüler, die nur eins können: aufmerksam gucken.«

Honig streckt die Zunge raus.

»Bäh, das sieht ja widerlich aus, mit dem Toastmatsch drauf! Also. Willst du es wissen oder nicht?«

»Klar will ich. Was ist Omega? Eine Zahl?«

Zeders Gesicht wird streng, sie hebt die Arme, läßt die Hände an den Gelenken runterhängen wie eine Vampirdarstellerin, die Fledermausflügel andeuten will, und sagt mit Grabesstimme: »Viel schlimmer. Eine Horrorzahl. Grrr! Arrgh!«

Honig schluckt, rückt den Stuhl vom Tisch: »Ich hab Angst!«

»Solltest du«, legt Zeder nach, läßt die Arme sinken, räuspert sich: »Chaitins Omega ist wie ein Haus, das innen größer ist als außen, eine sprechende Python, ein blutender Stein. Das heißt, eigentlich ist es einfach eine irrationale Zahl, also eine reelle Zahl, die man nicht als Bruch ganzer Zahlen schreiben kann. Omega gibt die Wahrscheinlichkeit dafür an, daß eine universale Turingmaschine für eine beliebige Menge von Programmeingaben irgendwann anhält und das Programm beenden kann. Die Stellen von Omega hinterm Komma sind im chaitinschen Sinne beliebig, zufällig und können nicht vorab errechnet werden. Daß vorab unentscheidbar ist, ob eine Turingmaschine bei einem gegebenen Input irgendwann anhalten wird oder nicht, hat schon Turing selber gezeigt. Der Witz bei Chaitins Sätzen über Omega ist aber, wenn man seiner eigenen Interpretation folgt, daß er damit begründen

Peano-Arithmetik: ***So nennt man die grundlegende Theorie der natürlichen Zahlen. Die Peano-Arithmetik hat 5 Axiome:***

1. Null ist eine Zahl.
2. Wenn a eine Zahl ist, ist der Nachfolger von a auch eine Zahl.
3. Null ist die Nachfolgerin keiner Zahl.
4. Zahlen, deren Nachfolger gleich sind, sind selber gleich.
5. Wenn eine Menge M von Zahlen die und die Nachfolgezahl zu jeder Zahl enthält, die in ihr vorkommen, dann enthält sie alle Zahlen.

kann, daß in manchen Bereichen der Mathematik die mathematische Wahrheit völlig zufällig ist, strukturlos, musterfrei und nicht reduzierbar. Indem er dann noch die Arbeiten von Matjasewitsch und Jones bezüglich Hilberts zehntem Problem heranzieht, kann er belegen, daß das sogar in der elementaren Zahlentheorie stattfindet, in der Peano-Arithmetik. Er stellt eine algebraische Gleichung her, die nur ganze Zahlen manipuliert – man nennt sowas eine diophantische Gleichung –, bei der die Anzahl der Lösungen beliebig und unvorhersehbar von endlich zu unendlich

Wahrscheinlichkeit für ein Programm von N Bits Länge:

$$2^{-N}$$

Jedes Programm p, das hält, trägt

$$2^{-|p|}$$

bei.

$$\downarrow$$

Haltewahrscheinlichkeit:

$$0 \leq \Omega = \sum_{p \text{ halts}} 2^{-|p|} \leq 1$$

Die Haltewahrscheinlichkeit.

springt, komplett zufällig, wenn man nur einen Parameter der Gleichung variieren läßt. Diese Gleichung gibt die Bits der irrationalen Zahl Omega an, die Komplexität der Haltewahrscheinlichkeit. Die Gleichung ist lang wie der Teufel, zweihundert Seiten, und hat Variablen in den Exponenten, aber das ist egal. Wichtig ist, was daraus folgt, nämlich daß wir nie wissen werden, ob Chaitins diophantische Gleichung eine finite Anzahl Lösungen hat oder nicht. Obwohl ganz normale Schulomathematik – diophantische Gleichungen gibt's für Kinder, zwar keine, die zweihundert Seiten lang sind, aber egal –, ist beim Umschalten eines einzigen Parameters das ganze Ding total beliebig.«

Honig hebt die rechte Hand über ihren Kopf und schnippt mit den Fingern wie eine Schülerin, die unbedingt was sagen oder dringend auf die Toilette muß.

Entnervt und ein bißchen bezaubert seufzt Zeder: »Ja, bitte?«

»Das isses. Chaitin *ist* die Sixties – wenn das seine Hauptsache ist. Ich meine, im Ernst: Zufall, Freiheit, eine Ebene höher als die alten fruchtlosen Debatten über den ›freien Willen‹, keine Determinismen mehr, Alternativen erlaubt. Hier, paß auf ...«

Sie nimmt eine der vom Tisch geräumten Mappen vom Nudel-, Reis- und Gewürzregal an der Wand und blättert. »Sol LeWitt hat im Sommer 1967 in ›Artforum‹ einen Text veröffentlicht, ›Paragraphs on Conceptual Art‹, damals war die Situation noch sehr offen, und er schreibt fast defensiv: ›Ich sage nicht, daß alle Künstler sich eine konzeptuelle Sorte Kunst aneignen sollen. Ich habe nur entdeckt, daß sie für mich gut funktioniert, während andere Arbeitsweisen das nicht tun. Es ist eine Art, Kunst zu machen; andere passen zu anderen Künstlern. Ich denke auch nicht, daß alle Konzeptkunst die Aufmerksamkeit des Betrachters verdient. Konzeptkunst ist nur gut, wenn die Kunst gut ist.‹ Das ist ein *Sound,* den Leute, die diese Epoche geprägt haben oder von ihr geprägt sind, immer wieder reproduzieren, und er reicht weiter, als die Floskel sagen kann, die so was antiautoritär nennt. Ich habe bei deinen Chaitin-Übersetzungen viele Sachen gefunden, die diesen Sound haben – hier, diese Stelle von Chaitin fand ich immer ungeheuer lässig, sehr souverän: ›Ich will hier diskutieren, was meiner Meinung nach die Bedeutung der Unvollständigkeitsergebnisse ist. Aber man könnte auch argumentieren, daß die Unvollständigkeitssätze das Thema völlig verfehlen, denn Mathematik ›handelt‹ vielleicht gar nicht vom Befolgen von Regeln, sondern von Kreativität und Vorstellungsvermögen. Denken Sie zum Beispiel an die Zahl i, die Wurzel von Minus eins. Diese Zahl war unmöglich, sie verletzte die Regel, daß x zum Quadrat positiv sein muß, aber die Mathematik hatte am Ende viel davon und wurde sinnvoller *mit* i als ohne i. Also sind vielleicht die Unvollständigkeitssätze irrelevant! Denn sie beschränken das formale Schließen, aber sie sagen uns nichts über das, was passiert, wenn wir die Regeln des Spiels verändern.‹ – Das ist exakt dieses ›Alternativen zulassen‹, das auch LeWitt stark machen will, oder?«

Zeder schüttelt den Kopf. Sie steht auf, trinkt einen Schluck Orangensaft, stellt das Glas auf den Tisch, nimmt Honig die Mappe sanft aus der Hand, beugt sich zum Gewürzregal, nimmt eine andere Mappe und geht dann in die Hocke. Sie breitet die Papiere aus, Photos, Tabellen und Zeitungsausschnitte, während Honig ihr über die Schulter schaut, und sagt: »Wir sind bekloppt, Süße. Wirklich. Wir steigern uns in was rein. Zufälligkeit, freier Wille, Chaitin und LeWitt ... Guck unser Material doch mal an: Was haben wir da – die Sixties? Hier, 1966 wird der Film ›Fantastic Voyage‹ gedreht, geschrumpfte Ärzte reisen durch den menschlichen Körper, ins Hirn – ist das ein Konzeptkunstfilm, weil der Ort der Handlung unser Begriff vom Körper ist und nicht mehr eine naturalistische menschliche soziale Umgebung? Ist es Minimalismus, wenn Simon und Garfunkel im selben Jahr ›The Sound of Silence‹ aufnehmen? Hat es was mit Zufall und Notwendigkeit zu tun, wenn das ›Time Magazine‹ im selben Jahr auf dem Titel fragt, ob Gott tot sei? Und dann kommt siebenundsechzig mit Bonnie und Clyde und der Mode der zwanziger Jahre, und Jim Morrison singt ›Light my fire‹ und Ira Levin veröffentlicht ›Rosemary's Baby‹ und ...«

Honig rutscht vom Stuhl, setzt sich neben Zeder auf den Boden, legt ihr den Arm um die Schulter und sagt: »Eigentlich haben wir die Form für das Projekt längst gefunden. Es geht ganz anders. Wir müssen weder diesen ganzen Mist ausstellen noch was publizieren.«

»Wie? Welche Form haben wir gefunden?«

Anstelle einer Antwort verwuschelt Honig der Freundin die Haare. Zeder bläst sie sich aus dem Gesicht, und Honig sagt: »Es ist wie auf dieser einen Sonic-Youth-Platte. Kennst du doch, Sonic Youth?«

»Diese No-New-York-Krach-Experimental-Rockband?«

»Genau. Die sind mit tausend Pizzakäsefäden mit der Kunstszene verbunden – jedenfalls haben die eine Platte gemacht, ›The Whitey Album‹, sekundaristisches, postmodernes Zeug, bezieht sich auf die Beatles und Madonna und die Ramones und weiß

Gott was, hört sich völlig überladen an. Chaitin würde sagen: algorithmischer Informationsgehalt bis zum Umfallen. Und da gibt es ein Stück, das heißt ›Two Cool Rock Chicks Listening to Neu‹. Na ja, und so wie dieses Stück funktioniert eigentlich das, was wir seit ein paar Tagen machen – unsere Selbstüberprüfung, ob das eine gute Idee ist mit der Chaitin-Konzeptausstellung. Da hört man im Hintergrund diese alte deutsche Band ›Neu‹ spielen, und die zwei Frauen unterhalten sich über ganz andere Sachen, es ist alles völlig nichtlinear, ganz irr, aber eben auch die richtige Abbildung davon, wie man Musik hört, wenn man sie zusammen hört. So läuft unser Gespräch hier – das sollte man abbilden. Two Cool Rock Chicks Talking about Omega oder so was. Als Video vielleicht, als Tape, als Text.«

»Heißt das, daß alle unsere anderen Ideen hinfällig werden: Objekte in die Ausstellung integrieren, Gödel-Photokopien, das schmale dunkelblaue Logik-Büchlein von Hilbert und Ackermann, ›Mathematical Logic‹, in der Ausgabe, die Chaitin wahrscheinlich gelesen und benutzt hat, die ganze avantgardistische Musealisierungsstrategie?«

»Avantgarde – darum ging es mir echt nicht. Dir vielleicht?«

Zeder lächelt: »Ich habe irgendwo gelesen, man könnte alle Avantgarden auch als Rückzugsgefechte betrachten?«

»Hömm. Tja. Also. Vielleicht ist die ganze Sechzigerfreiheit auch was total Spießiges. Einige der Freien selber haben sich ja drüber lustig gemacht. Wie Dylan singt: ›Now I'm liberal but to a degree, I want everybody to be free ...‹«

*

Aus dem Singen Honigs wird ein Summen, und uns ist klar, daß wir die beiden als Voyeure jetzt nicht mehr aus der Nähe, sondern von außen durch dasselbe Fenster sehen, durch das ein schwebeteilchenreiches Vormittagslicht auf sie fällt, und die ganze Frage nach der Stellung der Konzeptkunst zum Minimalismus, der Semiotik, dem Zusammenhang zwischen der bei einigen Konzeptkünstlern sehr sprunghaft stattfindenden Politisierung mit einer andere Konzeptkünstler erfassenden radikalen Wittgensteinmode, das alles, nebst noch viel längeren Sätzen, die man darüber schreiben kann, entfernt sich, während wir uns von den beiden Frauen weggehoben fühlen, fortgerissen, gerne hätten wir gewußt, was denn nun aus dem Ausstellungsprojekt wird, hätten erlebt, wie das Programm, das sie sich vorgenommen haben, irgendwann anhält, wie die Komplexität der Probleme durch Entscheidungen reduziert wird, aber wir sind nicht mehr dabei – anders abwesend als Chaitin, über den geredet wurde.

Die beiden kriegen das schon hin, unter sich.

FÜNFZEHN

Streit, Verdruß und Katastrophen: Ein harter Job

René Thom

1923 bis 2002

»Ich schnitze mir den Gegner nach meinem Pfeil zurecht.« Karl Kraus

Mengenlehre für alle? Die so schön anschaulich mittels zerbeulter Kreise illustrierbare Theorie von den Teil- und Schnittmengen als Grundlage der gesamten Mathematik? Als Einführung für Kinder? Algebra als Ersatz für die »trügerisch intuitive« Geometrie Euklids? Reduktion unseres mathematischen Wissens auf Axiome, Systematisierung von unten nach oben, automatisierte Schlußregeln? Papperlapapp! Larifari! Fachidiotie!

So also sahen sie aus, die barschen Worte und Widerworte, in deren Austausch René Thom sich mit Eifer einschaltete. Man wird sich eher, als manchem lieb ist, fragen müssen, ob die moderne Mathematik insgesamt nicht einen »erzieherischen und philosophischen Irrtum« darstellt. Das behauptet jedenfalls ein Aufsatztitel des Mannes, um den es hier gehen soll, aus dem Jahr 1971.

Verwaschenheit wurde nicht geduldet; mit dem Bild des weltabgewandten, schmerzlich sensiblen und in Dingen des täglichen Lebens blutleeren Strukturforschers hatte dieser Preisboxer des Richtigen – bullig, fast ein wenig knotig, Legionär-Stachelfrisur, feuriger Blick und glutvoll französischer Debattenhabitus – herzlich wenig am Hut.

Beachtung fand das, was Thom vor allem in den sechziger und siebziger Jahren des letzten Jahrhunderts gegen den damaligen

Mainstream der Mathematikdidaktik wie -methodik insbesondere in Frankreich wetterte, wo man lange im Bann der systematisierenden Bemühungen Bourbakis gestanden hatte, vor allem deshalb, weil dieser Polemiker ein überragender Forscher war. Schon mit seiner Dissertation über Sphärenfaserbündel Anfang der fünfziger Jahre unter Henri Cartan, einem Mitglied der Bourbaki-Gruppe, hatte der 1923 geborene Franzose, dessen wissenschaftliche Karriere nach dem mathematischen Baccalauréatabschluß 1940 durch den Zweiten Weltkrieg unterbrochen wurde, einen wichtigen Beitrag zur zeitgenössischen Topologie geleistet. Das ganze von Thoms Lehrer Cartan als funktionentheoretische Garbentheorie ins Reifestadium überführte, heute sehr reiche Feld der mathematischen Faserkunde mit seinen Faserungen (»Spreads«), Fibrationen, Faserbündeln und Faserprodukten, eine komplexe und differenzierte, bizarre und schöne Lehre von quasikantianischen Fäden als Anschauungsformen, kam in jenen Tagen gerade erst auf.

Aus der Topologie ist es heute nicht mehr wegzudenken. Wenn man Schwierigkeiten hat, sich bestimmte Sorten bauchig oder buchtig zerbeulter Räume vorzustellen, kann man mit diesen Fasern eine regelrechte Korbflechterei betreiben; Laien kennen das von Landkarten und Globen, wo Längen- und Breitengrade dem Relief oder der Kugel eine gewisse Grundübersichtlichkeit schenken. Räume und damit die sie ordnenden Faserbündel sind aber nicht nur geometrisch oder topologisch interessant. Aufgrund der durch Axiomatisierung, Formalisierung und Abstraktion erreichten Ineinander-Überführbarkeit vieler mathematischer Großgebiete sind sie auch für die Zahlentheorie nützliche Hilfsmittel, die es erlauben, eine zweidimensionale »Zahlebene« als Menge aller auf der x-Achse (dem bekannten »Zahlenstrahl«) senkrecht stehenden Geraden zu beschreiben. Auch in der nicht ganz so reinen Mathematik, wie sie die Physik benutzt, spielen solche Faserbündel, die hier vor allem Familien von Räumen versinnbildlichen, welche zueinander wie die Schichten eines Fächers stehen, bei der theoretischen Vereinheitlichung unserer Repräsentationen der Grundkräfte des Universums inzwischen eine große Rolle.

Die Vielseitigkeit des modernen Faserbegriffs wird von den damit befaßten Mathematikern deshalb weniger als Erfindungs- denn als Entdeckungsleistung empfunden. Als der Physiker Chen Ning Yang dem führenden Fasertheoretiker Shiing-Shen Chern einmal erzählte, er sei verwundert und bezaubert, daß die den Physikern vertrauten sogenannten Eichfelder »mathematisch nichts anderes sind als Verbindungen auf Faserbündeln, was mich erstaunt, da ihr Mathematiker euch diese Dinge ja ganz freihändig habt einfallen lassen«, erwiderte Chern: »Nein, nein. Diese Begriffe sind nicht Produkte unserer Phantasie. Sie sind natürlich und wirklich.«

Bald nach seiner Doktorarbeit erwarb sich René Thom als Singularitätentheoretiker Ruhm. Er erhielt schon 1958 die höchste internationale mathematische Auszeichnung, die Fields-Medaille, auch weil er ein maßgeblicher Mitschöpfer der Theorie des Kobordismus war. Die befaßt sich, vereinfacht ausgedrückt, mit Problemen der Beziehungen und des »Aneinander-Angrenzens« kompakter, offener Quasiflächen – oder korrekter: Mannigfaltigkeiten. Mit ein bißchen Phantasie anschaulich vorstellbare Einsichten wie die, daß zwei Mannigfaltigkeiten als aneinander angrenzend (»kobordant«) aufgefaßt werden, wenn sie zusammen die Grenze einer dritten bilden, sind für die Topologie, die sich mit dem Strecken, Stauchen und Verknoten dieser Punktmengen befaßt, von zentraler Bedeutung. Thoms Erkenntnis, daß die Klasse der offenen Sphärenbündel topologische Invarianz besitzt und eine eigene Differentialgeometrie zuläßt, war ein wichtiger Schritt in der Entwicklungsgeschichte dieser Theorien. Die Thom-Räume, die seinen Namen tragen, sind Hilfskonstruktionen, die sich aus einem Resultat seiner Forschung ergeben, wonach es vollständige Homologieklassen gibt, die keine Differentialform abbilden (Homologie im hier gemeinten, zuerst von Poincaré eingeführten Verständnis ist mehr oder weniger ein Synonym für Thoms Kobordismus).

Das Gewundene und das Gedrehte, das Gebündelte und das Angrenzende – wer seine Hirnwindungen solchen verschlungenen Pfaden folgend einzurichten versteht, der blickt, weil er mit ihren sinnlich empfundenen Relationen lebt und wacht und träumt, zwangsläufig mit Mißtrauen auf Gesamtpläne universaler mathematischer Anschauung, die zu entdecken und zu artikulieren behaupten, was hinter dieser sinnlich-unsinnlichen Welt liegt und wahrer sein soll als sie.

Thom war zum Kritiker der mengentheoretischen »Epidemie« jener Jahre geradezu vorherbestimmt. Wenn er im einleitend paraphrasierten Traktat über moderne Mathematik als Irrtum in die parteiliche Diskussion der »Überschätzung der Mengenlehre« mit einer possierlichen Schilderung des harten Loses armer Eltern einsteigt, die überfordert sind, wo sie ihren mengenlehregeplagten Kindern bei den Hausaufgaben helfen sollen, so darf das nicht verdunkeln, daß Thom im selben Aufsatz erwägenswerte Zweifel an der Universalität der neuen Lehre anzumelden wußte. Daß nicht einmal in der reinen Mathematik unzweifelhaft feststehe, ob es wirklich für jede mögliche Deduktion auch ein mengentheoretisches Modell gebe – wie sich die Bourbakisten das eine Zeitlang erträumten –, ist von diesen Zweifeln nur der fachspezifischste. Sein schärfstes Argument ist das der verdeckten Trivialität des von ihm bekämpften Ansatzes: Soweit die Mengenlehre tatsächlich elementar ist, beherrscht sie, meinte Thom, doch ohnehin jeder, der überhaupt denken kann. Der Rest ist bloß eine Symbolsprache, deren Antinomien nur Fachleute interessieren sollten: »Betreibt der Fuchs, der weiß: Wenn die Hühner im Hühnerstall sind und der Hühnerstall im Hof ist, dann sind die Hühner im Hof, etwa Mengenlehre? Er kümmert sich nicht um Mengenlehre.«

Dem Fuchs Thom ging es nicht darum, eines der ergiebigsten

Denksysteme der Neuzeit abzukanzeln oder die Bourbakisten, denen er in Intention und Denkstil ja nicht unüberbrückbar fernstand, als Scharlatane in Verruf zu bringen. Vielmehr war sein Zweifrontenkrieg gegen Mengenlehre und Algebra im Grunde der eines Mannes, der sich trotz der großen Entdeckung von János Bolyai, Carl Friedrich Gauß und Nikolai Iwanowitsch Lobatschewski, daß die euklidische Geometrie nicht alternativlos sei, ausdauernd für deren nicht wegzudiskutierenden ideengeschichtlichen Rang verwandte.

Thom glaubte fest daran, das klassisch konstruktive Verfahren und seine Welt der Dreiecke und Kreise in der Ebene stelle »einen natürlichen und möglicherweise unersetzlichen Übergang von der normalen Sprache zur formalisierten Sprache der Mathematik« dar. Die Pointe an Thoms mit viel Ellbogenfreiheit auftretenden polemischen Interventionen dürfte gewesen sein, daß es eben nicht beliebige Vorlieben und Abneigungen, sondern seine positiven Leistungen als Topologe, Singularitätentheoretiker und Erfinder der noch zu diskutierenden Katastrophentheorie waren, die ihm die immanenten Grenzen gewisser konkurrierender Auffassungen von korrekter Methodik und Vermittlung in der Mathematik deutlich machten. Kein Geringerer als Jean Dieudonné hat die »travaux de René Thom« in seiner Gesamtdarstellung »Une brève histoire de la topologie« genau in diesem Sinne gewürdigt: Gerade das Absehen von den Ansätzen der Konkurrenz und die wunderschönen »constructions géométriques ingénieuses et compliquées«, deren er sich bedient habe, hätten Thom zu seinen bemerkenswerten Resultaten geführt – derart neidlos höflich kann man so etwas wohl nur auf französisch sagen.

Inzwischen ist die Vorherrschaft der von Thom aus gesehen »feindlichen« Methoden längst nicht mehr so deutlich. Mehr und mehr Fachleute vertreten eine Art milden Revisionismus, der es der Hegemonie axiomatisch-deduktiver und mengentheoretischer

Stile in der Mathematik der ersten Jahrhunderthälfte anlastet, daß das für die Physik sehr zentrale Problem des Übergangs vom Kontinuierlichen zum Diskreten, mit dem sich die von Thom entscheidend geförderte Singularitätentheorie befaßt, so lange mathematisch vernachlässigt worden sei.

Singularitäten gehören zu den legendenumschwärmtesten Gegenständen der exakten Wissenschaften. Von den schwarzen Löchern bis zum Urknall stellt man sich darunter meist punktförmige Gebilde vor, »an bzw. in denen die Naturgesetze versagen« – dabei sind damit durchaus auch harmlose, aus der Alltagserfahrung geläufige Dinge wie der Gefrierpunkt von Wasser gemeint.

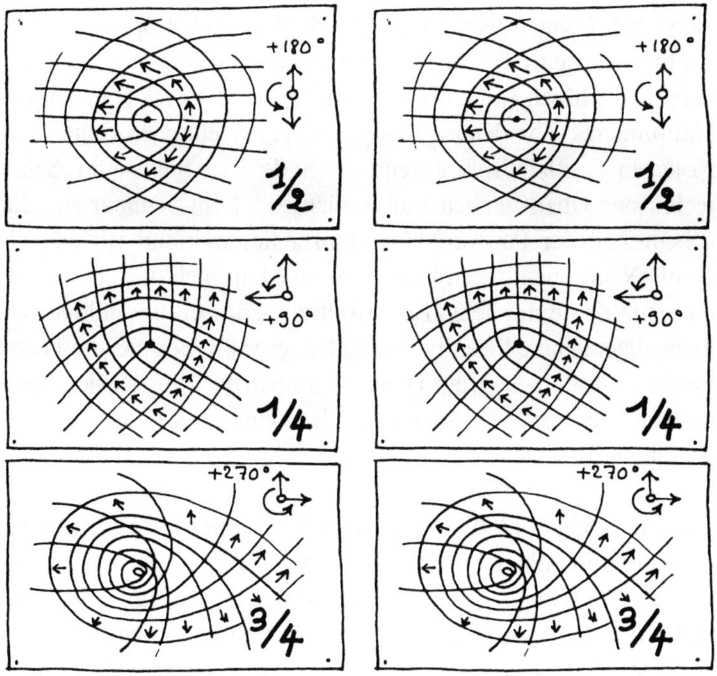

Sechs Liniennetz-Singularitäten positiver (links) und negativer (rechts) Ordnung.

Allgemeiner und abstrakter sind Singularitäten schlicht jene »heiklen Stellen« oder »Ereignisse« in einem Gitter, einem Weidengeflecht von Parametern, auf das »dahinströmende« Dynamiken zustürzen können und an dem die Dinge nicht mehr so sind wie in der Umgebung; und zwar je näher an der Singularität, desto weniger: Die Funktionen, die diese Geographien beschreiben, sind an singulären Stellen nicht differenzierbar. Man kann sich ihrem Verlauf an diesen Stellen nicht durch eine lineare Abbildung annähern, sie nicht »ableiten«.

Das mag man bedauerlich, bizarr, vielleicht auch katastrophal finden – und damit ist man der Katastrophentheorie tatsächlich bereits auf der Spur, wie Thom, als er sich den Singularitäten zuwandte. Der Grund für diese Hinwendung war, wie er selbst bekannt hat, übrigens eine biographische Minikatastrophe, nämlich die unbestreitbare Überlegenheit Alexandre Grothendiecks, seines subjektiv größten Konkurrenten, im Bereich der bis dahin Thoms Hauptinteresse bindenden Algebra: »Die Beziehungen zu meinem Kollegen Grothendieck waren alles andere als angenehm. Seine technische Überlegenheit war vernichtend. Sein Seminar zog die Gesamtheit der Pariser Mathematiker an, während ich einfach nichts Neues anzubieten hatte. Das also hat mich dazu bewogen, die ganz rigide mathematische Welt zu verlassen und allmählich auch allgemeinere Ideen zu bearbeiten, wie zum Beispiel die Theorie der Morphogenese, ein Thema, das mich mehr interessierte und das mich am Ende zu einer sehr allgemeinen Form der ›philosophischen‹ Biologie führte.«

Fragt man heute humanwissenschaftlich interessierte Menschen, Künstler und andere Kulturträger, denen die sechziger und siebziger Jahre des vergangenen Jahrhunderts gegenwärtig sind, ob ihnen der Name René Thom geläufig sei, fällt ihnen meist ein Gerücht mit Namen Katastrophentheorie ein. Von der sind, als einer Art Vorläuferin der Chaostheorie, die wildesten Gerüchte im Umlauf: Eine allgemeine Formenlehre der Natur, des Wachstums sei damit intendiert gewesen, ein konstruktives Prinzip aller Dinge, die irgendwie, irgendwo, irgendwann aus dem Gleichgewicht geraten können und Muster im Sand, zusätzliche Gliedmaßen bei Fröschen, Lautverschiebungen in Weltsprachen oder Börsenturbulenzen verursachen. Die assoziative Nähe dieser Ideen von Komplexität und gekipptem Umschlag zu den berühmten computergraphischen Mandelbrötchen fraktaler Kurven und ihrer seltsamen Attraktoren mündet oft im aquarellhaft zerlaufenen begrifflichen Farbraum einer Welt, in der zwar nicht rohe, aber doch wirre Kräfte sinnlos walten.

Thom hat solche grandiose Undeutlichkeiten begünstigende, weit ausgreifende Verlautbarungen über die Tiefe des ideellen Hallraums selbst abgegeben, in den hinein die katastrophentheoretische Forschung spricht. Die Katastrophentheorie, schrieb er zum Beispiel, »begünstigt eine dialektische, eine herakliteische Anschauung des Universums, einer Welt, die ständiger Schauplatz des Kampfes zwischen ›logoi‹ ist, zwischen Archetypen. Zu einer von Grund auf polytheistischen Anschauung führt sie uns: In allen Dingen muß man die Hand der Götter zu erkennen wissen.«

Konkret ging es dabei allerdings weniger olympisch als vielmehr klassisch naturphilosophisch zu, ganz pythagoräisch nach Maß und Zahl. Als die schlechthinnige »Katastrophe« in den Blick geriet, die bei Thom wie etwa auch in der literaturwissenschaftlichen Dramentheorie wertfrei einfach den »Wendepunkt«, den »Umsturz« meint, gelangten Thom und seine Schule schließlich zu Ergebnissen wie dem, daß es für jedes System mit weniger als fünf Steuerfaktoren und weniger als drei Verhaltensachsen nur sieben Katastrophentypen geben kann: die Faltenkatastrophe, die Scheitelpunkt- oder Kuspenkatastrophe, die Schwalbenschwanzkatastrophe, die Schmetterlingskatastrophe sowie die drei Typen der Nabelkatastrophe: die elliptische, hyperbolische und die parabolische.

Das Vorspiel hierfür fand schon 1956 statt, als Thom seine Theorie der Transversalität ausformulierte, die eine besondere Form der Abbildung zwischen Mannigfaltigkeiten behandelt, bei der eine besondere Art der Nichtberührung erreicht wird – einer der einfachsten anschaulichen Fälle ist dabei die Transversalität zwischen zwei Geraden im dreidimensionalen Raum, die schlicht darin besteht, daß sie sich nicht schneiden. Ausgehend von der Transversalitätstheorie und detaillierten Studien über Singularitäten glatter Abbildungen, entstand dann die Katastrophentheorie, deren eigentlicher Wert weniger in ihren modellhaften, Daten erzeugenden, als in ihren interpretatorischen Ressourcen liegt, die sie Modellbildnern bereitstellt. Zentriert um den Gedanken des »statischen Modells«, fällt unter die Katastrophentheorie eine ganze Reihe hochraffinierter mathematischer Betrachtungs- und Vorhersagetechniken, welche die Topologie gleichsam dynamisch machen – und damit das Studium physikalischer Sachverhalte, zum Beispiel von Nichtgleichgewichts-Phasenübergängen erlauben, das heißt: natürlicher Selbstorganisationsprozesse.

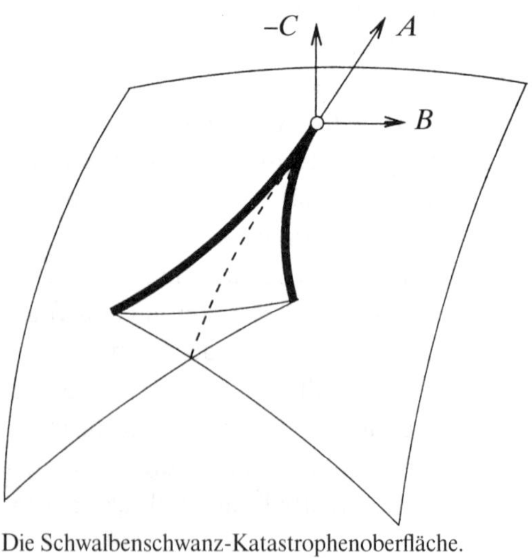

Die Schwalbenschwanz-Katastrophenoberfläche.

Der mit den Fortschritten der Molekularbiologie einhergehende Boom der Lebenswissenschaften im letzten Drittel des zwanzigsten Jahrhunderts hat dem Gerücht um die Katastrophentheorie als ein Thom willkommener Verstärker gedient. Seine Vorstellung von der sehr allgemeinen Form der philosophischen Biologie versuchte er mit Gedanken zur Embryonalentwicklung und anderen morphologischen Überlegungen zu konkretisieren, für die er die entwickelten Begriffe seiner Lehre dynamischer Formen nutzen wollte.

Daß nicht nur im Reich der Natur, sondern auch im Bezirk des von Menschen Gemachten, zum Beispiel der Gesellschaft, mit einer Theorie der Gleichgewichtsniveaus etwas anzufangen wäre, haben entsprechend gestimmte Denker schnell verstanden. Ähnlich wie bisweilen bei der Spieltheorie aber schießen die Modellierungsversuche von Sozialphilosophen, die glauben, mit den Thomschen Katastrophenoberflächen, welche die Kipp-Punkte von Entwicklungen verräumlichen, ein Instrument an der Hand zu haben, das ihre Spekulationen exakter macht als üblich, gelegentlich übers Ziel hinaus.

Wenn der Archäologe Colin Renfrew, der das Ende der frühgeschichtlichen Ackerbaugesellschaften am Scheitelpunkt einer ersten Verstädterung als Kuspenkatastrophe graphisch codiert, um anhand von Dynamiken wie Bevölkerungswachstum, Macht der Zentralgewalten und Produktivität die Unausweichlichkeit des Untergangs jener Kulturen darzutun, dann wird er wohl in Wahrheit einfach von dem geleitet, was man über den tatsächlichen historischen Verlauf ohnehin weiß – die Exaktheit, mit der das Modell als hübsches Infografik-Bildchen erstellt ist, verdeckt die Willkür, das Einschmuggeln empirisch-archäologischer Kenntnisse.

Daß es nicht immer so ausgehen muß, wenn man sich außerhalb der Mathematik Thoms Schöpfung zuwendet, zeigen die Worte des amerikanischen Architekturlehrers und Urbanismusforschers Sanford Kwinter: »Der Begriff Katastrophe bezeichnet die Art und Weise, wie ein System – manchmal sogar als Ergebnis einer unendlich geringfügigen Störung – mutiert oder auf eine vollkommen andere Stufe von Aktivität oder Organisation übergeht. Nun besagt einer der Hauptsätze der Thermodynamik, daß jedes Geschehen innerhalb eines Systems eine allgemeine Verteilung von Differenzen innerhalb dieses Systems zur Voraussetzung hat. In der Dynamik spricht man dabei von ›Potentialen‹ oder Gradienten; ihre entscheidende Aufgabe besteht darin, die Punkte eines Systems miteinander zu verbinden und Ströme von einem Ort zum anderen zu bewirken. Ein Potential ist ein ganz einfaches Konzept: Alles, was auf einem Schreibtisch oder Bücherregal liegt, besitzt innerhalb eines Systems (Vektorfeld), das von der Schwerkraft bestimmt wird, ein Potential (nämlich: zu Boden zu fallen). Der Fußboden dagegen ist ein Attraktor, weil er eines von mehreren ›Minima‹ des Potentials in diesem System repräsentiert. Jeder Zustand des Systems, bei dem die Dinge vorübergehend stabil sind (das Buch auf dem Regal oder auf dem Boden), repräsentiert eine Form. Zustände und Formen sind also ein und dasselbe. Wenn der Strom eines Buches auf dem Regal scheinbar aufgehalten wird, dann liegt das daran, daß es von einem Punktattraktor an einer bestimmten Stelle des Systems eingefangen wurde. Das Buch kann sich nicht bewegen, bis dieser Attraktor zusammen mit seinem zugehörigen Becken verschwindet und ein neuer erscheint, um die erneut freigesetzten Ströme zu absorbieren. Die Zerstörung des Attraktors (und die Schaffung eines neuen) ist eine Katastrophe.«

René Thoms Hoffnungen bezüglich des Potentials der Katastrophentheorie, der klassischen mathematischen Rationalität dazu zu verhelfen, sich auch auf vielgestaltigen Gebieten wie der Biologie, der Sprachgeschichte oder der Verhaltensforschung zu bewähren, waren nicht eben bescheiden; auch wenn sie, wie er selbst einräumte, nach Ansicht einiger Physiker schon an der Zuständigkeitsschwelle beim Übergang vom mathematischen zum experimentell überprüfbaren Modell scheiterten, insofern nämlich die Formulierungen, zu denen die »dialektische« und »herakliteische« Theorie führt, wenn man sie in Prosa umbettet, alles andere als den gesetzesförmigen Postulaten der Physik analog sind.

Von solchen Einwänden in die Enge getrieben, konzedierte Thom, die Katastrophentheorie sei im Grunde weniger ein Ensemble von leitenden heuristischen Ideen mit Falsifizierbarkeitsperspektive als vielmehr eine »Sprache«.

So bescheiden war das gar nicht – immerhin sollte diese Sprache nach wie vor die Umgangssprache der Natur sein: »Wie die Sprache Äsops kann sie Gutes oder Böses aussagen, und wo es keine experimentelle Nachprüfung geben wird, wird nur ein ästhetisches Empfinden für die geistige Ökonomie erlauben, die Spreu vom Weizen zu trennen.«

Mit diesem Bekenntnis zur Ästhetik als Leitparameter der Erkenntnisarbeit befindet Thom sich als Morphologe in bester Gesellschaft – von Goethe bis Stephen Wolfram, dem Computerformenlehrer, dessen in seinem Hauptwerk »A New Kind of Science« aus dem Jahr 2002 erhobene Ansprüche kühner sind, als es die Thoms je waren. Interessanterweise sind solche Ansprüche heutzutage häufig mit einem quasi empirischen Verständnis von Mathematik verknüpft, als wären mathematische Strukturen, wie die der Natur, nicht von uns erzeugt, sondern würden vorgefunden. Der erste, der Mathematik »quasiempirisch« nannte, war der Wissenschaftsphilosoph Imre Lakatos (1922–1974). Mathematiker, die mit Computern arbeiten, haben den Ball dankbar aufgenommen – Chaitin und Wolfram vor allem.

Daß die quasiempirischen Konstruktiven als schlagenden Beweis für die Welterschließungsmacht und den weltkonstituierenden Charakter der Mathematik gerade die Erfolge der Computertechnologie anführen, berührt seltsam. Thom, in Gesinnungsdingen ihnen eigentlich nahestehend, fand für die Automatisierungswelle in den Wissenschaften noch vor dreißig Jahren nicht weniger ablehnende Worte als gegenüber dem Ehrgeiz der Mengenlehrer: »Nehmen wir an, es sei uns gelungen, für eine formale Theorie S eine elektronische Maschine M zu konstruieren, die mit unheimlicher Geschwindigkeit alle elementaren Operationen in S vollzieht. Nun möchten wir nachprüfen, ob eine Formel F der Theorie richtig ist. Nach 10 hoch 30 elementaren Operationen, die in ein paar Sekunden vollzogen werden, gibt uns die Maschine eine positive Antwort. Welcher Mathematiker würde ohne Zögern die Gültigkeit einer solchen ›Beweisführung‹ akzeptieren, bei der die einzelnen Schritte von ihm unmöglich nachgeprüft werden können?«

Das von Thom 1971 in der Absicht einer Reductio ad absurdum des Hilbertschen Programms erfundene Szenario war hellsichtiger, als dem Autor bewußt gewesen sein dürfte: Er hat damit den von Kenneth Appel und Wolfgang Haken stammenden Beweis des Vierfarbensatzes von 1977 prophezeit, der mit Hilfe eines Computers gelang.

Der Vierfarbensatz besagt, daß jede Art von in Feldern unterteilte Landkarte auf einer Ebene mit nur vier verschiedenen Farben vollständig so koloriert werden kann, daß keine zwei Felder mit gemeinsamer Grenze dieselbe Farbe haben müssen. Appels und Hakens Beweis ist bislang nicht widerlegt worden, das heißt, niemand hat einen Fehler gefunden.

Dennoch gibt es Ansätze zu neuen Beweisen, sogar fertige Versionen, weil man, ganz im Sinne Thoms, der Meinung war, daß der Beweis der beiden zwar zulässig, aber doch nicht ganz das Gewünschte sei. Denn er verläßt sich auf eine Vielzahl von diskreten Probefällen der Karteneinfärbung, die nur der von ihnen benutzte Computer rechnen kann.

Es mag, so die Unzufriedenen, zulässig sein, die Arbeit des

»brute computing« oder »number crunching« den Maschinen zu überlassen, die nichts Gespenstischeres vollbringen, als ein Mensch mit Bleistift und Papier vollbringen könnte, würde die Zeit ausreichen.

Die klassische mathematische Ratio aber, die in den Köpfen, denen bei so etwas unwohl wird, noch immer nicht ganz verschwunden ist, müssen wir uns wohl als ein Muster desjenigen exakten Denkens vorstellen, das noch nicht – wie heute fast alles exakte Denken – in die Maschinen gerutscht ist; eine Errungenschaft der bürgerlichen Klasse, ein Residuum der Vorstellung vom selbst denkenden, ökonomisch unerpreßbaren, freien und mündigen Menschen.

Als René Thom am 25. Oktober 2002 starb, mag es den Anschein gehabt haben, als behielte seine pessimistische Einschätzung des Schicksals seines Lieblingskindes recht: »Es ist eine Tatsache, daß die Katastrophentheorie tot ist.« An diesen Offenbarungseid, geschrieben 1997, schloß er freilich, seinem Ruf als Dialektiker alle Ehre machend, die Vermutung an, die Theorie sei an nichts anderem als ihrem Erfolg zugrunde gegangen – was sie habe vorbereiten helfen, sei heute dominant, von der Chaosforschung bis zur Komplexitätstheorie.

Er war eine nicht nur mathematisch, sondern auch kulturgeschichtlich seltene Gestalt: ein Progressist, der ergänzend zur Förderung des Fortschritts dazu imstande war, die reiche philosophische Vergangenheit seines Fachs gegen das furiose und notwendige Vorwärtsgeschrei der Zeitgenossen zu verteidigen.

SECHZEHN

Wahrheit und Gesundheit

Julia Bowman Robinson

1919 bis 1985

Die Tür zum Vorzimmer wurde geöffnet, Doktor Oliver Queen betrat den Raum.

»Guten Morgen, Mistress ... Robinson? Bowman? Bowman Robinson? Was ist Ihnen lieber?«

Er stand kerzengerade vor ihr und beugte sich, steif und formell, nach vorn, um ihr die Hand zu reichen. »Sagen Sie Julia«, erwiderte die Frau und wunderte sich, wie zerstreut sie war – der Mann schien gar nicht vorhanden, zu viele Eindrücke lenkten von ihm ab: der Ledergeruch der Couch, das Rasenmähersummen von draußen, die Nachrichten aus dem Radio im Vorzimmer, durch das er gekommen war, ohne die Tür hinter sich zu schließen. Man hörte noch immer die Stimme, die vom jüngsten »wichtigen Schritt bei der Eroberung des Alls« sprach: daß mit Sally Ride nun endlich auch eine Frau im Weltraum gewesen sei, natürlich eine Amerikanerin.

Der Mann sah aus, als wäre er ungefähr vierzig Jahre alt, ein wenig dicklich, und trug legere Kleidung unterm weißen Kittel: Sportschuhe, Golfhose, T-Shirt. Sein schwarzer Räuberbart elektrisch gesträubt, die Gesichtsfarbe rötlich, aber gesund, die Platte blitzblank poliert: ein falstaffisches Bild blühenden Lebens.

Sie nahm seine Hand, schüttelte sie schwach. Er machte ein kleines, niedlich-zufriedenes Grunzgeräusch und setzte sich hinter seinen Schreibtisch. »Sie gucken ja ganz unglücklich! Haben Sie Angst, daß ich versuchen könnte, an Ihnen herumzuanalysieren?«

»Ich habe bloß schlecht geschlafen. Das Alter, wissen Sie.«

Als damals das rheumatische Fieber kam und immer wieder Rückfälle, ein Jahr Bettruhe, nur die Krankenschwester und Julia, allein im halbhellen Zimmer: da spätestens konnte sie die Ärztesprüche nicht mehr hören. Sie spotteten der Wirklichkeit: Sonnenbäder. Einzelhaft. Keine Schwester Constance, kein Vater. Grießbrei. Nüsse. Angst, und von Angst geschärfte Sinne: Ich habe damals alles gehört, was draußen passiert ist, eindringlicher als jetzt diesen Rasenmäher, schärfer konturiert als diesen Nachrichtensprecher, gefolgt von Michael Jackson. Wenigstens macht die Sprechstundenhilfe endlich die Tür zu.

Die Frau bildete sich ein, den Sekundenzeiger an der teuren Armbanduhr des Arztes ticken zu hören. Dr. Queen schob Papiere zusammen, sah auf das zuoberst liegende mit säuberlich in Kolumnen aufgereihten Daten und las: »Studium der Mathematik und Philosophie an den Universitäten San Diego und Berkeley, 1948 Doktorarbeit beim Logiker Alfred Tarski, in Berkeley, dann ab 1975 Dozentin, ein Jahr später eine ordentliche Professur. In der Doktorarbeit haben Sie, äh, bewiesen, daß man das Entscheidungsproblem, also die Frage, ob die Wahrheit eines Satzes in ... der Prädikatenlogik ... im Rahmen eines bestimmten formalen ... Systems entschieden werden kann, für den Bereich oder Zahlkörper der rationalen Zahlen nicht lösen kann ... nicht algorithmisch lösen kann, steht hier. Dann haben Sie sich mit Rekursionstheorie befaßt, mit dem zehnten Hilbertschen Problem vor allem: ob es ein universelles Entscheidungsverfahren für die Lösbarkeit diophantischer Gleichungen gibt. Na ja. Was immer das ist – Sie haben das Problem, steht hier, auf einen Sonderfall eingegrenzt, und mit Hilfe dieser von Ihnen geleisteten Vorarbeit hat Juri Matjasewitsch 1970 rausgekriegt, daß es so ein Verfahren wie das von Hilbert gesuchte nicht gibt. Tja. Gut. Ich muß zugeben, vor diesen Dingen stehe ich reichlich hilflos. Lizette natürlich nicht – meine

Rekursionstheorie: *Die Rekursionstheorie ist die Theorie der rekursiven Funktionen. Diese erzeugt man durch 1. Addition, 2. Multiplikation, 3. Aussuchen eines Elements aus einer Liste und 4. Ermittlung, ob die Ungleichung a < b wahr oder falsch ist, nach den Regeln:*

a.) Wenn F und die Funktionenreihe G1, … Gn rekursiv sind, ist auch F(G1, … Gn) rekursiv.

*b.) Wenn F eine rekursive Funktion ist, so daß es ein x für jedes a mit H(a*x) = 0 gibt, dann kann man das kleinste a rekursiv erhalten.*

Patientin. Lizette Tallow. Die kennt sich aus, wenn auch sicher nicht so gut wie Sie. Was wiederum exakt der Grund dafür ist, daß Ethel ... Ethel Noxon, die Freundin Ihrer Schwester Constance, auf die Idee gekommen ist, Sie könnten mir helfen, weil Lizettes Problem ... mindestens so sehr in Ihr Fach fällt wie in meines.«

Ein kurzes Schweigen trennte das Konversationsgeplänkel vom damit ausgesprochenen Anlaß des Treffens. Dann räusperte sich der Arzt und sagte: »Also schön. Zum Geschäft.«

Julia brummte freundlich, um ihn zum Fortfahren zu ermutigen.

»Ich bin Ihnen sehr dankbar, daß Sie hier sind, selbst wenn nichts dabei rauskommt.«

Wie nett, dachte Julia: Er versuchte, ihr eine Beklommenheit zu nehmen, die gar nicht da war. Über Vergeblichkeit mußte man sie zuallerletzt belehren. Häufig genug tat sie aus Pflichtgefühl Dinge, die nicht viel mehr bewirkten, als ein Signal zu setzen. Warum, fragte sie sich, während er dasselbe noch mal mit anderen Worten sagte, die sie kaum hörte, bin ich zum Beispiel Präsidentin der American Mathematical Society geworden, als man mich drum bat? Weil ich zwar weiß, daß ich wegen meiner vielen Gebrechen nicht besonders viel ausrichten kann, aber andererseits keine Illusionen darüber hege, daß es trotz des augenblicklich günstigen Zeitklimas dieser netten frühen achtziger Jahre lange dauern wird, bis diese Position mal wieder einer Frau angeboten werden wird. Viel Zuspruch und Ermutigung von Constance hat es gar nicht gebraucht. Nicht daß Constance ihr nicht trotzdem vehement dazu geraten hätte. Sie tat eben auch immer, was ihr nötig erschien, die emsige Schwester, steckte ja auch hinter diesem Ding hier.

Dr. Queen hatte aufgehört zu reden und schien auf eine Reaktion zu warten, also sagte sie unverbindlich: »Ich werde mit dem Mädchen reden, dann sehen wir weiter.«

»Fein. Lizette wird bald hier sein.« Der Arzt sah auf seine schwere Armbanduhr: »Zehn Minuten, oder auch eine Viertelstunde, falls sie nicht ganz so pünktlich ist. Das kommt manchmal vor. Eine bemerkenswerte junge Frau. Ich denke, sie ähnelt Ihnen in vielem – als Sie so alt waren, wie Lizette jetzt ist, meine ich. Nur daß sie natürlich einen etwas anderen Weg eingeschlagen hat.«

»Wie soll ich das verstehen?«

»Nun ja, sie studiert Philosophie und Mathematik mit einem Schwerpunkt auf ersterem. Andererseits: Sie haben mit Philosophen gearbeitet, stimmt's?«

»Nur mit einem. Hilary Putnam.«

»Dieser Erkenntnistheoretiker und Marxist aus Harvard? Das wußte ich gar nicht.«

»Als Marxist sieht er sich wohl schon seit gut zehn Jahren nicht mehr. Und Erkenntnistheorie ... wir hatten es damals mit Logikfragen zu tun. Ich habe ihn über Martin Davis kennengelernt.«

»Putnam, Putnam ... War der nicht auch mal Präsident der American Philosophical Association?«

»Ein paar Jahre lang, ja. In den späten Siebzigern.«

Dr. Queen hustete: » Ach ... Da können Sie mal sehen. Ich bin nicht besonders gut orientiert in unserm intellektuellen Leben, was?«

»Zuviel Golf?« neckte Julia.

»Sie können ganz schön verschmitzt grinsen. Reden wir lieber wieder von Lizette. Wie ich sagte: eine Philosophin. Abgesehen von europäischer Philosophie der ersten Jahrhunderthälfte ist sie vor allem stark an Logik interessiert ...«

»Und da hat sie, wie ich von Constance höre, ein Problem.«

»Ja. Sie selbst sagt, sie ›bleibt stecken‹, immer wieder.«

»Sie müssen entschuldigen«, sagte die Mathematikerin, »aber eine Frage habe ich noch zu der Sache. Ich habe das Constance schon gefragt, die mir darauf keine befriedigende Antwort hat geben können, vielleicht können Sie mir ja weiterhelfen: Wenn ihr das nicht eingeht, warum studiert sie dann nicht was anderes?«

Queen wischte sich die Augen aus. Das Lachen hatte ihn geschüttelt wie einen Bären aus Pudding, seine Wangen waren noch apfelroter als zuvor. Kopfschüttelnd widersprach er: »Nein, Verzeihung, aber Sie mißverstehen das Ganze. Es ist nicht so, daß ihr die Logik bloß irgendwie nicht paßt. Sie macht ihr Kopfschmerzen, einen trockenen Mund, Ohrenjucken, Schlaflosigkeit, Sorgen, aber sie hat sich reingekrallt und kann nicht loslassen. Das imponiert mir.«

Die Gegensprechanlage auf Dr. Queens Schreibtisch gab einen häßlichen Summton von sich. Er drückte auf eine Taste. »Miss Tallow ist hier!« gab die Sprechstundenhilfe durch.

Der Arzt strich sich mit der linken Hand den Bart gerade und sagte: »Ja, ist recht. Ich ruf sie gleich rein, einen Moment noch.«

Er sah Julia direkt an: »Sie ist es wert. Reden Sie mit ihr. Gehen Sie in ein Café. Verbringen Sie einen Nachmittag zusammen. Tun Sie's nicht für die Frauen der Welt, nicht für Ihre Schwester oder für Ethel, nicht für mich oder die American Mathematical Society. Tun Sie's aus Neugier. Sie werden schon sehen.«

Dann drückte er auf den Summtaster der Gegensprechanlage, räusperte sich effektvoll und forderte Lizette Tallow auf einzutreten.

Drei Dinge widersprachen völlig dem Bild, das Julia sich von der jungen Frau bis dahin gemacht hatte: Lizette Tallow war schwarz, sie war hochschwanger, und ihr Gesicht sah alles andere als verschüchtert, verwirrt oder unentschlossen aus. Wahrscheinlich, dachte die Mathematikerin verblüfft, habe ich überhaupt noch nie einen so attraktiven Menschen einen Raum betreten sehen.

Neugier? Kein Problem.

*

Daß die Eisportionen in diesem Café für normale Menschen einfach zu groß waren, ergab sich zufällig als der erste Punkt, über den sich Lizette Tallow und Julia Bowman Robinson von Herzen einig waren: »Wenigstens hat die Welt genug Respekt vor meinem Zustand, um zu ertragen, daß ich solche Sahnebomben in mich reinschaufle. Alles fürs Kind!« meinte die junge Frau.

»Na, und ich bin alt, bei mir freuen sich alle, wenn ich überhaupt noch was esse, hin und wieder mal schlafe und einen Tag ohne Stolpern und Umfallen rumbringe«, erwiderte Julia und lehnte sich entspannt zurück.

Lizette lachte, dann wurde sie ernst, dachte nach und sagte zögerlich: »Also wir könnten ... ich weiß, daß wir hier sind, um über meine Schwierigkeiten zu reden. Ich bin Ihnen ... na ja, nein, ehrlich gesagt, so besonders dankbar bin ich Ihnen gar nicht. Weil ich nicht glaube, daß Sie viel ausrichten werden. Oder sollen.«

»Die Skepsis ist wahrscheinlich berechtigt«, sagte Julia sanft und legte, davon selbst überrascht, Lizette die Hand auf den Arm.

»Also gut«, fuhr die junge Frau fort, »ich denke nicht, daß wir mein Problem an einem Nachmittag in den Griff kriegen, und mehr Zeit sollten Sie damit wirklich nicht verschwenden. Aber wo wir schon mal hier sitzen, dachte ich ... na ja. Ich weiß natürlich nicht nur, wer Sie sind, sondern ... was ich zu sagen versuche: wenn wir schon über meinen albernen Quatsch reden müssen, dann darf ich vielleicht auch so frech sein ...«

»Mich dafür ein bißchen auszufragen«, ergänzte Julia, als Lizette nicht weitersprach.

»Ich verstehe schon. Für die Kommilitonen und Kommilitoninnen. Mal hören, was über die Berühmtheit nicht im Lexikon steht.«

Lizette lachte wieder, verlegen: »Na ja ... eigentlich nicht für irgendwelche andern, sondern erstens für mich und zweitens für meinen Freund. Er ist Philosoph – Putnam-Schüler, und als er hörte, daß ich –«

»Der Vater Ihres Kindes.«

»Genau. Ein Engländer.«

»Klug?«

»Ja, allerdings. Manchmal ist er zwar ein bißchen ein Traumtänzer. Aber doch mit das Beste, was mir an der Uni begegnet ist. Ich meine nicht nur als Mann, auch als Kopf.«

Julia nickte sachlich und spürte zugleich einen seltsamen Affekt: war das Wiedererkennen, Melancholie? Diese Geschichte kam ihr bekannt vor: der attraktive Mann, dessen Attraktivität auch im Geistigen gründet, die gegenseitige Anziehung, »... das Beste, was mir an der Universität begegnet ist.« Ja, dachte sie, so passiert das: in Berkeley ging's mir genauso. Ich war sehr glücklich, wirklich selig – in San Diego hatte es überhaupt niemanden gegeben, der so war wie ich. Und dann diese Verwandlung, wie im Märchen vom häßlichen Entlein: Plötzlich, in Berkeley, habe ich entdecken dürfen, daß ich ein Schwan bin. Es gab da auf einmal so viele Menschen, die sich für Mathematik begeisterten. Sie haben mich gleich in diese niedliche Ehrenverbindung gewählt ... Und dann kam Raphael. Zuerst, in meinem ersten Jahr, waren wir zu viert im Zahlentheoriekurs: Raphael Bowman, ich, zwei andere. Die Spaziergänge, die Erörterungen über moderne Mathematik ... Weil wir beide was gelernt haben, voneinander, das war etwas völlig Neues für mich.

Lernen hieß sonst immer nur Aufsaugen, Verschlingen, wie verrückt. Auf dem Krankenbett, in meinem Isolationsjahr wegen der Geschichte mit dem rheumatischen Fieber, hat das angefangen. Goldene Hauslehrerworte: »Die Quadratwurzel aus zwei kann nicht bis an einen Punkt berechnet werden, wo die Dezimalstellen anfangen, sich zu wiederholen.«

Das fand ich so vollständig wahnsinnig, so unglaublich faszinierend ... so bin ich zur Mathematik gekommen. Die neunte Klasse war der Gang durchs Feuer: Die andern Mädchen haben danach aufgehört, alle exakten Fächer abgewählt, soweit es ging. Ich war die einzige Frau im Physikkurs. Furchtbar unsicher war ich, konnte mich nur unter Stottern und Stammeln verständigen. Ich habe Constance für mich reden lassen, es war wie bei Moses und Aaron. Ein bißchen irr muß ich anderen Menschen wohl auch vorgekommen sein – als mir Dad dieses Rechenlineal geschenkt hat, hab ich dem einen Namen gegeben, »Slippy«. Wer sonst würde das tun: ein Rechenutensil wie ein Haustier oder einen Phantasiefreund behandeln ... Wenn ich Vampirjägerin statt Mathematikerin geworden wäre, hätte ich wahrscheinlich einen Holzpflock namens »Mister Pointy« gehabt.

»Mistress ... Miss Robinson?«

»Oh, ich bin wieder weggedämmert, was? Das ist die beginnende Senilität, Verzeihung. Und nennen Sie mich doch bitte Julia.«

»Julia. Okay.« Lizette mußte schlucken.

Julia nahm die Hand vom Arm der jungen Frau: »Ich habe nur über meinen eigenen Mann nachgedacht und darüber, wie ich ihn kennengelernt habe. Das war auch an der Universität. Wir haben ... es war bizarr, teilweise, was das für Folgen hatte. Man denkt und plant so viel, in diesem Alter ... Wir haben im Dezember 1941 geheiratet. An der Fakultät gab es damals diese Regel: Mitglieder derselben Familie dürfen nicht in derselben Abteilung lehren, das sollte den Nepotismus verhindern. So habe ich meinen mathematischen Lehrassistentinnenjob verloren. Verrückt, oder? Planen und Lenken ... ich kann keine Kinder bekommen, konnte es nicht, als ich wollte, meine ich. Wegen meiner Krankheiten. Aber wissen Sie, ich hoffe doch sehr für Sie, der Kerl nimmt seine Verantwortung als Vater wahr, intellektuelle Brillanz hin oder her. Sonst geht Ihre eigene Brillanz dabei über Bord.«

»Keine Angst. Quentin ist Engländer«, sagte Lizette, als ob das schon alles erklärte. »Wir gehen vielleicht nach Europa – nach England oder Deutschland. Man ist da toleranter. Er ist weiß, wissen Sie. In Amerika ... also ... Ich will ... das klingt jetzt bestimmt total lächerlich, aber ich habe mir irgendwie in den Kopf gesetzt, daß ich ein europäisches Kind will. Es soll auch einen europäischen Namen haben: Wesley, oder Catherine.«

»Wollen Sie den Burschen heiraten?«

Lizette überlegte einen Augenblick, spielte mit dem Löffel in der Sahnepfütze am Grund ihres Eisbechers und erwiderte: »Ich weiß noch nicht. Muß man ja heute nicht.«

Julia lachte und wiederholte Lizettes »Okay«. »Gut, stehen wir auf und gehen ein Stück, da drüben, bei den Bäumen. Da ist es schattig genug.«

»Gut, aber haben Sie nicht –«

»Ich laufe nicht schnell. Ich bin, wie man sagt, gebrechlich. Um so lieber bewege ich mich, wenn schon nicht exzessiv. Und Sie sehen auch nicht so aus, als würden Sie mir davonrennen«, sagte Julia und winkte den Kellner heran.

*

»Sie haben mit Hilary Putnam gearbeitet, stimmt das?«

»Fragen Sie das jetzt für sich selbst oder für Ihren Freund, den Putnam-Schüler? Ich will nichts Verkehrtes sagen«, Julias Tonfall wurde kokett, »wenn es am Ende Putnam erreicht.«

»Ich möchte es selber wissen. Außerdem ist Quentin nicht Putnam-Schüler in dem Sinn, daß er auf Putnams Schoß sitzt. Er hat ihn nur mal drei Semester lang lesen hören. So, wie wir alle immer noch Aristoteles- und Platon-Schüler sind, ist er Putnam-Schüler – das heißt ganz banal: was Putnam so schreibt, ist ihm wichtig.«

Julia akzeptierte die Erklärung, und Lizette setzte neu an: »Ich glaube nicht, daß man das alles so sauber trennen kann, wie Sie's vorhin gemacht haben: Die Gründe, haben Sie gesagt, aus denen heraus Sie mit Putnam zu tun hatten, haben nichts mit Philosophie zu tun. Wie würde er das sehen? Niemand kommt ohne philosophische Meinungen aus, ohne Ansichten darüber, wie geordnetes Denken funktioniert, wie man zutreffend schließt. Und wäre Putnam ein Philosoph geworden, der die Einwände erkennt, mit denen man bequeme Hypothesen umschmeißen kann, wenn er nicht gelernt hätte, wie man Sätze streng testet? Solche Sachen ... ich kann nicht aufhören, mich so was zu fragen, obwohl es mir manchmal wirklich Kopfschmerzen macht.«

Julia blieb stehen, als Lizette nicht weiterging. Die Mathematikerin hob die Hände und berührte Lizettes Gesicht rechts und links: »Ihre Lider flattern. Sie sind gerade sehr aufgeregt, nicht?« Sie nahm die Hände von den Wangen der anderen, die schloß die Augen, schluckte und sagte: »So ist es immer. So wie jetzt. Immer wenn ich Sätze mit ›hätte‹ oder ›wäre‹ formulieren soll, kontrafaktische Sachen. Es ist wie Stottern oder Schluckauf. ›Wäre Putnam nicht‹ und ›hätte er denn‹, dieses Zeug – sofort kriege ich Probleme.«

Sie gingen weiter, langsam, schwiegen dabei.

Dann sagte Lizette: »Ich fürchte mich manchmal davor, daß die Wissenschaft verblödet. Können Sie sich das vorstellen?«

Julia lachte trocken. »Kann ich.«

»Ich meine, das Auseinanderfallen von Fachwissen und Alltagswirklichkeit ist für uns Alltag, aber es sollte nicht so sein.«

»Ich muß Sie enttäuschen, wenn Sie denken, ich könnte dazu viel sagen. Diese berühmte Interdisziplinarität, von der heute alle reden, damit ist es nicht weit hergewesen, bei uns dreien, damals –

bei Martin Davis, Putnam und mir. Martins Buch war gerade erschienen – ›Computability and Unsolvability‹. Sie sollten sich das alles eher von ihm erzählen lassen. Es ging uns um ein strenges Problem: Wir wollten wissen, ob man einen Prozeß finden kann, der in einer endlichen Anzahl von Schritten, algorithmisch also, rausfinden kann, ob eine bestimmte diophantische Gleichung eine Lösung in ganzen Zahlen hat. Eine diophantische Gleichung ist –«

»So was wie 5 x im Quadrat – 3 x hoch 2 + 9 x hoch 4 = 0. Nur ganzzahlige Koeffizienten, Plus und Minus, keine Variablen in der Potenz, also ... oben meine ich.«

Julia lachte über dieses bildliche »oben« und sagte dann: »Ja. Entschuldigung. Mir hätte klar sein müssen, daß Sie das natürlich wissen. Jedenfalls, meine Doktorarbeit bei Tarski handelte schon von Definierbarkeits- und Entscheidungsproblemen in der Arithmetik. Ich habe versucht, mittels diophantischer Gleichungen eine Definition davon zu formulieren, was eine Potenzierung überhaupt ist. Das war ziemlich erfolgreich. Kaum zehn sehr beschäftigte

Diophantische Gleichungen ***sind solche mit ausschließlich ganzzahligen Lösungen. Unten sind einige Beispiele abgebildet.***

Jahre später, im Sommer 1959, kam der Brief von Davis und Putnam. Die hatten an einem Theorem gewurstelt, das uns einer Lösung des zehnten Hilbertschen Problems näher bringen sollte. Ich hatte vorgeschlagen, man sollte ruhig variable Exponenten – ›oben‹ – zulassen, und ich hatte ein paar Techniken entwickelt, die hilfreich

$$x, y \in \mathbb{Z}$$
$$ax + bx = c$$
$$ax^2 + by^2 = c$$
$$ax^3 + by^3 = c$$

Beispiele für diophantische Gleichungen.

aussahen. Komplizierte Sachen, Brücken eigentlich nur, jedenfalls im Rückblick – jetzt, wo wir es genau wissen. Die beiden haben sie also angewandt, meine neuen Techniken. Es kam dabei auch was raus. Aber damit, was rauskam, mußten Putnam und Davis eine bestimmte Vermutung über die Primzahlen als wahr annehmen, die noch niemand bewiesen hatte. Nämlich die: Es gibt beliebig lange arithmetische Folgen, die ausschließlich aus Primzahlen bestehen. Die beiden Jungs haben das Zeug aufgeschrieben und der Air Force geschickt – die hat diese ganzen Grundlagenforschungen damals finanziert, schon im Krieg. Viel später habe ich ein Exemplar dieses Berichts mit nach Rußland genommen. Die Mathematiker, denen ich ihn dort gezeigt habe, konnten es nicht fassen, daß unsere Luftwaffe so was bezahlt. Die Beweisprozedur war's, womit Putnam und Davis berühmt wurden. Oder wie Davis sagt: berüchtigt. Stand damals im ›Journal for the Association for Computing Machinery‹, all die Algorithmensachen wurden dort abgedruckt. In ihrem Papier haben Putnam und Davis vorgeschlagen, Probleme der Logik erster Ordnung, also der reinen Aussagenlogik: a ist b, a ist nicht b, und so fort zu bearbeiten, indem man mit einem bestimmten vorbereitenden Schritt beginnt, der später sozusagen eine Pflichtübung bei solchen Sachen wurde. Das Ding über Hilberts Zehntes ging, außer an die Air Force, an mich. Ich habe mich gefreut, ganz einfach. Daß es weitergeht, daß man dem Problem auf den Leib rückt. Außerdem, und das wird Sie freuen, war die Bekanntschaft natürlich lehrreich: Putnam hat mir viel über Philosophie erzählt, über Psychologie auch. Enthusiastische Zeiten.«

»Das klingt, als hätte es keinen persönlichen Ehrgeiz gegeben für Sie. Waren Sie nie neidisch auf andere?«

»Neidisch. Hm. Nein, das klingt zwar jetzt sehr heilig, aber: eigentlich nicht, nie. Nein, wissen Sie – ich war es ja am Ende nicht, sondern Matjasewitsch, der Hilberts Zehntes geknackt hat. Ehrlich gesagt, ich wollte es einfach unbedingt wissen, egal, wer es rauskriegt.«

»Und Ihr entscheidender eigener Schritt, nach der Putnam-Davis-Arbeit, war dann ...«

»Ich habe das Ding so verändert, daß man nicht mehr auf die Annahme über die Primzahlfolgen angewiesen war. Putnam und Davis waren wirklich sehr nett: Die wollten ihr Ding sofort zurückziehen und ein neues mit mir zusammen veröffentlichen. Ich habe die fertige Fassung aufgeschrieben, die Sache drastisch vereinfacht, und unser gemeinsames Papier wurde dann 1961 veröffentlicht. Zwanzig Jahre habe ich am Zehnten Hilbertschen rumgegraben, ich war ... nein, wirklich, ich war einfach froh, als Matjasewitsch 1970 mit der Antwort kam. Sie lautete natürlich: Nein, ein algorithmisches Verfahren wie das, nach dem Hilbert gesucht hat, gibt es nicht und kann es nicht geben. Und jetzt«, sagte Julia Robinson entschieden, »setzen wir uns da drüben auf diese Bank bei der Brücke und reden nicht mehr über Hilary Putnam, Martin Davis und das Interesse der Air Force an diophantischen Gleichungen. Sondern über Ihr Problem.«

*

»Lächerlich, nicht wahr?«

Mit diesem Satz, verzagt und leise ausgesprochen, beendete Lizette Tallow ihren Bericht. Kopfschmerzen, Krämpfe, Ausschläge und Schlafstörungen hatten darin ungute Rollen gespielt, das alles aber stammte, wie sie sagte, immer nur »von rein intellektuellen Problemen her. Ich weiß, daß das absurd ist. Mir ist klar, daß man sich das nicht so zu Herzen nehmen darf. Daß es dem Baby schadet, weiß ich sowieso. Aber ich hatte das schon vor der Schwangerschaft. Queen weiß nicht weiter, und dabei ist er der einzige unter all den Leuten, bei denen ich war, der nicht wie ein Voodoopriester auftritt.«

»Waren Sie bei sehr vielen Therapeuten?« erkundigte sich Julia.

»Bei viel zu vielen. Sechs Stück. Bei einigen wurde es schlimmer, wegen der Voodoopriesterei, nehme ich an. Ich hasse das: Träume deuten und tief in die Augen sehen. Ich weiß, wovon ich rede, wenn ich ›Voodoopriester‹ sage. Mein Vater ist Künstler, wissen Sie, er lebt in New Orleans, da gehört Mumpitz zum Alltag. Meine Eltern sind einigermaßen vermögend. Nicht daß ich was gegen das Geld hätte. Ich kann damit nach Europa ziehen.«

»Und in Europa geht's vernünftiger zu als hier?«

Lizette schob die Unterlippe vor und schüttelte den Kopf: »Ich weiß nicht. Aber ich hoffe es.«

»Das Muster ist gar nicht so schwer zu erkennen, Lizette.«

»Welches Muster? Das von Europa?«

»Nein. Ihr Problem. Sie bekommen Kopfschmerzen, Stotteranfälle, auch Ausschläge und so weiter, wenn Sie kontrafaktische Sätze bilden, wenn Sie raten, wenn Sie über die Ordnung der Zahlen nachdenken, wenn Sie sich fragen: Könnte es auch anders sein? Dieselbe Geschichte, wenn Sie an der Uni, in der Philosophie, an Seminaren teilnehmen, in denen jemand behauptet, das Bewußtsein könne aufs Modell einer Turingmaschine reduziert werden, oder einer sich ganz sicher ist, daß das mathematische Wissen rein psychologisch, daß Mathematik eine Konjunktivwissenschaft ist ...«

»Das klingt, als hätte ich ein Problem mit Vernunft und Logik.«

»O nein. Das glaube ich nun wirklich nicht.«

Julia legte Lizette den Arm um die Schulter und zog sie sacht zu sich heran. »Ihr Fall ist, na, sagen wir: viel schöner. Das heißt, für Sie vielleicht viel schlimmer. Es ist nicht das strenge logische Denken, was Sie quält. Es ist der Anspruch mancher Leute, Gewißheit liefern zu können.«

Lizette stimmte zu, als Julia sie wieder losließ: »Ich frage mich, ob ich bekloppt bin. Ich habe immer wieder ... diese Träume. Jedesmal Prüfungssituationen: Abfrage, Tafel, Schule. Vorletzte Nacht zum Beispiel: Da war ich plötzlich eine Anwältin in einem Amphitheater und mußte einen alten Mann verteidigen, dem man vorwarf, er habe den Implex enthüllt. Nein, fragen Sie mich nicht, was das sein soll. Ich weiß es auch nicht. Etwas Implizites eben. Der Mann in dem Traum, der Kerl, den ich verteidigt habe, schien Mathematiker zu sein, aber er war auch eine zweidimensionale Pappfigur. So was träume ich.«

»Ich finde das kein bißchen verrückt, wenn Sie das beruhigt. Es ergibt alles immer mehr Sinn. Ich werde das Dr. Queen morgen auch erzählen und Ihnen selber sogar gleich. Was Sie tun, wenn Sie meine ... Diagnose für richtig halten, liegt allerdings bei Ihnen. Eine simple Wahl wird es nicht, fürchte ich.«

»Okay«, sagte Lizette vorsichtig. »Dann erklären Sie mir das mal.«

*

»Was wissen Sie über Allergien, Dr. Queen?«

Es war still draußen. Der Morgen war jung. Die ersten Patienten würden frühestens in einer Stunde auftauchen. Der Doktor lehnte sich zurück und spielte mit seinem Bleistift.

»Allergien? Glauben Sie, daß es das ist? Was wäre dann das Allergen – Pollen, Hausstaubmilben, Pferde, Katzen? Soll Lizette ihre Bibliothek abstauben lassen?«

»So einfach ist es auch wieder nicht. Aber meine Frage war nicht rhetorisch. Ich meine es ernst: Was ist der Stand der Forschung?«

Queen ächzte, lehnte sich wieder nach vorn, warf den Bleistift hin.

»Du lieber Himmel, Stand der Forschung ... die Spezialisten befassen sich hauptsächlich mit den Jahreszeiten, mit Pollenflug, Temperatur, Luftfeuchte und mit den Allergenen selber: Kuhmilch, Insektenstiche et cetera. Wie das auf zellbiologischer Ebene abläuft, was da genau vor sich geht, das ist unerforscht.«

Julia schnalzte mit der Zunge: »Na schön. Dann nehmen Sie's eben nicht wörtlich, wenn ich Ihnen sage: Ich glaube, Lizette Tallow ist allergisch.«

»Und wogegen?«

»Falsche Gewißheiten.«

Julia breitete die Hände aus, wie um zu sagen: Ich kann auch nichts dafür, so ist es eben. »Wir sind es zusammen genau durchgegangen. All die Anlässe, die Auslöser, die Symptome. Ihre größten Probleme hat sie immer da, wo Leute zu voreilig einen Sprung vom gerechtfertigt Behauptbaren zum Sicheren vollführen. Wenn Philosophen sagen, sie wüßten, wie man von der Logik zur Ethik kommt, oder wenn sie sich von den Erfolgen der Algorithmentheorie zu Aussagen über das Denken allgemein verführen lassen. Wenn Ärzte durch Handauflegen gewonnene Anamnesen und Diagnosen abgeben – dann bekommt Lizette Kopfweh, dann flattern ihre Lider und so fort. Das Mädchen ist mit Wahrheitsliebe geschlagen.«

»Und was machen wir da?«

»Ich weiß nicht. Ich kann ihr ja keine Karrieretips geben, oder?«

»Sagen Sie's wenigstens mir: Soll Lizette den Beruf wechseln?«

»Nein, ich glaube nicht. Im Gegenteil. Woanders wird ja noch mehr leichtfertiges Zeug in die Welt geblasen, oder? Nein, wenn sie durchhält ... wenn sie bei der Sache bleibt, wird sie entweder irgendwann von ihren Skrupeln besiegt, oder ...« Julia zögerte.

Der Arzt beugte sich noch etwas weiter vor: »Oder?«

»Oder sie wird was erarbeiten, woran auch die skeptischsten Leute Gefallen finden können.«

»Leute wie Sie?« neckte der Arzt.

»Ach, hören Sie auf. Ich sage nur meine Meinung.«

»Und ich danke Ihnen dafür.«

Wieder ergab sich eine dieser angenehmen, unbelastenden Pausen. Dann meinte der Psychiater lakonisch: »Tja.«

»Tja. Sie sagen es.«

Der Arzt klatschte in die Hände. Dann stand er auf, ging zum Sofa und bot der Mathematikerin seine Hand an, um ihr aufzuhelfen: »Haben Sie eigentlich schon gefrühstückt, Julia?«

»Na endlich.«

»Endlich was?«

»Endlich kommen wir einmal zum Praktischen«, sagte Dr. Queens Gutachterin, und zusammen machten sie sich auf den Weg zu Brötchen und Kaffee.

SIEBZEHN

In der Falle

Benoît Mandelbrot

***1924**

> *»Die Erinnerung geht nicht eine gerade Linie lang, sondern ist in sich gebrochen – man denkt an das erste Mal, als man eine Zigarette geraucht hat, und erinnert sich daran, daß es beim Fußballspiel war, und dann fällt einem ein Regentag ein und dann ein Unfall, den man gesehen hat, als man dreizehn war.«*
>
> Bill Sienkiewicz

So endet es also, dachte Mandelbrot. Er sah verdrießlich in seinen Rotwein, zweimal Glas, fiel ihm ein, Brille und Trinkgefäß, ach ja – kein schönes Ende, aber was will man machen. Er war der schweigsamste am Tisch geworden, nachdem er sich und die Situation erklärt hatte, soweit er beide durchschaute. Der Kollege aus Deutschland hatte sich noch nicht damit abgefunden, genausowenig wie die beiden jungen Mädchen am Tisch. Die schlaue mit den hohen Wangenknochen sah ihn direkt an, nachdem sie mit niedergeschlagenem Blick ein paar Sekunden in ihrer Cola nach einer Lösung gesucht hatte wie er in seinem Weinglas.

Dann lächelte sie und sagte in passablem Französisch: »Wie die Maus in der Falle. Oder wie der Hamster im Rädchen. Ich habe so einen, wissen Sie.«

Mandelbrot schüttelte den Kopf, er wußte nicht, was er darauf hätte sagen sollen.

Das andere Mädchen, angefeuert von Mandelbrots Kollegen Mannheimer, malte in dem Stadtplan herum, den der Wirt, ein spindeldürrer Mann mit einem zerzausten rotblonden Vogelnest um den Kopf, auf Anfrage herausgerückt hatte.

Das Männlein unterhielt sich gerade am Fensterbrett, unter zwei riesigen Topfkakteen, mit dem einzigen anderen Gast, einem unheimlichen, kahlen Motorradrocker in schwarzer Lederkluft, dessen Gesicht wie ein Strahlenopfergesicht in einem dieser Horrorfilme über den Atomkrieg aussah – die Nase war, dachte Mandelbrot schaudernd, regelrecht angefressen, die Augen starrten viel zu rot für einen Menschen. Der Wirt wirkte schmutzig, trug ein graublaues Sweatshirt, und die an den Beinen schlotternden Hosen, deren Farbe sich nur mehr als dunkel umschreiben ließ, saßen um die Hüfte viel zu eng. Der Nasenlose flüsterte, man hörte ihn nicht, der Wirt nickte eifrig und finster zu allem, was er sagte.

»Wir sitzen also fest«, sagte das schlaue Mädchen im Tiger-T-Shirt und fuhr sich mit der Rechten durch die dichten schwarzen Haare. Dann nahm sie einen Schluck Cola. Mandelbrot betrachtete fasziniert ihre neongrünen Ohrringe: wie sie baumeln!

Das sind die achtziger Jahre: Siebzehnjährige Mädchen in Tiger-T-Shirts und mit neongrünen Ohrringen trinken Cola in einer süddeutschen Provinzstadt ohne Namen.

Gefangen in der Wirtschaft. Mandelbrot knetete die Hände vor dem Weinglas. Die Doppelbedeutung des deutschen Wortes Wirtschaft war ihm bekannt, und so begriff er zwei Dinge auf einmal: Erstens hatte das Mädchen – wie hieß sie noch? Irgendein merkwürdiger Name mit C, Caitlin? Caroline? Carina? – recht, sie waren hier wenigstens teilweise sicher, die Kneipe konnte ihnen zumindest Vorräte anbieten, wie lange auch immer. Und zweitens war er, wenn seine Fahrt wirklich hier enden sollte, im Grunde wieder angekommen, wo sie begonnen hatte: in der Wirtschaft.

Zufälle? Gab es die? Wie den, daß dieses deutsche Wort diese zwei Bedeutungen hatte? Genau danach hatte er damals gesucht: nach Zufallsverteilungen. Das war noch bevor er bei diesem Harvard-Ökonomen seine eignen Kurven und Graphen wiedererkannt hatte, die erste Bestätigung von Mandelbrots Annahmen. Ein paar der Größen, die da gemessen wurden, wußte er heute noch: Anteil der Staatspapiere an den Geschäftsbanken verschiedener Länder, Belgien und Italien zum Beispiel, zwischen 1938 und 1952, oder die Krisenveränderungen in den USA: Beschäftigung, Bruttoinlandsprodukt, Einzelhandelsverkäufe, Auftragslage ...

Mandelbrot nahm sein Weinglas, führte es an die Lippen und stellte sich darauf ein, daß es ihn auch diesmal wieder, wie beim ersten Schluck, innerlich schütteln würde: das Zeug war der hinterletzte Essig. Mannheimer, frustriert von den Erklärungen des andern Mädchens am Stadtplan, verlieh der Stimmung der Gestrandeten angemessen Ausdruck: »Der blöde Plan ist auch keine Hilfe. Ich hab hier jahrelang gewohnt, aber ... es ist verrückt, der Plan ... verändert sich, noch während wir mit Kuli drin rummalen.« Mandelbrot sah nicht recht interessiert zum Plan hinüber, Mannheimer zeigte mit dem Finger drauf: »Hier, sehen Sie – Himmelreichstraße. Da könnten wir lang, um zur Feldbergstraße zu kommen, die uns zum Polizeirevier bringen könnte, das da unten irgendwo sein sollte – aber um in die Himmelreichstraße einzubiegen, von hier, müssen wir die Friedrichstraße lang, die nach rechts, aber dann doch nicht in die Himmelreichstraße einbiegt, weil hier jetzt die Hebelstraße einmündet – und da steht plötzlich die Schule, am Ende einer Sackgasse, die vorhin nicht da war. Wenn man genau hinschaut, sieht man zwar rechts, also nach Osten, aus der Sackgasse eine schmale Quere kommen, die in die Karlsbader Straße führt. Vorhin dachte ich, die hätte eine gemeinsame Kreuzung entweder mit der Himmelreich- oder mit der Feldbergstraße, aber jetzt führt sie hier unten doch nach Süden, in einem Knick, und da gibt es auf einmal etwas namens Achtmüller-Weg ... Es ist hoffnungslos. Ich habe so eine Straßengeometrie noch nie gesehen.«

Ich schon, dachte Mandelbrot, und war überrascht, daß ihn das Mädchen mit den Neon-Ohrringen ansah, als habe es genau diesen Gedanken erraten.

Die junge Frau, deren Vorname, auf den ihr Gegenüber einfach nicht kam, Candela lautete – wie Kerze, wie Licht –, las jedoch nicht Mandelbrots Gedanken, sondern dachte darüber nach, was die Lage verursacht hatte, in die sie, ihre gar nicht mal so enge Freundin Svenja und die beiden fremden Mathematiker geraten waren.

Svenja und Candela hatten sich schon vor der Begegnung mit den beiden in der Stadt verlaufen, in der sie immerhin aufgewachsen waren, auf dem Weg zur alljährlichen Spätsommerparty am Gymnasium, das sie beide besuchten.

»Es gibt hier – das klingt jetzt absolut bescheuert, aber es gibt hier neue Straßen«, hatte Candela Svenja nach anderthalb Stunden mehr oder weniger spiralförmigen Umherirrens mitgeteilt, um die aufsteigende Panik durch möglichst unerschrockene Benennung des so Offensichtlichen wie schwer Begreiflichen zu bekämpfen.

»Neue Straßen – aber mit Namen, von denen ich irgendwie meine, daß ich sie kenne. Hier«, hatte sie gesagt und mit ausgestrecktem Arm an der Fassade der Metzgerei Ecke Scherer- und Walterstraße emporgedeutet zu einem blauweißen Straßenschild: »Siehst du? Schererstraße. Die fängt hier an, klar, die hat immer hier angefangen, soweit ich mich erinnere, aber war ich hier schon mal? Bin ich hier je reinspaziert? Hab ich sie immer rechts – nein, vom Schulweg aus gesehen: links liegenlassen, diese Schererstraße?«

»Ich glaub, in der Schererstraße wohnt eine, die wir kennen«, hatte Svenja unsicher erwidert.

»Wer soll das sein?«

»Irgend so eine Stefanie. Zwei Klassen über uns war die früher, hat sich nie besonders leicht getan mit der Schule, dann ist sie abgegangen ... hat ein Kind gekriegt.«

Klang glaubwürdig, diese Geschichte, fand Candela. Das machte die ominöse Schererstraße auf schwer zu benennende Weise wirklicher: Hier wohnte also eine, die eines dieser Leben lebte, wie so viele Mädchen in der Stadt – Schule, dann kommt ein

Typ, vielleicht noch ein Kind, irgendwie bleibt man kleben im Kaff, kommt nie raus. Hat sich's vielleicht genauso vorgenommen, hier abzuhauen, wie Candelas alleinerziehende Mutter und, was diese Überlegung für Candela erst richtig gruselig machte, wie Candela selbst.

Daß sie noch bis zum Abitur durchhalten würde, dann aber mit größtmöglicher Eile so weit wie möglich weglaufen wollte, erst mal an irgendeine Uni, vielleicht Chemie studieren, und dann immer weiter – der Vorsatz stand fest, der innere Kompaß, wie sie das bei sich nannte, war eingestellt. Aber was nützte ein Kompaß, wenn die Straßen sich verschoben? Das heißt, »verschieben« war nicht ganz das richtige Wort.

»Wir waren hier schon. Vorhin«, hatte Svenja in diesem Moment mit verängstigter Stimme dicht am Ohr der Freundin versichert, »aber da war diese Schererstraße noch ... es war anders. Wir verlaufen uns. Nicht, weil wir im Kreis gehen, sondern es ist eher so, als ob sich alles dauernd spaltet ... es klingt bekloppt, aber ... verstehst du?«

Candela hatte nur genickt, so, wie sie auch jetzt wieder nickte, als sie mit einem Seitenblick sah, daß Svenja nicht aufgeben wollte, sondern noch immer mit dem Finger auf dem Stadtplan umherfuhr, vor, zurück, rechts ab, links ab, um aus dem Dilemma rauszufinden ... oder noch tiefer hinein.

Vor Stunden, als ihnen bei der Metzgerei unterm Straßenschild der Abzweigung bewußt geworden war, daß sie plötzlich ein anderes Problem hatten als die Frage, ob David, der hübsche Junge aus der Elften, zuerst Candela oder Svenja ansprechen und auf die Tanzfläche ziehen würde, war Candela die Entschlossenere gewesen: »Das ist doch alles Mumpitz. Wir sind halt ewig nicht nach Sonnenuntergang draußen gewesen, das ist alles. Wir orientieren uns jetzt einfach an den Lichtern oben auf dem Berg über der Turnhalle. Die sind im Süden. Alles andere finden wir.«

Nichts hatten sie gefunden, oder wieder anders: zuviel.

Zu viele Wege, und plötzlich, hinter ihnen, ein paar Scheinwerfer, hinter denen zwei Gesichter wie die von Mondkälbern die beiden Mädchen anstarrten, die mitten auf der Straße standen, in einer nicht nur verwirrend abzweigungsreichen, sondern plötzlich auch fast menschenleeren Kleinstadt.

»Wie sind wir hier bloß reingeraten?« stöhnte Mannheimer verzweifelt.

Gute Frage, dachte Benoît Mandelbrot: Vielleicht sollten wir den Weg, bevor wir ihn fortsetzen, erst mal zu rekonstruieren versuchen. Zeit genug haben wir ja.

*

Seit Basel nichts als Regen, und Mannheimers Enthusiasmus war auch nicht gerade ansteckend. Die Nacht war eben hereingebrochen, aus dem Autoradio sang ein Engländer unheilverkündend, aber zugleich seltsam ausgelassen: »The future is but a question mark/hangs upon my head there in the dark«, und Mannheimer plapperte viel zu aufgeräumt: »Ich glaube wirklich, daß Sie's mögen werden – die Stadt ist klein und hübsch, das Hotel ... ich habe da als junger Mann gejobbt, in den Sommerferien. Es ist sehr ruhig, sie werden schlafen wie von Engeln behütet, und morgen sind wir dann gestärkt. Ich übernachte bei meinen Eltern, die leben am Stadtrand, nicht weit von Ihrem Hotel. Wir werden durch die historische Altstadt fahren, eine alemannische Perle, schiefe Mäuerchen, sollten wir uns morgen früh noch mal anschauen, bevor wir weiterfahren nach Freiburg – nicht daß Freiburg nicht auch schön wäre, aber die Hinterhöfe, die ich meine, kriegen Sie da nicht zu sehen. Die Gäßchen hier haben alle ganz putzig große Namen: Wallstraße, Torstraße ... aber sie sind kaum breit genug, daß zwei Mann nebeneinanderher gehen können.«

Meinetwegen, dachte der Franzose. Der Sitz neben dem Deutschen war nicht sonderlich bequem, die Krawatte zu eng, die Brille schlecht entspiegelt, das Aufblenden fremder Scheinwerfer in den Schlieren und dem zunehmenden Dunkel war jedesmal desorientierend. Warum er überhaupt zugestimmt hatte, sich in Straßburg, wo er einen alten Pariser Kollegen getroffen hatte, um über ein paar neue Anwendungen zu diskutieren, von Mannheimer abholen zu lassen, war ihm nicht mehr so ganz klar – er hätte auf drei Dutzend andere Arten nach Freiburg fahren können. So gut kannte er Mannheimer schließlich nicht, sie hatten einander zweimal auf Kongressen gesehen, ein paarmal miteinander telefoniert.

Der Deutsche schien erraten zu haben, woran Mandelbrot dachte: »Und, war's ein inspirierender Besuch bei Lalumière? Was treibt er, der Alte?«

Mandelbrot hob die Hand – gar nicht so einfach, in dem winzigen Auto – und machte eine vage Wegwischbewegung. »Bißchen dies, bißchen das. Hauptsächlich ist er immer noch mit seinem Kreuzzug zugange, die wissenschaftliche Welt vom Primat der Mathematik zu überzeugen, und da komme ich ihm wohl gerade recht. Er hat das Buch gelesen.« Mandelbrot klopfte auf die zerfledderte Ausgabe seines semipopulären Hauptwerks »The Fractal Geometry of Nature«, die auf der Ablage überm Handschuhfach lag und Mannheimer gehörte.

»Wer hat das nicht?« scherzte Mannheimer.

Mandelbrot winkte erneut ab. »Na ja, und jetzt denkt er sich eben: Mit Fraktalen können alle was anfangen, von den Biologen bis zu den Ingenieuren, sie sind der große Hit dieser achtziger Jahre. Wenn wir davon mehr reden, werden wir uns Gehör verschaffen – er modelliert Korallenwachstum, sucht fraktale Kurven in den Sequenzen der DNA und berechnet das Fassungsvermögen von Hochseetankern. Er betrachtet krickelige Bäumchen und Wurzeln auf alten chinesischen Landschaftsbildern unter dem Gesichtspunkt ihrer Fraktalität, er predigt und redet in Zungen.«

Mannheimer zuckte mit den Schultern: »Ist doch gut, oder? Werbung?«

Mandelbrot sah schweigend zum Seitenfenster hinaus. Die Wiesenhügel überm Fluß lagen im Halbdunkel wie gestrandete Wale.

»Wir sind gleich da, ich fahre jetzt eine Abkürzung über eine Landstraße.«

Meinetwegen, dachte Mandelbrot und schaltete auf Durchzug, als Mannheimer davon redete, wie dringend hier ein Autobahnzubringer benötigt werde, was für ein Skandal es im Grunde sei, daß es keine Umgehungsstraße gebe, sondern der ganze Lastwagenverkehr noch mitten durch die ohnehin winzige Innenstadt führe.

Sie fuhren an einer ersten Reihenhaussiedlung vorbei, wahrscheinlich, dachte der Franzose, so etwas wie ein Vorort. An der Fassade eines der Häuser hing ein angeschmutztes Transparent: »Man erstickt in Lärm und Gas/Baut endlich die Umgehungsstraß'!« Mannheimer schwieg und drehte am Sendersuchknopf seines Autoradios, der Empfang der Popstation hatte sich merklich verschlechtert. Mandelbrot fiel am Rand der größeren Häuseransammlung, auf die sie sich mit Kriechgeschwindigkeit zu bewegten, ein großes, von innen hell erleuchtetes Gebäude auf: lauwarmes, kaulquappenfreundliches Aquariumslicht.

»Das ist die Industrie- und Handelskammer, direkt am Ortseingang«, klärte Mannheimer seinen Fahrgast ungebeten auf, »früher war da ein Fußballplatz und ein Schlammfeld daneben. Bevor die Stadthalle gebaut wurde, haben die Kinder hier am Martinstag eine Art Sammelstelle gehabt für ihre Martinsprozession die Amalienstraße runter ... da, rechts. Manchmal vermisse ich die Zeiten, als das hier noch nicht unbedingt eine richtige Stadt sein wollte. Aber wir vermissen ja alle unsere Kindheit, jeder auf seine Weise, nicht?«

Red du nur, bist gerade mal über dreißig, dachte Mandelbrot und grummelte vor sich hin. Was brächte es, dem Menschen, der's ja letztlich irgendwie gut meint, Bescheid zu stoßen, daß ich meine

Kindheit weiß Gott nicht vermisse, Schlammfelder und Fußballplätze inklusive – die dreißiger Jahre in Warschau, später in Paris, wohin man sich als jüdische, aus Litauen stammende Familie vor Hitler hatte hinretten wollen; ein Plan, der einerseits fehlschlug – auch Frankreich wurde besetzt – und andererseits gerade noch klappte, dank häufiger Umzügen entging man den Mördern.

Du wirst eine gute Ausbildung genossen haben, dachte der Franzose ohne Grimm. Ich aber habe mir aus Büchern, die damals schon nicht mehr im Schulgebrauch waren, vieles selber beigebracht und ergriff mit dem Optimismus derer, die nicht so genau drüber nachdenken, wie knapp sie gerade dem Tod entronnen sind, schon 1944 bei der Befreiung von Paris die Gelegenheit, meine unsystematische Bildung auf solidere Füße zu stellen. Die Qualifikationen fürs Studium habe ich gleich geschafft, ob aus Talent oder Dusel, bleibt im Ergebnis gleich. Und dann ...

»Das ist ja komisch«, wunderte sich der Mann am Steuer des kleinen grünen Opel. Mandelbrot, eben noch in wenig ersprießliche Erinnerungen verstrickt, merkte auf, weil das Auto bei der Einfahrt in die Stadt noch langsamer wurde, dann rechts in eine schmale Straße einbog, die spürbar schlecht, nämlich uneben asphaltiert war: »Stimmt was nicht?«

»Ich war erst vor zwei Monaten das letzte Mal hier, aber die Zufahrt ... der Winkel, in dem das Eckhaus steht ... Da drüben, dieses Radiofachgeschäft gegenüber dem Supermarkt – stimmt irgendwie nicht. Vielleicht die komische Straßenbeleuchtung. Die Häuser wird man ja kaum gedreht haben, oder?«

Mannheimer lachte unsicher, sah mit gerunzelter Stirn und stieren Augen unruhig nach rechts und links, fuhr aber weiter geradeaus nach Südosten, ins Städtchen hinein.

Mandelbrot gähnte und verlor sich in den Farben der Hauswände: Ocker, Beige, Weiß, Weiß, Ocker, Weiß, Ocker, Orange, Grau, große Müdigkeit als Aquarellkasten.

Mannheimers Gemurmel drang kaum mehr an sein Ohr: »Gut, also hier ist die Kirche. Das stimmt soweit, hier die Grundschule, und dann ... dann kommt die Walterstraße, und jetzt müßte es ... wo ist die Brücke? Wo ist der Bach?«

Fast völlig weggedämmert nahm Mandelbrot wahr, wie Mannheimer das Tempo erneut verringerte, und sprach, beinah schon aus dem Schlaf, die verwaschenen Worte: »Wir sind fast da, ja?«

Mannheimer schnappte irritiert zurück, daß Mandelbrot zusammenfuhr: »Verdammt, ja. Entschuldigung. Müßten wir eigentlich. Aber das hier ist eine einzige, ich weiß nicht ... was die da ...«

»Wo sind die Leute?« fragte Mandelbrot, der jetzt so aufrecht saß, wie's der Sitz erlaubte, und mit plötzlich regem Interesse die schmale Straße rauf- und runtersah, wobei er den Hals abenteuerlich verdrehte: »Die Menschen. Es ist doch erst ...« Er sah auf seine Armbanduhr und zur Kontrolle auf das Zifferblatt an Mannheimers Armaturenbrett, »... acht Uhr abends, ist das normal? Daß hier kein Mensch auf der Straße ist? Und besonders viele erleuchtete Fenster sehe ich auch nicht.«

Mannheimer schwieg einen Moment, sah ebenfalls nach rechts und links, blickte kurz in den Rückspiegel. Es stimmte, bis auf die Eingänge öffentlicher Gebäude – der Grundschule und der Kirche – und ein, zwei Geschäfte – rechts ein Bastelladen, links ein Florist – war alles finster. Unsicher erwiderte der Deutsche: »Na ja, vielleicht gehen heute alle früh ins Bett, oder es ist ein Fest irgendwo, oder ...«

»Oder jemand hat die Bevölkerung geschlachtet, zum Beispiel da vorn in der Metzgerei«, bemerkte Mandelbrot sarkastisch.

Anstatt ihn zurechtzuweisen, antwortete der verunsicherte Einheimische: »Ganz ausgestorben ist die Stadt nicht. Sehen Sie die beiden Mädchen, die vor der Metzgerei stehen?«

*

Svenja und Mannheimer waren fertig – nicht im Sinne des Vollbrachten, sondern des Entnervten: »Wir sind fertig. Es geht nicht. Die Karte verhält sich genauso wie die Stadt«, klagte Mannheimer heiser. »Wenn ich mit diesem Stift eine Route zu zeichnen versuche, zum Hotel, das ja da unten« – er tippte mit dem Finger drauf – »friedlich sitzt, oder zum Haus meiner Eltern« – ein zweites Tippen –, »von hier aus, auf der Verlängerung der Schererstraße, wo dieser Schuppen hier irgendwo sein dürfte« – drittes Tippen –, »dann muß ich, weil die Schererstraße eine Einbahnstraße ist, einen Umweg einzeichnen, und da komme ich in eine Sackgasse, von der aber Gott sei Dank eine andere Straße nach rechts abgeht, in Richtung Bahnhof, wo wir nicht hinwollen, also fahre ich aus der raus und bin wieder an der Kreuzung Walter- und Schererstraße.«

Svenja atmete hörbar aus. Candela beobachtete aufmerksam den Franzosen. Mannheimer sagte: »Die Karte wird ja nicht größer oder so was, aber trotzdem scheint sie unter meinen Händen ...«

Ruhig, leicht abgewandten Gesichts, wie zu sich selbst, sagte Mandelbrot: »Der Weg ... der Weg ist eine Kochkurve. Eine Kochsche Schneeflocke – ein Fraktal.«

»Hmpf?« machte Svenja.

Mannheimer bellte ein Lachen, sank, fiel auf den Stuhl neben Mandelbrot, der ihm den Stift aus der Hand nahm.

Mandelbrot drehte die Straßenkarte um, malte auf die weiße Rückseite und erklärte: »Nehmen wir ... ich will es aufzeichnen, jedenfalls das Prinzip. Zuerst ein Kreis. Da malen wir ein gleichseitiges Dreieck rein, dessen Ecken alle auf dem Kreis liegen.«

»Was heißt gleichseitig?« fragte Svenja voll Ehrfurcht für die fransige Welt mathematischer Fachbegriffe – der Alptraum von vor zwei Jahren, als sie aufgrund übler Matheleistungen beinah »hängengeblieben« wäre, stand ihr ins Gesicht geschrieben.

Mannheimer half: »Die Kanten des Dreiecks sind alle gleich lang.«

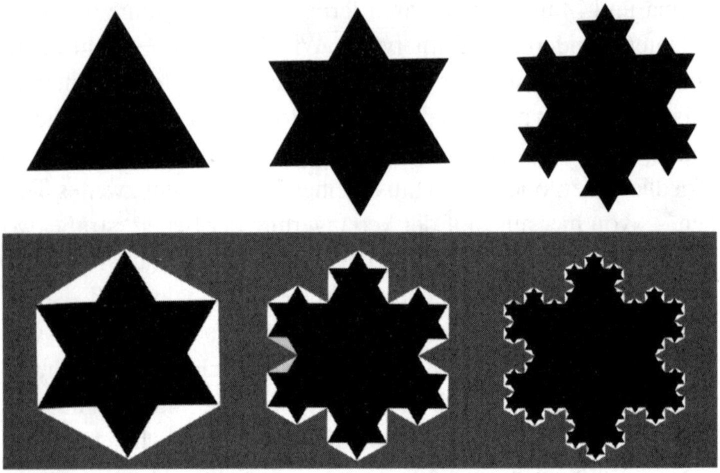

Sechs Schritte auf dem Weg zur Koch-Schneeflocke.

»Genau«, pflichtete Mandelbrot bei. »Und jetzt knicken wir hier, auf halber Strecke so einer Kante, einen Falz rein – den ziehen wir hoch, denn er ist die Linie in der Mitte eines kleineren gleichseitigen Dreiecks. Auf jede Kante des ursprünglichen Dreiecks setzen wir so ein neues, exakt halb so groß wie das Original.«

»Sieht aus wie ein Davidsstern«, bemerkte Candela, und Mandelbrot fuhr fort: »Wir haben jetzt zwölf Kanten, wo vorher drei waren. Alles spielt sich aber immer noch in dem Kreis ab, seht ihr? So, und da machen wir jetzt genau so weiter: Auf jede der zwölf neuen Kanten setzen wir ein neues Dreieck, wieder halb so groß. Und so weiter und so fort ... ad infinitum. Eine Folge könnte das beschreiben, ein mathematischer Term mit Pluszeichen, immer noch mal ein halb so großes Dreick dazu, aber das Ganze hat einen Grenzwert: die Umrißlinie des Dreiecks, das da sozusagen zerbrochen wird und mit einander ähnlichen, oder wie wir sagen: selbstähnlichen, Dreiecken ergänzt wird, die wird immer ... wie soll ich sagen ...«

»Krisseliger und frickeliger?« schlug Candela vor.

Mandelbrot stutzte, das waren ja niedliche Ausdrücke – und Mannheimer stimmte zu: »Könnte man so sagen, ja.«

»Und was gibt's für ein Aber?« fragte Candela.

Mannheimer und Svenja verstanden nicht, Mandelbrot um so besser: »Ja, siehst du ... die Umrißlinie wird immer ... krisseliger und frickeliger, vor allem auch immer länger, aber der Flächeninhalt kann nie ...«

»Nie den Inhalt des Kreises, in dem das alles passiert, überschreiten.« Svenja ging ein Licht auf, und Candela ergänzte: »Und was mit den Straßen passiert, in der Stadt genauso wie auf der Karte, funktioniert ähnlich: Die Stadt wird nicht größer, die Landkarte auch nicht, aber die Verbindungslinien zwischen den Kreuzungen werden irgendwie geknickt, gefaltet. Diese Straße da, die Himmelreichstraße, das könnte eine von den ursprünglichen Kanten sein, oder? Wir sind auf der geradeaus gegangen, Svenja und ich, wir wollten zum Gymnasium, hier, dieses Gebäude da – und dann gab es plötzlich einen Knick nach rechts, die Einbahnstraße, bei der wir uns nichts weiter gedacht haben, weil ja der Kirchturm dahinter zu sehen war. Nur daß es eben nie ... wir sind nie bei der Kirche angekommen, es ist wie bei diesem Davidsstern, diesem Kristall ...«

»Wir nennen es eine Kochsche Schneeflocke«, sagte Mandelbrot. »Und diese Art von Kurven ... von Linien insgesamt, die selbstähnlich in sich reingeknickt werden, die nennen wir Fraktale.«

Mannheimer legte den Kopf ein wenig zur Seite und sagte: »Er ist ziemlich bescheiden, mit seinem ›wir‹ die ganze Zeit, als ob Mathematiker das schon immer so genannt hätten. Daß das jetzt modern wird, liegt an ihm. Fraktale und die Theorie, die sie sich zunutze macht, um unvorhersehbar eingeknickte, vor sich hin frisselnde und krickelnde Prozesse in der Natur zu beschreiben – der große Renner im Moment in Fachkreisen.«

Candela lachte und sagte: »Es gibt also keinen geeigneteren Menschen, um in 'ne Falle wie unsre hier zu geraten, als ihn – er hat's erfunden.«

Mandelbrot zuckte mit den Schultern, philosophisch resigniert: »Erfunden ist wirklich zuviel gesagt. Ich bin drüber gestolpert, wie es sich für derlei Dinge gehört. Meine Karriere, wenn man das so nennen soll, lief selber ein bißchen ... frisselig – erst durch den Krieg, der meinen Studienbeginn verzögert hat, dann durch meine vergleichsweise seltsamen Interessen. Meine Doktorarbeit, 1952, hat versucht, Thermodynamik und andere Sachen aus der Physik mit Computertheorie zusammenzurühren, wahrscheinlich schon auf der richtigen Spur.«

»Wo war das alles? In Frankreich?« fragte Candela.

»In Paris, ja. Anschließend bin ich nach Amerika, ans Institute for Advanced Study in Princeton, berühmter Ort, Einstein hat da gearbeitet, und viele andere haben sich da zu großen Sachen inspirieren lassen. Ich hab dort sogar mal ein Gespenst gesehen ... oder etwas, das wie ein Gespenst aussah. Andere Geschichte. Sehr seltsame Gegend ...«

»Und jetzt sind Sie wieder hier. In Europa.« Mannheimer wollte den biographischen Exkurs kurz und das Gespräch von Gespenstischem freihalten, ihm war unbehaglich genug.

Der Gast am Fenster brach gerade auf, wohin auch immer, in diesem Irrgarten. Der Wirt klopfte ihm auf die Schulter, als er hinausging, und schloß die Tür sehr bedächtig. Mannheimer sah verstohlen zu – und wunderte sich: Mit der Tür stimmte etwas nicht, was war das? Genau: sie hatte sich verdoppelt, links von ihr – oder rechts, welches war die ursprüngliche? Gab es jetzt noch eine, und neben dem Winkel, wo das Kruzifix hing und die Bierkrüge mit den gotischen Inschriften zwischen Zinntellern aufgereiht standen, sah Mannheimer noch eine dritte Tür, die vorhin ganz sicher nicht da gewesen war. Der Wirt und Mannheimer wechselten einen Blick. Der Wirt grinste, Mannheimer fröstelte.

»In Frankreich, ja. Ich bin 1958 zurückgekommen, habe für IBM gearbeitet, theoretische Computerwissenschaften ... und dabei diese Muster entdeckt, dieses seltsame Verhalten von Datenkurven – in Wirtschaftsstatistiken zuerst, aber wenn man lernt hinzuschauen, findet man das bald überall«, erklärte Mandelbrot der sehr interessierten Svenja, während Candelas Blick von der Kochschen Kurve angezogen wurde: Könnte es sein, daß das Leben überhaupt schon immer so war? Daß deshalb so viele Leute nie rauskommen aus dem Kaff und so enden wie diese Stefanie, von der Svenja vorhin gesprochen hatte: Kinder, Ehemann, Umzug aus einer Straße des Kaffs in eine andere, dieselben Probleme wie die Eltern ... Wie hatte Mandelbrot gesagt? »Ad infinitum«.

Nie raustreten aus dem Kreis der winzigen Herkunft, immer winziger werdendes Leben, das andauernde Gefühl, als hätte man schon hundertmal gelebt, selbstähnlich, verschwindend, gebrochen, fraktal. Candela erschrak nicht mal, als plötzlich der schmutzige Finger des Wirtes auf das Papier tippte, das sie fixierte, auf den freien Raum zwischen dem Kristall und dem Kreis darum: »Davon wird's immer weniger geben. Das wird allmählich alles vollgewuchert! Der Zwischenraum, der ist gefährlich, der ist unbekannt, noch nicht von Straßen durchzogen!«

Candela blickte ins Gesicht des Wirts und merkte zugleich, daß auch die andern drei am Tisch zu ihm aufschauten und bemerkten, was sie längst hätten sehen müssen: Die Zähne waren zu weiß, die Brauen zu buschig, das Vogelnest von Frisur zu zerzaust. Jetzt, da der gruselige Wirt die ungeteilte Aufmerksamkeit der vier Verirrten auf sich vereinigte, klang seine Stimme voller als zuvor: »Verlaufen, ja?« Er grinste blutrünstig, fast schien er die Zähne zu fletschen, während er langsam, Schritt für Schritt, die Blicke mit sich ziehend, vom Tisch wegging und sich der Wand neben dem Herrgottswinkel näherte, an dem Mannheimer weitere Türen erkannte, wo Wandvertäfelungen gewesen waren – zwei Türen, drei, wenn man blinzelte, waren's schon vier.

Der Wirt sprach weiter, laut, nachdrücklich: »Den Weg verloren in der Spiegelhalle, in einem Paradox, und eure Zeit hat angefangen, sich zu drehen ... ich mache diese Arbeit schon sehr lange, ich bewirte fast nur Leute, die sich verlaufen haben. Ich prüf sie alle, stell sie zwischen die Spiegel der Natur. Mir entkommt nur selten einer! Der letzte war auch so ein Besserwisser, aber der kam auf geradem Weg zu mir, nicht auf der Kochkurve. Ihr? Ihr seid erledigt, habt keine Chance, kommt immer in dieselbe Hölle, in der ihr schon mal wart ... Na, wie gefällt euch das?« Er hatte die Wand erreicht, breitete die Arme aus, schien lautlos zu lachen und verschwand, nein: wurde eine weitere Tür.

Mannheimers Platzangst war so groß, daß er nicht mehr klar dachte. Er handelte aus reinem Fluchtimpuls, sprang auf, warf den Stuhl um, war in drei großen Stolperschritten bei der Tür angelangt, in die sich der Wirt verwandelt hatte, griff nach ihrer Messingklinke, drückte sie runter und zog.

Aber das kalte grüne Licht, das durch den Türspalt in die Schankstube fiel, ließ ihn die Tür sofort wieder zudrücken. Er sank an ihr hinunter und stöhnte. Svenja und Mandelbrot hielten den Atem an, Candela pfiff leise durch die Zähne. »In der Falle«, sagte Mannheimer tonlos und sah, um nirgendwo sonst hinsehen zu müssen, verzagt auf seine Hände.

»Können Sie nicht ... irgendwas ausrechnen? Wie diese Kurve ... wie diese Stadt aussieht?« fragte Svenja Mandelbrot hoffnungsvoll.

Mandelbrot schüttelte betrübt den Kopf: »Mathematik ist nicht Zauberei, ich bin kein Astrologe oder so etwas. Ich kann dieses Phänomen hier so gerade mal beschreiben, mit der Kochkurvenanalogie. Aber es ist nur eine Analogie, ein Vergleich. In wie vielen Dimensionen spielt sich das ab? Es gibt nämlich auch fraktale Dimensionen, und im Gegensatz zu den normalen, den zwei der Ebenengeometrie oder den drei des Erfahrungsraums, müssen sie nicht ganzzahlig sein. Erklären kann ich nichts von dem, was hier

Fraktale Dimensionen: ***Dimensionen der Topologie können nur ganzzahlig sein. Fraktale Dimensionen dagegen können Werte aller reellen Zahlen annehmen, man kann sie n-dimensionalen, stetig differenzierbaren Mannigfaltigkeiten zuordnen. Eine typische fraktale Dimension ist die Kapazitätsdimension, die auch in einer Definition der Fraktale benutzt wird: Wenn die Kapazitätsdimension eines Objekts verschieden ist von seiner topologischen (wie etwa beim Wegverlauf von Svenja und Candela durch die Stadt ohne Namen), dann nennt man dieses Objekt ein Fraktal.***

passiert, noch weniger vorhersagen, wo wir uns hinbewegen werden, wenn wir ... falls wir überhaupt wieder vor die Tür ... vor eine dieser Türen gelangen. Erstens fehlen mir dafür die Daten ... man müßte eine Rate rauskriegen, mit der diese selbstähnlichen Einfaltungen passieren. Man müßte die so entstehenden Strecken messen, und dann könnte man vielleicht ... mit einem Computer ...«

Candela schnaubte. Computer? Viel wußte sie nicht darüber, zweimal hatte sie mit ihrer Matheklasse im Computerraum gesessen und hatte sich von einem Lehrer mit monotoner Leierstimme die Anfangsgründe von etwas darlegen lassen, was er Informatik nannte, schreckliches Zeug mit viel »go to«, »if« und ähnlichen Befehlspartikeln.

Candela drehte den Kopf, nahm ihre Umgebung wie losgelöst wahr. Sie hörte nicht auf die Sätze der andern, die sich Mut zusprachen oder ihre Ängste ausdrückten: Wie lange konnte man hier drin überleben? Sollte man rausgehen? Wo befand man sich? Sie achtete auch nicht darauf, als Svenja und Mandelbrot aufstanden, zu Mannheimer gingen und ihm auf die Beine halfen. Candela schaute sich lieber den Raum an und die Türen, dann wieder die Schneeflocke im Kreis auf dem Tisch.

Als Mandelbrot und Svenja den jammernden Mannheimer an

den Tisch zurückgeführt hatten und seinen Stuhl wieder aufstellten, um ihn drauf zu setzen, schob Candela ihren nach hinten, stand auf, drehte sich einmal um sich selbst und sagte: »Die Türen sind nicht alle gleich. Einige gehen nach innen auf, wie die, an der Sie«, Mannheimer blickte fragend, »grad waren, die meisten eigentlich. Die zwei neben der Theke, die drei rechts von dem Kruzifix, halt: vier sind es, und die links zwischen den zwei Fenstern, auch die rechts und links von der ursprünglichen Eingangstür, durch die der andere Gast verschwunden ist. Aber einige – zum Beispiel die Eingangstür selber, aber auch die zu den Toiletten – gehen nach außen auf. Sie liegen nicht vor den Türrahmen, sondern drin oder dahinter, seht ihr?«

»Und was soll ... was hilft uns das?« fragte Svenja zweifelnd.

»Ob's was hilft, weiß ich noch nicht«, räumte Candela ein, »aber erstens kann man daran vielleicht wirklich erkennen, welche Türen schon da waren und welche neu sind, welche Streckenteile noch zur ursprünglichen Kante gehören, im Kochkurvengleichnis, und welche neue Falze sind. Und zweitens: Es wäre ja vielleicht gut, durch eine Tür zu gehen, die uns auf den verlassenen geraden Weg zurückbringt. Eventuell kann man auf diese Art sogar die Faltrate rauskriegen und die Abstände – versteht ihr?«

Mandelbrot nahm die Brille ab und putzte sie, dann sagte er leise: »Eh bien. Kann sein.« Candela ging zu der einzigen Tür an der Wand rechts vom Kruzifix, die nach außen zu öffnen war.

»Ich weiß trotzdem nicht, ob du da durchgehen solltest«, sagte Mandelbrot nachdenklich, als er die Brille wieder aufsetzte und Candela die Hand schon nach dem Türgriff ausstreckte. »Selbst wenn deine Theorie ... deine Vermutung stimmt. Auf welcher Seite der Kante kommst du raus, wenn du diese Tür öffnest? Stehst du dann auf der Kante selber? Betrittst du das, was von der Schneeflocke umfaßt wird, oder die noch nicht abgedeckten Teile dessen, was im Kreis ist? Oder sind wir an einem Eckpunkt – dieses Lokal ist ein wichtiger Ort in der ganzen verrückten Geographie, sonst könnte man hier nicht jemanden wie diesen ... Wirt treffen . .. Sind wir also auf einem Eckpunkt?«

»Das ist es, was ich eigentlich glaube, ja«, sagte Candela leise.

»Wir sind auf dem Kreis selber, wir sind am Rand von dem, was hier passiert – ich weiß nicht, warum ich mir da so sicher bin, aber es kommt mir so vor, als müßten wir uns nur dazu durchringen, rauszutreten. Als ob die ganze Falle nur die Überzeugung ist, daß man in der Falle sitzt.«

Niemand antwortete. Candela spürte, wie ihr das Herz im Hals schlug, ihre Arme prickelten, ihr Rücken kribbelte. Sie atmete rasch, ihr war kühl. Die Hand griff nach der Klinke und drückte sie runter.

Candela sagte auf Wiedersehen zum selbstähnlichen Leben und öffnete die Tür.

ACHTZEHN

Höhenrausch

Edward Witten

***1951**

Wird bald ziemlich kalt für Sie werden.«

»Macht mir nix.«

Die Frau breitete die Arme aus. Witten fröstelte, er hatte wenigstens eine dicke rote Daunenjacke an, aber das Mädchen in diesem Jeansjäckchen ...

Mond- und Sternenlicht waren alles andere als romantisch, kaltblau leuchteten sie den Opfern der Bruchlandung ihre Misere aus: Drüben in der Kerbe am Paß waren die Trümmer der einmotorigen Maschine wie die traurigen Reste eines Modellfliegers eingekeilt zwischen zwei große bleiche Steilwände.

Die Wissenschaftsjournalistin zuckte mit den Schultern und sagte leichthin: »Wenigstens haben wir jetzt ein bißchen Zeit, bis wir gerettet werden. Sie können mir ja erklären, wie das mit den Jones-Polynomen funktioniert.«

Witten sah zu den Sternen auf und seufzte: »Ich glaube nicht, daß ich jetzt über Knoten diskutieren will. Ob wir was zu essen kriegen, ob wir das Funkgerät reparieren können, ob uns hier oben durch Zufall jemand findet, bevor wir erfrieren oder verhungern – darüber können wir gern laut nachdenken. Ansonsten sind unsere Superhirne im Moment vermutlich demütigend nutzlos.«

Miss Maclay lachte, bestens gelaunt. Sie schüttelte den Kopf, daß das silberblonde glatte lange Haar umherflog: »Eine schöne, sternenklare Nacht – wann sonst soll man über Knotentheorie diskutieren? Und den Berufsstand des Superhirns sollten Sie nicht schlechtmachen, da sehen die Prognosen für unser Land düster genug aus.«

Witten schob die Hände zu einem Trichter ineinander und blies hinein, um sie zu wärmen. Ich hätte an Handschuhe denken sollen, schalt er sich. »Was für Prognosen?«

»Zwischen heute – dem Jahr, in dem der mißmutige Amerikaner, mit dem ich hier abgestürzt bin, den Mathenobelpreis bekommen hat – und dem Jahr 2000 wird die amerikanische Bevölkerung langsamer wachsen als zu irgendeinem Zeitpunkt seit den dreißiger Jahren. Das Durchschnittsalter wird 36 Jahre betragen, sechs Jahre mehr als je in der Geschichte der Nation. Weiße Männer wie Sie werden im Zeitraum zwischen 1985 und der Jahrtausendwende nur fünfzehn Prozent der neuen Anbieter auf dem Arbeitsmarkt stellen, und der Pool der Collegestudenten wird schwinden. Ich nenne Ihnen diesen Zeitraum ...«

Miss Maclay zog ein Päckchen Camel-Zigaretten aus der Brusttasche ihrer Jeansjacke, zauberte ein silbernes Feuerzeug aus der kalten Nachtluft, zündete sich die Zigarette an, inhalierte, stieß ein Giftwölkchen aus und plauderte, während sie zwischen den Steinen am trockenen Boden herumging, ununterbrochen weiter: »... weil es mindestens die genannten fünfzehn Jahre braucht, von dem Moment an, da eine Schülerin oder ein Schüler erstmals vernünftige Entscheidungen bezüglich der eigenen Karriere treffen kann, bis sie oder er einen Doktorgrad in, sagen wir, mathematischer Physik ...« Sie nickte ihm zu, er nickte verdrießlich zurück und rieb sich die Hände, es half alles nichts, sie blieben kalt »... oder einer anderen schönen exakten Wissenschaft erwerben kann. Das Ganze ist ein furchtbares Sieb: Von 1000 Highschool-Schülern im Jahr 1977 werden nur zwei lange genug dabeibleiben, um 1992, in zwei Jahren, einen Doktorgrad als Wissenschaftlerin oder Ingenieur zu erhalten. Was passiert mit denen, die abspringen?«

Witten überlegte, ob er sich weiter die Beine vertreten sollte – von einem aufs andere, besonders sinnvoll schien ihm das nicht –

oder ob es besser wäre, sich auf einen der wenig einladenden, kalten Felsen zu setzen, die herumlagen: »Was wird schon passieren? Sie haben das Interesse verloren; oder festgestellt, daß sie kein Talent haben.«

Die Journalistin hörte auf, im Kreis herumzukraxeln, und ging den schmalen Weg zwischen dem Geröll zurück bis zu Wittens Aussichtsposition überm Paß.

»Eine ziemlich elitäre Sicht, die Sie da vertreten. Zigarette?«

Witten schüttelte mürrisch den Kopf.

»Und vielleicht würde ich ähnlich denken wie Sie, wenn ich in Princeton beschäftigt wäre und nur das obere Ende der Pyramide mitkriegen würde. An der Spitze ist sie stark, die amerikanische Mathematik, doch ihre Stärke steht in keinem vernünftigen Verhältnis mehr zu den Förderungsbedingungen und der sonstigen gesellschaftlichen Energie, die auf Mathematik im mächtigsten Land der Erde verwandt wird. Es kommen immer noch viele aus dem Ausland, unser Ansehen ist groß. Seit es die Fields-Medaille gibt, seit 1936, hatten wir einen guten Schnitt: Neun der dreißig Gewinner sind in Amerika geboren, weitere sieben waren zum Zeitpunkt, da sie den Preis bekommen haben, an amerikanischen Einrichtungen tätig. Aber die Anzahl der Erstsemester verringert sich, die Anzahl der Veröffentlichungen auf rein mathematischem Gebiet fällt schneller als auf jedem anderen ...«

»Und deshalb soll ich Ihnen was über Knotentheorie erzählen, das Sie Ihren Lesern weitergeben, und schon werden wie aus dem Nichts viele neue neugierige kleine ...«

»Haben Sie Angst?«

Witten runzelte die Stirn.

Strategisch nicht ganz glücklich setzte er, anstatt einfach das Thema zu wechseln, zu einer Begründung seiner mangelnden Bereitschaft an, über Knotentheorie zu sprechen: »Das Thema, das Sie interessiert, ist sowieso bloß ein Seitenflügel dessen, was ich mache. Knotentheorie interessiert mich, weil mich Topologie allgemein interessiert. Sie sollten verstehen, daß bei mir alles von der Physik kommt. Viele Physiker bringen heute mathematische Ideen in die Physik ein, das ist auch verdienstvoll, Shing-Tung Yau zum Beispiel hat ...«

»Das war der, den Sie verbessert haben – oder vereinfacht ...«

»Ja, er hat für eine kompliziertere Version des Beweises der positiven Massenvermutung die Fields-Medaille bekommen, in den Achtzigern. Der Mann kommt von der algebraischen Geometrie, von den partiellen Differentialgleichungen. Also, die positive Massenvermutung war die unbewiesene Annahme. Heute nennen wir sie, weil sie keine Vermutung mehr ist, den Satz von der positiven Masse: Wenn ein System, für das die Schwerkraftgesetze der allgemeinen Relativitätstheorie gelten, an irgendeiner Stelle – ›lokal‹ – eine positive Energiedichte hat, einen positiven Energiebetrag, nach dem Gesetz der Relation von Masse und Energie: irgendeinen Teil, der eine positive Masse hat ... dann muß das auch global gelten.«

»Sobald irgend etwas an dem System eine Masse hat, hat auch das ganze System eine.«

»Sozusagen. Und das leuchtet ja unmittelbar ein, das kommt einem instinktiv trivial vor. Aber wenn man voraussetzt, daß das so ist, folgen eine Menge komplizierte Aussagen über Räume wie diesen hier, in dem wir uns aufhalten und in dem wir ...« – Witten deutete mit dem Kopf in Richtung Wrack – »... mit Ihrem Flugzeug abgestürzt sind, als Sie mir das schöne Tal zeigen wollten, die ... die Lichter und so weiter.«

»Die man ja jetzt auch sehen kann«, sagte Miss Maclay spitz.

Er mußte ihr recht geben: Denver da unten sah wirklich sehr schön aus, in der klaren Coloradoluft wirkten die Lichter wie Sterne, nadelspitz blitzend, nicht wie manch andere Stadtkulisse, die er aus ähnlichen Höhen gesehen hatte, Los Angeles etwa, Tokyo oder New York.

»Reden Sie weiter«, sagte Miss Maclay.

Etwas verärgert mußte er erkennen, daß sie ihn überlistet hatte: er redete von Dingen, über die er nicht hatte reden wollen. Systematischer Geist, der er war, sah er keinen anderen Weg aus der Schlinge, als sein Argument schnell und bündig zu Ende zu führen: »Na gut, also: Wenn man annimmt, daß eine lokale positive Energiedichte oder von mir aus Masse bei einem System bewirkt, daß es auch global eine positive Energiedichte haben muß, dann folgen daraus eine Menge verrückter Annahmen über einen dreidimensionalen Raum, der lokal flach aussieht, aber durch die Anwesen-

Die* Riemannsche Geometrie *ist die Theorie der n-dimensionalen Riemannschen Mannigfaltigkeiten, nämlich eine Verallgemeinerung der Flächentheorie dergestalt, daß auch nichteuklidische Geometrien formuliert werden können mit neuen Raumformen wie zum Beispiel Sattel- und Kugelgeometrie. In der hyperbolischen Geometrie gibt es zu jeder Geraden durch jeden Punkt, der nicht auf ihr liegt, zwei Parallelen statt nur einer wie im euklidischen Raum. In der elliptischen Geometrie dagegen gibt es gar keine Parallelen.

heit von Massen gekrümmt sein kann, wie die allgemeine Relativitätstheorie lehrt. Und Yau hat diese Vermutung bewiesen, und dabei ging er mathematisch vor: Er hat Meisterleistungen in Riemannscher Geometrie vollbracht, hat minimale Oberflächen konstruiert und sich angeschaut, wie sie sich in der Raumzeit verhalten. Das war alles sehr fruchtbar, aber ich selbst, ich habe es vereinfacht – nicht mit mathematischen, sondern mit physikalischen Voraussetzungen. Ich ging davon aus, daß die sogenannte Supersymmetrie gilt: daß es zu den uns bekannten Teilchen, aus denen Materie besteht, den Fermionen, aber auch zu masselosen Teilchen wie dem Lichtteilchen, dem Photon und anderen Bosonen, jeweils supersymmetrische Partner gibt. Damit habe ich meine feldtheoretische Topologie konstruiert. Die Physik ist heute allgemein für die Physiker zu schwierig geworden, wir Mathematiker müssen ran. Die Theorie, die ich supersymmetrisch aufgerüstet habe, heißt Morse-Theorie – da geht es um die Stabilität physikalischer Systeme, sie werden darin als Mannigfaltigkeiten beschrieben, die ›kritische Punkte‹ haben, und meine Mannigfaltigkeiten waren nun eben supersymmetrisch und hatten unendlich viele Dimensionen.«

»Und die Knotentheorie?«

»Die Knotentheorie ... ist das Sondergebiet der Topologie, mit dem ich es dann zu tun bekam.«

»Knoten sind so was wie die zugezogenen Schlaufen in Krawatten und Schnürsenkeln, stimmt's?« sagte die Reporterin in ironischem Singsang und wackelte mit den Füßen, die sie über den Rand des Felsens baumeln ließ, auf dem sie saß.

Du lieber Himmel, dachte Witten, sie hat bloß Turnschuhe an! Gereizt erwiderte er: »Sie hätten auch unser kleines Flugzeug als Beispiel für einen Knoten nennen können. Schauen Sie ihn sich nur mal an, den Schrottberg!«

Sie lachte: »Stimmt, ein Glück, daß wir lebend rausgekommen sind, zerknautscht, wie's da liegt.«

»Ich verstehe nicht, wie sie das so lustig finden können!«

Sie hob die Arme wie zur Abwehr von Schlägen: »He, ich habe alles versucht, oder?«

Witten schnaubte sarkastisch: »Sicher.«

»Ich bin keine schlechte Pilotin, wenn Sie das andeuten wollen. Hab mich absolut korrekt verhalten, als das Ding anfing zu trudeln – ich bin ja keine von den Idioten, die dann voll ins Seitenruder treten. Ich hab Fahrt zurückgenommen, die Klappen auf zehn Grad gesetzt, gegen die Gierbewegung, das Höhensteuer nachgelassen, die Flügel mit dem Querruder aufgerichtet ... wir hätten in Horizontalflug übergehen müssen ...«

»Was soll's, es ist passiert.«

Eine Weile schwiegen beide. Witten rieb sich wieder die Hände und überlegte, ob er sie zwischen seine Schenkel klemmen sollte, irgendwie war ihm das aber peinlich, worüber er sich ärgerte. »Setzen Sie sich doch auch her. Der Stein ist nicht kalt. Und machen Sie sich keine Sorgen. Ich habe noch einen Funkspruch abgesetzt, erinnern Sie sich? Man hat uns gehört. Sie werden einen Hubschrauber schicken.«

»Und wie sollen sie uns sehen?« Er ging neben ihr in die Hocke, legte die kalten Hände auf den Stein und wunderte sich: Der war tatsächlich nicht kalt, fast wärmer als seine Hände. War seine ganze Friererei vielleicht was Psychologisches? Schließlich fror ja auch Maclay nicht richtig, wie man sah. Aber andererseits war es Herbst, er hatte sich nicht umsonst warm angezogen.

Er hätte nie auf das Angebot der kleinen Flugexkursion eingehen sollen, *so* langweilig war die Gruppe, vor der er zwei Gastvorträge halten sollte, ja nun auch wieder nicht, daß man die Zeit bis zu den Vorträgen durch lebensgefährliche Abenteuer verkürzen mußte. Aber Maclay war so neugierig gewesen und so nett, und er erinnerte sich gern daran, wie er sie im August auf dem Kongreß in Kyoto kennengelernt hatte – sie war die erste Journalistin aus Amerika gewesen, die ihm zur Medaille gratuliert hatte, noch im Foyer der Kongreßhalle, als er mit den andern Amerikanern zum Essen aufgebrochen war. »Tara Maclay, herzlichen Glückwunsch, Mister Witten, ich hätte ein paar Fragen ...«

Die Neugier war erkennbar echt, die Umgangsformen waren für eine Medienvertreterin recht höflich, und er hatte es ehrlich gemeint, als er auf ihre Einladung nach Denver spontan erwidert hatte: »Das wird gar nicht so lange dauern, im Herbst ist es soweit.« Die Leute an der Universität von Denver wußten nicht mal, daß er schon in ihrer Stadt war – sie dachten, er befinde sich noch in Princeton; er war tatsächlich wegen dieser Frau einen Tag früher hergereist. Und das war nun der Lohn dafür.

Seine Gereiztheit klang allmählich ab. Er konnte sie jetzt von oben betrachten und sich fragen: Hatte sie recht? Hatte er einfach nur Angst? Eigentlich nicht mehr. Aber der Schock des Absturzes saß ihm noch in den Knochen.

Als er neben ihr Platz genommen hatte, meinte Maclay: »Die werden uns schon finden, dazu brauchen wir nicht das Wrack anzuzünden.«

Sie legte den Kopf in den Nacken, sah nach oben.

Witten war beeindruckt: Sie hat Charakter, keine Frage. Neugier, läßt sich nicht einschüchtern, besitzt einen Pilotenschein ... etwas von seiner ursprünglichen Sympathie für die Reporterin war wieder erwacht: »Waren Sie auch eins von diesen Kindern, die so schnell wie möglich ein Fernrohr haben wollten und sich Sternbilder sofort merken konnten?«

Maclay zündete sich eine neue Zigarette an, grinste – das sah weiß Gott nicht reizlos aus – und sagte: »Fernrohr, Sternbilder ... Mann, warum denkt ihr Leute nicht dran, daß ihr da *hin*könnt! Nicht nur anschauen, nicht nur systematisieren und in Sternbilder einordnen ... es ist doch lächerlich, wie nah das alles ist. Und alle Werkzeuge sind da: die Relativitätstheorien, die Antriebssysteme, Kernenergie, lebenserhaltende Technologien. Proxima Centauri: lächerliche vier Lichtjahre entfernt, der Barnardsstern keine sechs, Wolf 359 immer noch weniger als acht, in derselben Größenordnung Sirius, Epsilon Eridani ...«

»Haben Sie diese Predigt schon öfter gehalten?« fragte Witten amüsiert. Wie eine Raumschiff-Enterprise-Gläubige hatte die junge Frau – er schätzte sie auf Mitte, Ende Zwanzig – bislang nicht auf ihn gewirkt.

»Fühlen Sie sich nicht festgebunden auf diesem Planeten? Bei den Reichweiten, die Ihrem Verstand offenstehen?«

»Ihr Problem scheint eher Höhenrausch zu sein«, bemerkte Witten lakonisch und sah zum Flugzeugwrack.

Maclay schüttelte den Kopf: »Krawatten.«

»Bitte?«

»Schnürsenkel. Geschenkschleifen. Krawatten. Sie wollten mir was über die Knotentheorie erzählen und über diese Jones-Polynome, zu deren Formulierung Sie einen neuen, einfacheren Weg gefunden haben.«

Witten warf theatralisch die Arme in die Luft: »Okay! Schon gut! Alright! Ich gebe auf! Knotentheorie. Auf einem Gebirgspaß nahe Denver. Im Oktober. Nach einem Flugzeugabsturz. Bitte sehr, wenn es unbedingt sein muß.«

Fast erwartete er, sie würde als nächstes einen Notizblock oder ein Aufnahmegerät zücken. Auch damit hätte er sich abgefunden. Da sie aber nichts weiter tat als rauchen und aufmerksam drein-

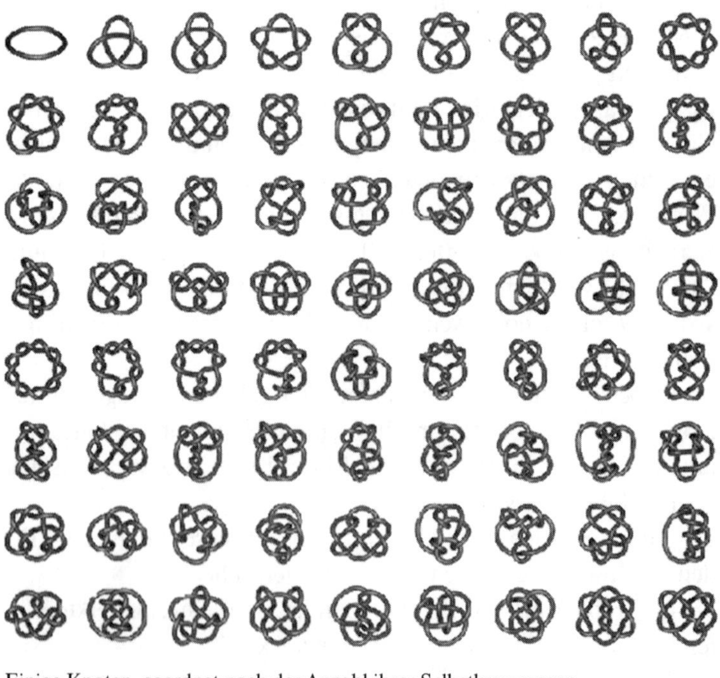

Einige Knoten, geordnet nach der Anzahl ihrer Selbstkreuzungen.

schauen, begann er zu erläutern, was es da zu erläutern gibt: »Also erstens, von der intuitiven Vorstellung dessen, was ein Knoten ist, müssen Sie sich verabschieden – die Dinger, die man auseinanderziehen könnte, interessieren mathematisch nicht. Das erste mathematische Knotenverständnis, das grundlegende, haben Sie, wenn Sie an Ihre Geschenkpapierschleife denken, aber in einem zusammenhängenden Band: eine geschlossene Kurve im dreidimensionalen Raum, ein Gummiring. Was nun wir Mathematiker machen: Wir klassifizieren diese Dinger, so wie wir Punktmengen klassifizieren, Mannigfaltigkeiten, die wir orientierbar oder nichtorientierbar nennen. Orientierbar wäre ein normaler geschlossener Papierstreifen, weil er zwei Seiten hat, nichtorientierbar ein Möbiusband wie auf diesen Escher-Bildern? Gut. Wir müssen nun untersuchen, ob solche Knoten, solche Gummibänder überhaupt verschieden sind. Nur verschiedene Sachen muß man ja klassifizieren. Wir betrachten sie also mit ihren Verschlingungen, der Anzahl der, sagen wir: Löcher in ihrem Material – eine räumliche Null, ein Donut, hat nur ein Loch, eine räumliche Acht hat schon zwei. All diese Eigenschaften schauen wir uns an, und dann sagen wir: Wenn sich ein Knoten, falls wir ihn uns als aus einem unendlich verformbaren Material gemacht vorstellen, ohne Zerschneiden oder Zerreißen in einen anderen überführen läßt, dann sind es keine zwei verschiedenen, dann sind sie äquivalent. Wir ordnen den Eigenschaften Werte zu – wie viele Löcher, wie viele Flächen mit von mir aus verschiedenen Farben oder Zahlen lassen sich an bestimmten Stellen der Knoten anschließen? Diese Unterscheidungsmerkmale nennen wir Knoteninvarianten. Man kann verschiedene Invarianten konstruieren, man kann kombinatorisch rangehen, auch über eine Verschlingungstheorie oder über formaltopologische Methoden. Eine davon ist zum Beispiel, daß man Flächen mit zwei Seiten in den Knoten einspannt, wie diese Pappscheiben für Wolle, wo man was aufwickelt, und dann anhand der Gestalt der Pappscheibe die Knoten klassifiziert. Oder man schaut sich den Außenraum an und so weiter. Als besonders wichtige Knoteninvarianten haben sich die Knotenpolynome herausgestellt. Sie wissen, was ein Polynom ist?«

»Ein Ausdruck für eine mathematische Funktion mit Potenzen drin, aus Zahlen und Variablen, rational, die Variablen dürfen nicht in den Exponenten vorkommen. So was wie a mal x hoch drei plus b mal y hoch drei plus c mal x zum Quadrat und so weiter und so fort.«

»Genau. Ein Knotenpolynom ist also eine solche, sagen wir: Formel für einen Knoten. Alle Knoten, die von einem bestimmten Polynom beschrieben werden, sind äquivalent. Es gibt verschiedene, sie werden meistens nach ihren Entdeckern benannt: Alexander-Polynom, Conway-Polynom oder eben ...«

»Das Jones-Polynom.«

»Das Jones-Polynom. Es war das zweite, das man überhaupt gefunden hat, und gegenüber dem ersten, das es gab, dem Alexander-Polynom, hatte es den Vorteil, daß man damit manchmal die Chiralität von Knoten unterscheiden kann.«

»Die was?«

Witten nahm die Hände hoch und deutete damit die Schraubendrehung einer Wendeltreppe an: »Ob er rechts- oder linksherum läuft. Der Knoten. Der Gummiring.« Er sagte das mit so großer Emphase, seine Hände bewegten sich unaufhörlich in einer Korkenzieherdrehbewegung, daß Maclay lachen mußte: »Sie sind ja doch zu begeistern! Die ganze Zeit dachte ich, Ihnen liegt nicht mal selber was an Ihrer Arbeit.«

»Ach, was wissen Sie von meiner Arbeit? Ob mir was dran liegt, und überhaupt, was wissen Sie von mir ...«

»Geboren am 26. August 1951 in Baltimore, Maryland, USA, Bachelor an der Brandeis-Universität 1971, Master in Princeton 1974, dortselbst zwei Jahre später promoviert, in Harvard Junior Fellow bis 1980, im September dieses Jahres, vor genau zehn Jahren also, traten Sie Ihre erste ordentliche Physikprofessur in

Princeton an, ausgestattet mit einem MacArthur-Stipendium wie andere helle Burschen, Stephen Wolfram und so. Bis 1987 haben Sie Ihren Princetoner Job bekleidet, dann wurden sie Professor in der School of Natural Sciences am Institute for Advanced Study.«

Witten schauderte, nicht nur vor äußerer Kälte. »Das ist eine ganze Menge auswendig gelerntes Zeug.«

»Und sogar von dem, was Sie mir erzählt haben, habe ich einiges schon gewußt. Das Jones-Polynom, zu dessen Aufstellung Sie eine neue, einfachere Methode gefunden haben ... die topologische Quantenfeldtheorie ... das mündet alles in neue Theorien von Elementarteilchen als kleine Strings, kleine Fädchen, Knoten sozusagen, stimmt's?«

»Na ja, sozusagen ... Aber jetzt müssen Sie mir zur Abwechslung mal was über sich verraten, bitte, es ist auch gar nicht so besonders persönlich: Warum interessiert Sie der ganze Kram? Sind Sie in irgendeiner UFO-Sekte, die Topwissenschaftlerhirne sammelt, um mit deren Hilfe den Weg zu den Sternen zu finden? Ist der ganze Absturz ein Fake? Was ist an meiner Biographie und dem, was ich tue, überhaupt so interessant für Sie?«

Maclay schnippte ihre Kippe weg. Die Asche verglomm zwischen Geröll und Kieseln. Die Frau blickte nachdenklich auf den Lichtteppich Denvers und redete ruhig: »Es ist so unglaublich ... wenn man sich so eine Biographie anschaut, so ein Leben wie Ihres ... daß das alles von so vielen Zufällen abhängt, daß Sie überfahren werden könnten oder mit dem Flugzeug abstürzen, ich meine richtig, tödlich ... und es stimmt: Viele interessiert es wirklich nicht. Viele Nichtmathematiker. Genausowenig wie die Erreichbarkeit der Sterne. Oder wie man einen Felsen heizt.«

Witten lachte unsicher. »Das ist nicht Ihr Ernst jetzt, oder? Das mit dem Felsen? Auf dem wir sitzen? Ich meine, er ist wirklich ziemlich warm, ich habe sogar das Gefühl, daß er wärmer wird, was ja wirklich nicht ... nicht sein kann ...«

Er wußte nicht, wie er den Satz beenden sollte, und verstummte.

Die Frau, die neben ihm saß, schien nichts davon gehört zu haben: »Diese ganze Kultur, die ihr da habt ... man hat den Eindruck, es werden keinerlei systematische Anstrengungen unternommen, dieses Kapital zu nutzen. Das meinte ich vorhin, als ich Sie gewarnt habe, das Superhirn-Ding zu sehr zu schmähen. Es ist alles ein Chaos, ein Zufallsquatsch bei euch: Irgendwelche Russen, die demnächst ihren Laden dichtmachen werden, schießen 1957 einen Sputnik in die Luft, und sofort beschließen eure Vereinigten Staaten, mehr als je ein anderes Land in mathematisch-naturwissenschaftliche Bildung zu investieren. Alles blüht und gedeiht eine Weile, aber dann, in den späten Sechzigern, wendet sich das nationale Interesse aus soziopolitischen Gründen plötzlich den Sozialwissenschaften zu, obwohl noch eine Weile ganz viele mathematisch-naturwissenschaftliche Abschlüsse gemacht werden, aber man weiß nicht, wohin mit all den Leuten. Die Wirtschaft stagniert, das Arbeitsrecht und die Gepflogenheiten verändern sich entsprechend: Studenten verdienen sich als Ausbilder weiterer Studenten ein Zubrot, niemand schafft Stellen für die exakte Intelligenz, und natürlich fallen die Zahlen der Leute, die auf diese Ausbildung noch Lust haben, bis zu den frühen Achtzigern dramatisch, dann kommt allmählich die Computerrevolution in Fahrt ... aber das Ganze ist eine Achterbahn, wie's gerade kommt, niemand denkt sich was dabei. Ich kann das wirklich nicht fassen.« Sie stieß Luft aus wie zuvor den Zigarettenrauch: wie man etwas wegbläst, was man für ein bißchen giftig hält.

»Keine Sorge, ich weiß, was Sie denken. Ich bin nicht verrückt. Was ich tatsächlich bin ... würde bei einer Erklärung, die Sie befriedigen sollte, mehr Zeit in Anspruch nehmen als selbst Ihr kleiner Vortrag vorhin über Knotentheorie. Sagen wir, ich bin eine Art Sozialforscherin: Ich will etwas wissen darüber, was die Gesellschaft, in der Sie leben, über ihr eigenes Wissen weiß. Eine Luftaufnahme der

Geographie mathematischer Intelligenz, darum geht's mir. Ich bin die kleine Hexe. Das grüne Mädchen mit Antennen auf dem Kopf. Von mir aus glauben Sie, was Sie wollen: daß ich aus dem Weltall komme ... oder aus der Zukunft. Vielleicht bin ich bloß ein Computerprogramm, und das alles hier ist eine Simulation, eine erfolgreiche und vollständige, nachdem ich zuerst eine erfolglose habe laufen lassen mit einem anderen Mathematiker. Und dann ist mir klargeworden, daß es so nicht geht, daß man einen Menschen aus der Zeit vor den Computerumwelten nicht einfach in diese laden kann, sondern erst mal verstehen muß, aus was für einer Welt so jemand kommt. Dann hätte ich als nächstes eine historische Welt programmiert und mich nicht mehr nur für das explizite Wissen interessiert, das ein Mathematiker dieser Ära besitzt, sondern auch für sein implizites Wissen von sich selbst – ob es ihn seinerseits interessiert, daß sein explizites Wissen im Rahmen seiner Gesellschaft nur ein implizites ist ... ich meine, all diese Lichter da unten, die implizieren ja, daß diese Kultur bestimmte Dinge kann und weiß, Elektrizität und so weiter. Aber welchen Ehrgeiz hat sie als Ganzes? Was ist ihr als Ziel implizit, und gibt es einzelne, die diesen Implex verstehen und bewußt verfolgen? Wenn überhaupt jemand das tut, dann jemand wie Sie, hätte ich gedacht. Tja, und darum mußte ich Sie persönlich fragen.«

Beruhigend fand Witten das nicht. Miss Maclay aber sagte: »Schließen Sie die Augen.«

»Wieso sollte ...?«

»Tun Sie's einfach. Sie haben genug gefroren. Ihr Gepäck kommt nach, und im Hotel wird sich niemand erinnern, daß Sie schon eingecheckt waren. Wir wollen Ihnen etwas Schlaf gönnen: Ihre lange, seltsame Nacht soll zu Ende sein. Ich weiß ja jetzt, was ich von Ihnen wissen wollte.«

Witten überlegte, ob er ihr noch einmal widersprechen sollte oder wenigstens nachfragen, aber dann resignierte er: »Na gut.«

Er schloß also die Augen.

Dann zählte er innerlich bis drei, weil er nichts mehr von der Journalistin hörte. Es war auf einmal überhaupt sehr still, nicht mal die Höhenwinde wehten. Ihm wurde warm im Gesicht, auf Stirn und Wangen, wie wenn man eine Ofenklappe öffnet und es einen anweht. Die Daunenjacke wurde leicht, als wäre sie verschwunden. Er öffnete die Augen und wußte zuerst nicht, wie ihm geschah: ein Fenster in seinem Blick, draußen Dunkelheit, aber Bäume und Straßenlaternen. Er saß nicht mehr auf dem kalten Stein, sondern – ja, unter seinen Händen die Schreibtischplatte, das gerahmte Photo hing an der Seite, rechts stand die Bücherwand: das hier war sein Büro in Princeton.

Wie war das möglich, was war geschehen, was hatte die Frau getan?

Noch ehe er sich fassen konnte, öffnete jemand von außen die Tür zu seinem Büro und klopfte gleichzeitig laut pochend an, nicht wirklich höflich, mehr der Form halber. Er kannte den Mann, der den Raum betrat, es war ein älterer Kollege von der Fakultät und Funktionär der American Mathematical Society, Parker.

Der alte Herr schien aufgeregt, die Wangen gerötet, der weiße Kinnbart gesträubt: »Haben Sie's gehört, Witten? Es ist schon wieder passiert.«

Witten drehte seinen Stuhl dem Besucher zu, nahm die Brille ab – ihm war gar nicht bewußt gewesen, daß er eine aufgehabt hatte, die Bewegung war reiner Reflex –, putzte sie bedächtig mit dem Bund seines Pullovers und sagte: »Wären Sie so nett, mir zu erklären, wovon Sie eigentlich reden?«

»Das Gespenst!« ereiferte sich Parker. »Zwei von den Betbrüdern haben schon wieder Gödels Geist gesehen!«

NEUNZEHN

Im Zellenweltgebäude

Stephen Wolfram

***1959**

*»Nichts verwandelt sich folglich zu nichts, nein, jedes Gebilde
Fällt bei der Auflösung in die Grundstoffe nur auseinander.«*

Lukrez

Jede Autonomie geistiger Arbeit hat zur Voraussetzung, daß jene, die sie leisten sollen, freigestellt sind von anderer Arbeit. Nun unterscheiden sich die Formen der Autonomie, und es ist bis heute ungeklärt, ob mathematische Arbeit unter die Bestimmungen der Autonomie der Kunst oder unter die der Wissenschaft fällt. Sätze wie »Gregory Chaitin ist eigentlich Konzeptkünstler« oder »Gute Beweise sind etwas ähnliches wie auskomponierte Musik« klingen hübsch. Sie geben jedoch Anlaß zu einem üblen ideologischen Mißverständnis, wo der notwendigen Bedingung intellektueller Unredlichkeit, die hier zwei sehr verschiedene Sphären zusammenbäckt, die Verwechslung des modernen Postulats »Kunst muß autonom sein, um Kunst zu sein« mit einer ewigen Wahrheit zugrunde liegt.

Am schönsten hat Hegel sich zu diesem Denkfehler bekannt. In der Fassung der »Enzyklopädie der philosophischen Wissenschaften« von 1830 findet sich der Irrtum als Warnung an die Philosophie, sich an der Mathematik überhaupt zu schaffen zu machen: »Man könnte noch weiter den Gedanken einer *philosophischen Mathematik* fassen, welche dasjenige aus Begriffen erkännte, was die gewöhnliche mathematische Wissenschaft aus vorausgesetzten Bestimmungen nach der Methode des Verstandes ableitet. Allein da die Mathematik einmal die Wissenschaft der endlichen Größenbestimmungen ist, welche in ihrer Endlichkeit fest bleiben und gelten, nicht übergehen sollen, so ist sie wesentlich eine Wissenschaft des Verstandes; und da sie die Fähigkeit hat, dieses auf eine vollkommene Weise zu sein, so ist ihr der Vorzug, den sie vor den andern Wissenschaften dieser Art hat, vielmehr zu erhalten und weder durch Einmischung des ihr heterogenen Begriffs noch empirischer Zwecke zu verunreinigen.«

Das von der »Wissenschaft der endlichen Größenbestimmungen, welche in ihrer Endlichkeit fest bleiben und gelten«, hätte nicht nur Cantor übel gefallen. In Wahrheit läuft der Hase in umgekehrter Richtung: Daß sich die »unreinen« Zwecke und »sachfremden« Begriffe immer wieder so ausgezeichnet mit mathematischen Verfahren verstehen, ist der Grund dafür, daß die Mathematik überhaupt eine Eigenbewegung entwickeln konnte – von Galilei bis Frege, von Hilbert bis Dirac waren es immer Köpfe, die Nichtmathematisches (Physikalisches, Philosophisches) an die Mathematik herangetragen haben, denen zu zeigen gelang, wie sie sich noch weiter biegen, erweitern, präzisieren läßt.

Warum versteht man die Welt besser, wenn man rechnen kann? Der Titel eines Aufsatzes des Physikers Eugene Wigner aus dem Jahr 1960 faßt das Problem in die schönen Worte von der »unvernünftigen Effektivität der Mathematik in den Naturwissenschaften«. Unvernünftig ist sie, weil es keinen von den Dingen selbst nahegelegten Grund dafür gibt, daß sie sich gemäß mathematischen Gleichungen verhalten.

Das fällt nicht nur Physikern auf. Auch Novalis hat sich gefragt, ob die Natur schon immer gesetzesförmig gewesen sei und ob sie es bleiben werde. Ein in Amerika lebender, 1959 geborener Brite namens Stephen Wolfram glaubt allerdings, vor zwanzig Jahren am Computer etwas entdeckt zu haben, was geeignet ist, das Rätsel zu lösen.

Der Grund dafür, daß die Natur sich aufführt, als folge sie Gleichungen, liegt nach seiner Auffassung in der Art, wie wir »geeignete« Gleichungen auswählen und testen. Wir achten auf Eigenheiten des untersuchten Systems, die als Zahlen quantifizierbar sind und dabei einer bestimmten Vorstellung von kontinuierlichen Prozessen bestimmter Komplexitätsstufen folgen, die in diesen Quantitäten grobrasternde Momentaufnahmen sehen – sozusagen die Verbinde-alle-Punkte-Stationen einer Rätselzeichnung mit durchzuziehenden Linien. Je nachdem, wie genau die Modelle die Meßzahlen vorhersagen, gelten sie dann als »effektiv«. Darin, meint Wolfram, stecke ein Zirkelschluß: Daß Modelle erfolgreich sind, wenn wir sie im Vergleich zu denjenigen Systemeigenschaften stetig verbessern, die entsprechend den Modellen ausgedrückt werden können, sei ja kein Wunder.

Woher nimmt Wolfram das Selbstbewußtsein, eine ganze etablierte und unzählige Male getestete Modellwelt im Handstreich wegzuwischen? Daher, daß er meint, auf eine robuste Alternative zur numerischen Berechnung realer Prozesse gestoßen zu sein – das einfache Computerprogramm, genauer: den zellularen Automaten.

Daß er da wirklich etwas gefunden hat, was Beachtung verdient, hat nie jemand bestritten – ebensowenig wie die Tatsache, daß der Entdecker kein dahergelaufener Wirrkopf ist. Schon früh galt er als rares, wenn auch schartiges Talent. Sein Vater, ein Romancier, und seine Mutter, eine Oxforder Philosophielehrerin, haben den Jungen, der mit dreizehn Jahren als Stipendiat des Eton College am Cricket-Spielfeldrand esoterische mathematisch-physikalische Fachliteratur las, mit vierzehn ein kleines Buch über Teilchenphysik schrieb, mit sechzehn ein Oxfordstipendium ergatterte und mit siebzehn seinen ersten Artikel in der Zeitschrift »Nuclear Physics« veröffentlichte, stets nach Kräften gefördert.

Schon im Sommer nach seinem ersten Jahr in Oxford forschte

er mit der theoretischen Hochenergiephysikgruppe des Argonne National Laboratory der Universität Chicago und veröffentlichte eine vielbeachtete wissenschaftliche Arbeit darüber, wie schwere Quarks bei bestimmten Elementarteilchenprozessen produziert werden. Im darauffolgenden Jahr, 1978, holte ihn Murray Gell-Man, der Entdecker und – nach einer Stelle in James Joyce' Roman »Finnegans Wake« über »three quarks for Muster Mark« – Benenner der Quarks, ans California Institute of Technology (Caltech). Die Theorie der Quarks war das Arbeitsfeld, auf dem sich Wolfram bereits in jungen Jahren erste Auszeichnungen erwarb. So wurden bestimmte Phänomene und einige theoretische Konstrukte nach ihm benannt.

Quarks sind Elementarteilchen. Sie bestehen aus Hadronen, die sich in Baryonen und Mesonen unterteilen lassen, zu denen unter anderem Protonen, Neutronen und Pionen gehören. Als Gegenstände der Hochenergiephysik spielen Quarks vor allem in der Suppe des Quark-Gluonen-Plasmas, zu dem Kernmaterie bei hohen Energiebeträgen zusammenschmilzt, eine wichtige Rolle. Sie werden von der starken Kernkraft, der elektroschwachen Kraft und der Gravitation beeinflußt und kommen in den sechs Sorten »up«, »down«, »strange«, »charm«, »bottom« und »top« vor.

Während seiner »Quarkzeit« am Caltech arbeitete Wolfram für sein Alter geradezu beängstigend erfolgreich. So bestimmte er die obere Grenze der Quarkmasse, die als Politzer-Wolfram-Bound Eingang in die Fachliteratur fand. Während jener Periode veröffentlichte er fast 30 Arbeiten, machte seinen Doktor in theoretischer Physik, wurde 1980 Mitglied der Caltech-Fakultät und 1981 mit einem großzügigen Fellowship der MacArthur-Stiftung ausgezeichnet – in Anerkennung der »Breite seines Denkens«.

Wenn sich Forscherkarrieren verhalten würden wie die von Sportlern, hätten Wolfram damals nur zwei Wege offengestanden: erstens das Wechselspiel immer höherer Qualifikationen, immer anspruchsvollerer Aufgaben und immer zäher errungener Triumphe bis zum Trainerstatus des Lehrers, der seine kreative Zeit mit einer Träne im Knopfloch und einem Haufen Medaillen hinter sich läßt; und zweitens der Ikarus-Absturz eines Frühvollendeten, der nach Anfangserfolgen ausgleitet und in Wahnsinn verkommt.

Stephen Wolfram schlug einen anderen Weg ein: Er wurde reich.

Seinen Reichtum verdankt Wolfram äußerst vergänglichen Konstellationen: der beschleunigten Computerisierung, der Abneigung gegen universitäre Arbeitsweisen sowie seinem Problemlöser-Naturell, dem die Entwicklung der Programme für mathematische Arbeit gemessen an den Potentialen der Apparate einfach zu langsam schien. Die Welt wartete auf einen, der nachhelfen wollte.

Die erste Konstellation nannte man seinerzeit vollmundig »Aufbruch ins Informationszeitalter«, jene technowissenschaftliche Innovationsphase der neunziger Jahre, die ab 2001 in eine nicht ganz so einzigartige Innovationskrise auslief. Dieser sogenannte Aufbruch war eigentlich das späte Echo produktionstechnischer Neuerungen älteren Datums. Das inflationsfreie Wachstum der US-Wirtschaft zwischen 1995 und 2000, das gegen Ende des Booms zunehmend an eine ähnliche Hurraphase zwischen 1927 und 1929 erinnerte, geschah in einem Klima, das zwei Drittel des Bruttoinlandsproduktes der führenden Industrienation der Welt aus informationstechnologischen Entwicklungen speiste.

In den strahlendsten dieser goldenen Zeiten, zwischen April und Oktober 2000, war die Arbeitslosigkeit im Land auf 3,9 Prozent gefallen, die investitionsbestimmenden Zinsen aber hob die nationale Notenbank nicht an, während mehr oder weniger gleichzeitig die stark von IT-Werten dominierte Technologiebörse Nasdaq ihre Werte um rund die Hälfte verfallen sah.

Die Wachstumsrate im Computerinvestment fiel zuerst, dann die Produktivität. Das fixe Kapital und nicht absetzbare Bestände drückten Arbeitskräfte aus ihren Stellungen, und endlich stand ein Befund auf dem Kopf, den der Wirtschaftsnobelpreisträger Robert

Solow im Jahre 1990, zu Beginn des Booms, geäußert hatte: »Wir sehen Computer überall, nur nicht in den Produktivitätsstatistiken.« Am Ende sah man sie: als Abbaufaktor.

Natürlich erklärte sich Amerikas führende Rolle in der Innovationsphase vor der Krise aus äußerst transparenten »Standortfaktoren«, nämlich der absoluten Größe des amerikanischen Marktes, der allgemeinen Diversität der amerikanischen Industrielandschaft und der Regierungspolitik. In der kostspieligen Entwicklungsphase war der Staat größter Abnehmer von Halbleitern und Rechnern, um in eine deregulierte Laisser-faire-Politik umzuschwenken, die Spielraum für Profite schuf, als die Produkte rentabel wurden.

Stellt man all das in Rechnung, so ist schwer vorstellbar, wie Wolfram es zeitlich und räumlich hätte besser treffen können, und er weiß das: »Ich habe viel Geld verdient, ich wollte meine Energie in die Dinge stecken, die mich am meisten interessieren. Ich mußte Programme erfinden und dann so schnell und effektiv wie möglich herausbekommen, was sie alles können. Dazu brauchte ich eine Menge sehr umfassender und ehrgeiziger neuer Ideen über Softwaresysteme überhaupt. Es stellte sich heraus, daß gerade die Tatsache, daß ich die ganze Komplexität von ›Mathematica‹ aus simplen Programmen erschaffen konnte, eine gewaltige Inspiration für meine eigentliche Arbeit war.«

Mathematica, das als »ein komplettes Environment fürs technische Rechnen« beworben wird, erlaubt in der Tat sehr viele verschiedene Sorten von Berechnungen, erzeugt Graphiken und Dokumente und interagiert mit dem Netz.

Natürlich hat die Unternehmer-Autonomie, die Wolfram erlaubte, einen Verlag für sein Hauptwerk zu gründen und jede Rücksicht auf akademische Publizitätsgepflogenheiten fallenzulassen, auch ihre Schattenseiten. Nicht nur seinen Ideen abgeneigte ehemalige Kollegen fürchten heute, Wolfram habe sich durch den Unwillen, seine Gedanken auf den herkömmlichen Wegen der gegenseitigen Bekanntgabe und harten fachlichen Kritik mit der Wissenschaftlergemeinschaft zu teilen, Schaden zugefügt.

Er selbst sieht sich als Opfer eines Mißverständnisses. Weil die Akademiker Wolframs Lehre bislang nicht mit der Aufmerksamkeit studieren wollten, die er für angemessen hält, hat er die letzten zehn Jahre damit verbracht, Beweise für deren Geltung zu kompilieren. Am Ende stand ein 1200 Seiten dickes Buch, dem aufgeweckte Abiturienten mit Leistungskurs Physik und hinreichenden Englischkenntnissen durchaus folgen können: »A New Kind of Science«. Computer, um deren Umdeutungspotential für unsere Auffassung von exakter Forschung es darin hauptsächlich geht, werden heute in der Wissenschaft zu vielen Zwecken eingesetzt: von Vorhersagen des Verhaltens physikalischer Systeme bis zu Modellen für die Wirtschaftswelt. Man programmiert dabei ein simulierendes »als ob« – was man dabei indes »glaubt«, hat mathematische Struktur. Unanfechtbares Allerheiliges bleiben die (partiellen) Differentialgleichungen, Augäpfel des Newtonschen Weltbilds, welche die Veränderung von Systemen in der Zeit beschreiben. Genau an dieser Stelle setzt Wolfram sein begriffliches Skalpell an: Er nimmt sich der zentralen Leitdifferenz »diskret oder kontinuierlich« an und denkt sie mit der Frage der Algorithmisierung von Prozessen zusammen.

Natürliche Phänomene erscheinen der Alltagswahrnehmung in einen Zeitfluß eingebettet, nicht gequantelt. Von unseren wissenschaftlich-prognostischen Modellen verlangen wir folglich, daß sie diesen Flußcharakter der Ereignisketten abbilden. Will man solche Prozesse mittels algorithmischer Verfahren modellieren, so muß man dem diskreten, päckchenhaften Wesen der Schritte, die Algorithmen vollziehen, zu entkommen versuchen.

Die Art, wie die Infinitesimalrechnung Newtons und Leibniz' dem Problem lange vor der Computerära entkam, wird von Wolfram, um das Problem zu verdeutlichen, mit grau abgestuften »Zellen« für einzelne Zustände des zu modellierenden Systems wiedergegeben. Jedem Orts- und Zeitpunkt ist eine dieser Zellen zugeordnet. Der Newtonsche Algorithmus muß dann nur noch die Ratio bestimmen können, derzufolge sich diese Graustufen verändern. Fast alle traditionellen mathematischen Modelle etwa in der Physik oder Chemie basieren auf einer solchen Pünktchenmethode im unendlich Kleinen, Wolfram zieht hier Maxwells Elektromagnetismus-Gleichungen, Einsteins Feldgleichungen der allgemeinen Relativitätstheorie und Schrödingers quantenmechanische Wellengleichung als Beispiele heran. Dann aber historisiert er diese durch so viele schöne Ergebnisse bestätigte Lösung der Modellierung des Kontinuierlichen kritisch und behauptet, die gegenwärtige Vorherrschaft der partiellen Differentialgleichungen in den exakten Wissenschaften sei im Grunde geschichtlicher Zufall. Hätte es seinerzeit Computer gegeben, so wäre aufgefallen, daß einfache Abläufe, aus denen komplexe Vorgänge auf höheren Ebenen entstehen, von vornherein als diskrete gedacht werden könnten. Man hätte sich den Umweg über ein diskretes Rechnen mit dem Kontinuierlichen sparen können. Das Kontinuierliche, sagt Wolfram, ist nicht das Natürliche, das es zu sein scheint.

Weite Bereiche dessen, was Programmierer und Computerwissenschaftler heute tun, sind solche Überstülpungsleistungen: Sie versuchen sich am näherungsweisen Einholen des Kontinuierlichen durch das Diskrete.

Praktisch geht das vom Finden geeigneter Gleichungen bis zu den immer wichtiger werdenden Übersetzertätigkeiten an der Schnittstelle Gleichung/Programm. Wolframs Buch jedoch stellt den Stammbaum der errechneten Welt von den Gleichungen im Mutterboden der Theoriebildung bis zu den Verästelungen der Programme kurz entschlossen auf den Kopf – oder eben auf die Füße: Gleichungen, sagt er, entsprechen bestimmten Sorten von

Regeln, nach denen sich Systeme entwickeln können, und Programme wiederum anderen, sehr viel allgemeineren Regeln. Die konkreten Programme, an denen ihm dies aufgegangen ist, sind die zellularen Automaten. Seit John von Neumanns diesbezüglichen Ideen aus den vierziger und fünfziger Jahren verstehen Mathematiker unter Automaten Modelle für diskrete dynamische Systeme. Die diskreten Systemzustände sind abhängig von den jeweils vorhergehenden Zuständen. Zellulare Automaten, die für die Wissenschaft in den Achtzigern durch Arbeiten Chris Langtons, Edgar Codds und eben auch Stephen Wolframs interessant wurden, sind dezentralisierte, räumlich ausgedehnte Automaten, bestehend aus einer großen Anzahl einfacher identischer Komponenten (der sogenannten »Zellen«) mit lokaler Konnektivität: Das Aussehen einer Zelle hängt von den direkten Nachbarzellen ab.

Daß solche Automaten nützliche Aufgaben bei der Modellierung von Naturvorgängen erfüllen können, war schon vor Wolfram bekannt. Seine häufig wiederholte Darstellung, wonach die Forschung nach einer ersten Aufregung in einschlägigen Kreisen während der siebziger Jahren allmählich zu versickern drohte, ist widersprochen worden. Daß er mit der Kampagne, die er neuerdings zur Verbreitung seiner Ideen angestoßen und weitgehend persönlich gesteuert hat, die Leistungen anderer wie Edward Fredkins, Charles H. Bennets, Tommaso Toffolis und Norman Margolus' verdunkelt, wurde ihm ebenfalls zum Vorwurf gemacht. Seine Deutung dessen, was die Automaten tun und sind, ist allerdings tatsächlich neu und kühn. In den graphischen Darstellungen eindimensionaler zellularer Automaten, die Wolframs Buch dominieren, stellt er die Entwicklung dieser Automaten meist von oben nach unten dar: die erste Zelle ist immer die Spitze, dann läuft die Entwicklung des Systems Zeile für Zeile nach unten durch. Die »Dimension« des Automaten ist die Anzahl der Richtungen, in welche die Zellenanordnung wachsen kann: Ein eindimensionaler hat eine Zeile, nach rechts und links können neue Zellen dazukommen, und zwar nach Regeln wie »Schreibe die Zelle weiß, wenn die Zelle darüber selbst weiß ist und nur einen schwarzen Nachbarn hat«.

Es gibt – je nach Beschaffenheit des Automaten – eine große mögliche Anzahl solcher Regeln. Der Automat, der in Wolframs Katalogsystem »Regel 30« heißt, ist sein Newtonscher Apfel: Nach den Erwartungen eines Wissenschaftlers war davon auszugehen, daß einfache Programme auch nur einfaches Verhalten simulieren können. Daß das nicht stimmt, zeigte Wolfram der Regel 30-Automat, der nach ein paar Permutationen ein unerwartet komplexes Verhalten aufwies. Die genaue Erläuterung dieses entscheidenden Experiments ist das Herz des Buches.

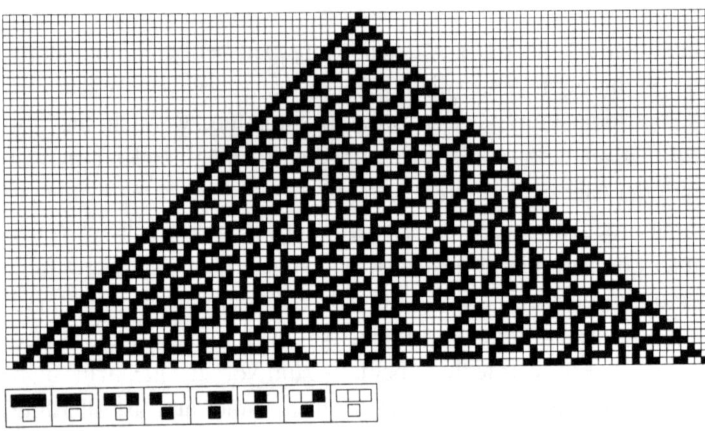

Eine Graphik (oben) des Automaten, der nach der Wolfram-Regel 30 (unten) arbeitet.

Danach verfolgt es eine argumentative Doppelstrategie: Erstens soll es zeigen, daß das, was für zellulare Automaten wie den »Dreißiger« gilt, auch für andere Arten einfacher Programme zutrifft, also für eine sehr breite Auswahl dessen, was man konzise Algo-

rithmen nennen könnte – zum Beispiel Ersetzungssysteme, deren Zellenanzahl ab- und zunehmen kann, symbolische Systeme, reversible Systeme und Systeme in beliebig vielen Dimensionen. Zweitens und ehrgeiziger aber möchte Wolfram demonstrieren, daß die Komplexität, die seine Regelsysteme zeitigen, exakt derjenigen entspricht, die wir auch in der Natur sehen: bei den Mustern auf Muscheln oder etwa bei Flüssigkeitsturbulenzen.
Ein Automat, der Wolfram mindestens so wichtig ist wie der Dreißiger, ist der mit der Katalognummer 110. Mit ihm hat er eine »Universale Turingmaschine« in ZA-Form gefunden. Das bedeutet, daß, wie heute auf Macintosh-Rechnern etwa simulierte, »virtuelle« PCs laufen, dieser 110-Automat einen Computer »modelliert«, während er spiegelbildlich seinerseits von einem Computer

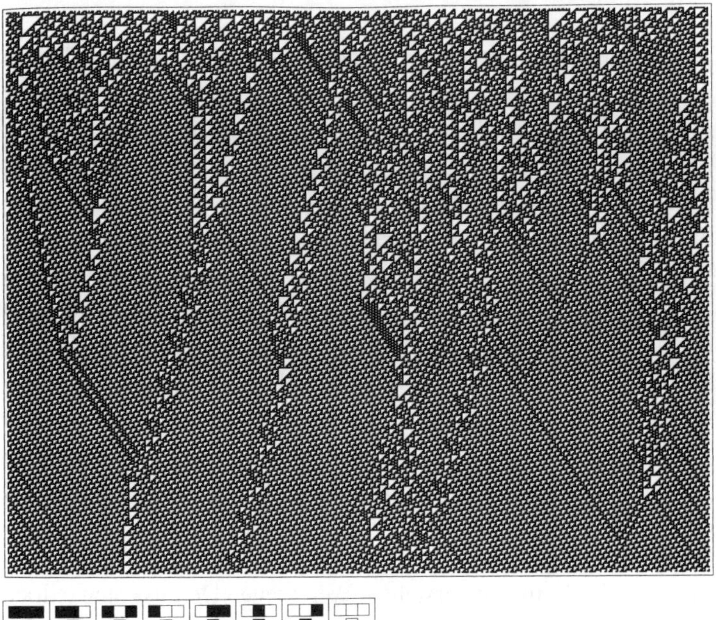

Automat 110 und seine Regel.

simuliert werden kann, wie Wolframs Implementierung auf seinem eigenen zeigt. Universalität bedeutet hier, daß nicht mehr für jede durchzuführende Rechnung eine spezifische Sorte Regel benötigt wird, sondern daß eine fixe, aber programmierbare Grundkonstruktion existiert, wie sie die Computerrevolution seit Turings erster modellhafter Universalmaschine ausgelöst hat.

Universalität in diesem Sinne ist die Basis der existierenden Computersprachen. Sie folgen, wie auch menschliche Sprachen, dem sprachphilosophischen Prinzip des wohlwollenden Interpreten und verdanken ihre Universalität prozessualen, operativen Erfordernissen: Was mein Gegenüber sagt, wird kein völliger Unsinn sein, wir wollen uns ja verständigen, wobei ich prinzipiell davon ausgehen muß, daß es nichts gibt, was unsere Sprachen uns nicht zueinander zu sagen erlauben.

Welche formalen Systeme aber sind überhaupt universal in diesem Sinn? Wolfram behauptet, daß simple Programme ein Verhalten zeigen, das prinzipiell beliebig komplex ist, und folgert daraus: Universalität ist ihrerseits nicht selten, sondern so häufig wie das Entstehen von Komplexität aus dem Befolgen einfacher Regeln. Bei aller Polemik gegen die Gleichung als Schlüssel zur Welt bleibt Wolfram selbst Mathematiker, jedenfalls soweit das, was er tut und sagt, überprüfbar ist. Seine algorithmischen Selbstläufer sollen ein Problem lösen und unseren Zugang zur Natur optimieren. Das ist letztlich nichts anderes als etwa Carl Gustav Jacobis im neunzehnten Jahrhundert angestellte Überlegungen zu physikalischen Systemen mit kleinen Zustandsschwankungen. Wenn Wolframs »Neue Wissenschaft« der Umriß von etwas ist, dessen Details die theoretischen Computerwissenschaften nachtragen können – der Beweis steht aus –, wird das irreversible Folgen dafür haben, was wir unter Erklärungen verstehen. Wenn jene »Details« sich jedoch als unüberschreitbare Schranken des Wolframschen Ansatzes erweisen sollten, dann wird die Auffindung dieser Schranken zumindest die wichtigste computerwissenschaftliche Aufgabe seit den Pionierleistungen in den dreißiger Jahren des vergangenen Jahrhunderts.

Im ersten Fall wird die Welt für den Menschen anders aussehen, im zweiten werden sich Forschung und Arbeit verändern.

Die ganze Welt könnte, wenn Wolframs Annahmen über Universalität und Komplexität stimmen, letztlich dem Ausrechnen eines konzisen Programms folgen. Selbst das aber, eine Behauptung, die als »Weltprogramm statt Weltcomputer« nach Erscheinen des Wolframschen Buches im Frühjahr 2002 breit rezipiert wurde, genügt ihm noch nicht. Er geht weiter: Das Universum wird durch sein hypothetisches morphogenetisches Programm nicht nur beschrieben, sondern ist dessen Berechnung »äquivalent«. Alles, was der Fall ist, meint Wolfram, könne (und müsse) als »Computation« betrachtet werden. Hier liegt der eigentlich bedeutsame Unterschied der Wolframschen Konstruktion zum Newtonschen Weltbild, das in diesem Punkt auch die radikalsten Exponenten der neuen Physik nicht verlassen haben.

Daß ein fallender Apfel nicht dasselbe ist wie die Gleichung, die diesen Fall zu berechnen erlaubt, hätte kein Wissenschaftler von Galilei bis Bohr, von Heisenberg bis Einstein bestritten. Wolframs Prinzip der computationalen Äquivalenz jedoch, das er gewagterweise ähnlich benennt wie Einstein sein relativistisches Äquivalenzprinzip, besagt, daß zwar eine Regel nicht dasselbe sei wie das, was sie berechnet, die tatsächliche Berechnung dann aber doch. Man muß das wiederholen: Das Fallgesetz, glaubt Wolfram, ist zwar etwas anderes als der reale Fall eines Objekts, die Berechnung dieses Falls aber dasselbe wie der Fall. Hier legt sich Wolfram nicht nur mit der Physik, sondern auch mit der Biologie an. Denn die Komplexität und Beschaffenheit der Attribute biologischer Systeme, etwa ihrer differenzierten Organe, folgen für ihn direkt daraus, »daß man solche Dinge mit einfachen Programmen erzeugen kann«.

Diese Ketzerei, bei der die Funktionen der Lebewesen nicht als Fälle adaptiver Komplexität gesehen werden, wie das Darwin lehrt, sondern als Ergebnis des Ablaufens universaler Programme, wird ihm gewiß bald ebenso erbittert vorgehalten werden wie das Abschneiden der Erklärungsressource »Gleichung«. Es könnte ihm schlecht bekommen, daß seine Thesen einen metaphysischen Anspruch aufrichten, wie es ihn seit Schellings »Zeitschrift für spekulative Physik« vor zweihundert Jahren nicht gegeben hat.

Wie bei Chaitins algorithmischer Informationstheorie spielt die Frage, was an den rechnenden Regelsystemen denn nun eigentlich auf etwas anderes reduzibel ist und was nicht, bei Wolfram eine entscheidende Rolle. Der ewige Streit zwischen Holismus und Reduktionismus, Ganzheitlichkeit auf der einen versus Zurückführen des Komplexen auf das Einfache auf der anderen Seite, tritt bei Wolfram in eine neue Phase. Modelle basieren, betont er, im Computerzeitalter allgemein auf der Idee, Wege zu finden, wie man die Summe der Rechenarbeit verringern kann, die verrichtet werden muß, um das Verhalten eines Systems vorherzusagen. Man möchte also nicht alle Stufen des Prozesses wiederholen, sondern einige als überflüssig einklammern. Andererseits aber gibt es viele gewöhnliche Systeme, für deren Verhalten man bis heute keine traditionell mathematische Formulierung gefunden hat, die dieses »Überspringen« von Stufen erlaubt. Sieht man, wie Wolfram, das Verhalten des Systems selber als Rechnung, so hat man das Problem zwar nicht gelöst, aber in gewissem Sinne eliminiert – es gibt gar kein Problem, sondern nur ein Spektrum von Rechnungen nach Regeln, an dessen einem Ende die universalen stehen, während es am anderen eben auch »irreduzible« geben muß, selbst wenn das womöglich sehr umfangreiche sind.

Wie der fiktive Naturphilosoph Acheropoulus im Zitat des polnischen Science-fiction-Autors Stanislaw Lem schreibt, könnte das allerdings auch ein reines Zeitproblem sein: Die Welt ist vielleicht einfach noch nicht so weit, daß wir ihre zelluläre Automatenregel und die darin begründete Regelmäßigkeit erkennen: »Welt und Mathematik werden zur Deckung gelangen nicht dadurch, daß der mathematische Apparat weitere Rekonstruktionen durchmachen wird, nichts dergleichen: Zur Deckung wird es kommen, wenn die Schöpfungsarbeit zum Abschluß gelangt sein wird, sie ist aber noch im Gange.«

ZWANZIG

Eine Art Angst

Lena Dieringshofen

***1985**

»I was bad at math when I was at school
And the combinations would always floor me.«
Nicolette

Im kleinen uralten Auto, voll mit ihren Sachen, war es warm und roch nach Kaffee. Es hatte schon immer so gerochen, vielleicht, weil der Wagen zwei Leuten gehörte, die selten schliefen und viel Kaffee tranken. Ihre Querflöte lag auf dem Rücksitz, ihre Bücher machten den Kofferraum schwer. Sie war halb eingeschlafen und hörte sich denken, beinahe träumen: *Diese Idioten haben alles kaputtgemacht. Mal sehen, wie es ohne Mathematikerinnen und Mathematiker weitergehen wird. In meinem Kopf gibt es einen Stuhl, da saß ich früher drauf. Hab mir einen Bleistift genommen und das geschrieben …*

Er saß am Steuer, sie auf dem Beifahrersitz, in die Decke eingemummelt. Lena bat ihn, kurz anzuhalten am Ortsausfahrtschild, als etwas an der Friedhofsmauer wollwuschig und hoppelnd herumhuschte: Sommerhasen. Es war Nacht und nieselte, alles glänzte. Der Tag war heiß gewesen, wie alle Tage damals. Asphalt und Friedhofsmauer gaben noch immer Wärme ab, dampften.

»Ich wollte diese Stadt wirklich begreifen. Ich wollte es rauskriegen. Aber sie haben alles kaputtgemacht.«

Mark räusperte sich.

»Ja, schon gut, wir können los. Fahr. Weißt du – wenn nichts, was wir tun, wirklich bedeutsam ist, dann ist das einzige, was noch was bedeutet, genau das, was wir tun.«

»Hä?«

»Hab ich in einer antiken Fernsehsendung gesehen. Zwanzigstes Jahrhundert. Vergiß es.«

Er schüttelte den Kopf und fuhr los. Das kannte er, ihr ewiges »zwanzigstes Jahrhundert«. Seine rechte Hand ließ das Steuer los, er legte den Handrücken auf ihre Wange, und sie erinnerte sich: Ich wollte diese Stadt wirklich knacken, wie in dem Lied, das Mark und seine Band gespielt haben, als ich herkam: *I'm gonna roll, roll, roll.*

*

Der Ozean rauscht. Ein einsamer Mann, Dirigent seines Unheils, steht auf einem Felsen und versucht sich vor einer Abwesenden zu rechtfertigen, indem er in den Wind redet: »Warst du hier? Hast du hier noch mal gestanden? Alleine?«

Er hat einen dicken Mantel an, denn es ist kalt hier, seine Arme sind um den Körper geschlungen, und er wartet gespannt auf nichts. Nichts – alles: der ganze Fußboden war voll davon zwischen den CD-Stapeln, Büchern, Klamotten. Eins vermißt er am meisten: ihre losen Blätter mit den Krakeln drauf, ihren heiligen Abkürzungen – »Finord« und »Moncat« und »CRng«. Er hat sich darunter kleine Dämonen mit Hörnern vorgestellt oder Elfen, die Namen klangen nach Tolkien oder Horrorfilm: Vorsicht, Finord muß den Ring von Moncat finden, sonst wird er vom bösen CRng gefressen. Manchmal war das, was sie sagte, obskur genug, um sich mit diesen Bildern zu vertragen: »Eigentlich stammt mein Denken von einem Übergeschnappten. Das darf dich nicht wundern.«

Mark Dieringshofen wußte nicht, daß sie damit ihren vietnamesischen Lehrer meinte, einen exzentrischen Mathematiker an der Uni Leipzig, der nach seiner Einbürgerung in die DDR 1987 den Namen Eugen Leviné angenommen und damit alle Erinnerungen an seine traumatische Biographie abzustreifen versucht hatte. Eugen Leviné war ein deutscher Kommunist gewesen, und so verstand sich die Namenswahl auch als Dank ans Gastland. Dann brach die DDR zusammen, er ging in den Westen, lehrte in Bochum, unter anderem als Lenas Doktorvater. Seine letzten, bis auf die finanzielle Hilfe Lena Dieringshofens und einiger anderer ehemaliger Studenten sehr elenden Lebensjahre verbrachte er in zunehmender Finsternis in einem psychiatrischen Landeskrankenhaus.

»Leviné hat Grothendieck lesen hören, in Vietnam, während des Krieges, kannst du dir das vorstellen? Zwanzigstes Jahrhundert. Übel«, hatte Lena bei einem Herbstspaziergang am Fluß erzählt, bei ihm untergehakt, beide in neuen weißen Mänteln, um sie der acrylgraue Regenhimmel und tote nasse Blätter. Mark hatte genickt: »Grothendieck, den Namen bringst du öfters. Der ist wichtig, ja? Hat auch mit diesen Kat... Kata...?«

»Kategorien. Ja, hat auch damit gearbeitet.«

Lena biß sich auf die Unterlippe und fing an zu weinen, nur ein paar Meter, ein paar Schritte weit. Da hatte er sich wieder nutzlos gefühlt wie sonstwas, weil er das alles nicht kannte und weil er ihr nie richtig zuhören, sich das alles nicht merken konnte. Auch jetzt wußte er nicht, ob sie über seine Ahnungslosigkeit weinte, seinen Mangel an Zartgefühl oder über das Schicksal ihres Lehrers aus Vietnam.

Wie sie an seinem Arm so weinte, war ihm selber mehr zum Heulen, als er sich oder ihr je eingestanden hätte. Das alles geschah lange vor den echten Problemen, und doch war schon der Wurm drin. Mark hatte angefangen, sich Fragen zu stellen: Wo kommt eigentlich immer das ganze Geld her? Für die weißen Mäntel, für seine Instrumente? Es sollte noch dauern, bis er sie das fragte.

Der Ozean rauscht – wie unsere Gitarren seinerzeit, denkt er und sagt: »Warst du allein hier? Nach dem Urlaub noch mal, hat das gestimmt?«

Ein Bleistift reicht mir, alles aufzuschreiben: »Finord« bedeutet die Kategorie der finiten Ordinalzahlen, begreift alle Mengenfunktionen mit ein, Moncat meint monoidale Kategorien, und CRng bezeichnet kommutative Ringe.

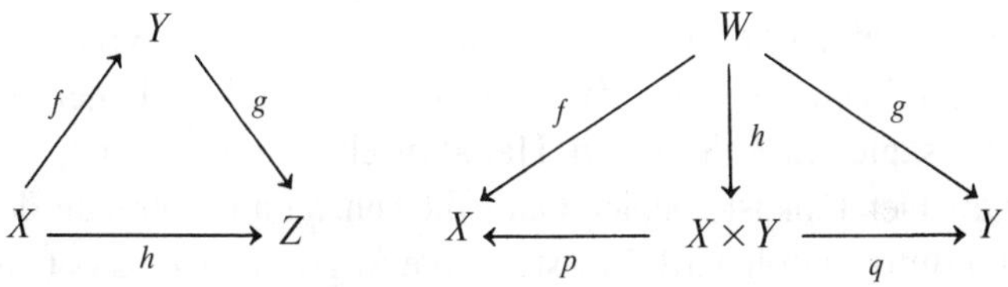

Ein Dreieck aus Mengen und ihren Funktionen kann in sich ein Produkt sein.

Schöne Pfeilbildchen, auf meinen Zetteln notiert, und er ist so lieb, paßt auf, sammelt sie ein, in der Küche oder anderswo, gibt sie mir, wenn ich nachmittags aufstehe, weil ich sie nachts überall verstreut habe, meine Arbeitsergebnisse. Was soll ich ohne ihn machen? Kann ich die Labyrinthe abbrennen, die ich gebaut habe? Wie komme ich von den Kategorien mit meinen Veränderungen in die abzweigenden Theorien, zur Topos-Theorie zum Beispiel? Er denkt nur immer: Sie arbeitet zuviel, hoffentlich schläft sie mal wieder eine Nacht durch. Ansonsten hat er andere Sorgen, wie alle Menschen, die wir kennen. Die Zeiten sind Zeiten mit Zähnen und Klauen.

*

Was er zu ihr gesagt hat in dieser Nacht im kleinen Haus seiner Eltern in der Himmelreichstraße, hat sie nie vergessen. Später, als sie verschwunden war, hat sie es sogar ihrer Biographin Rosenberg erzählt: »Er war der liebste Kerl, den ich je getroffen habe. Er hat mich geweckt, ich war wieder beim Ferngucken eingeschlafen, in die blaue Decke gewickelt, ein ziemlicher Fetzen damals schon, von seiner Mutter gemacht. Er hat die Glotze ausgeschaltet und mich sanft angestoßen. Der Film auf dem Schirm war gerade dabeigewesen, sich zum dritten Mal zu wiederholen, irgendein David-Lynch-Dreck. Ich hab dieses Zeug geliebt. Was ich nicht für Bücher und, seltener, Essen ausgeben konnte, was ich nicht Leviné spenden und für später zurücklegen wollte, das habe ich in Kristallen mit alten Filmen angelegt. Zwanzigstes Jahrhundert, Unterhaltung. Er sagte flüsterleise, im Halbdunkel: ›Komm, Lena, wir hauen ab. Der Tank ist voll, ich mach die Fenster auf, wenn dir der Muff im Auto zu doll wird. Mir steckt die Angst in allen Knochen, du bist nicht mehr sicher. Sie haben Leute verhaftet, in der Oberpfalz und in Mecklenburg. Ich will nicht alleine sein. Du kannst schlafen, während ich fahre. Ich hab uns alles gepackt, meine Gitarre nehm ich mit, auch die Mundharmonika, deine Querflöte. Ich hab ein bißchen Geld – sauberes Geld, nicht deins –, wir kommen locker nach Holland, und da können wir eine Weile abhängen, bevor es weitergeht mit dem Flugzeug. England, dann Amerika, was sagst du? Oder zu deinen Freunden nach Israel. Wir fahren über Frankfurt, und David in Köln sagt, wir können bei ihm pennen. Ich kauf dir in Frankfurt 'ne neue Brille, einen Hut in Köln, und am Morgen kannst du mir erzählen, was du geträumt hast.‹ Natürlich bin ich mitgefahren, was hätte ich machen sollen? Es war die süßeste Liebeserklärung: ›Du kannst schlafen, während ich fahre.‹«

Sie hat, das fehlt in der Auskunft an ihre israelische Biographin, nicht viel gesagt, als sie sein Angebot annahm, nur: »Ich würde gern noch einen kleinen Brief schreiben, mit meinen neuen Fortschritten drin, an einen Kollegen, nicht viel, nur sechshundert Seiten oder so.« Das war natürlich eine Anspielung auf den Lehrer ihres Lehrers, auf Alexandre Grothendieck, der dem Kollegen Quillen just so einen sechshundertseitigen Brief geschrieben hatte, in dem er unter anderem empfahl, die n-Kategorien-Theorie als umfassende Verallgemeinerung der Homotopie-Theorie auszuarbeiten – eine Idee, die nicht so furchtbar weit weg war von dem, was

Lena Dieringshofen zur Zeit ihrer Flucht aus Deutschland arbeitete.

*

Daß sie sich auf der ganzen Welt auskannte, lange bevor sie verschwand, hat er gewußt. Sie hat ihn öfter mitgenommen, hatte viel Geld für Fahrten und Flüge überallhin, und manche dieser Reisen waren, nahm er an, ernste Geschäftstreffen. Jedenfalls wirkten die Leute, denen sie begegneten – in Cafés unter Palmen am Rand von Tel Aviv, auf der Hotelterrasse in Jaffa, am See in Norwegen, nördlich von Arendal und später in einem großen weißen Holzhaus in Froland –, wie Kolleginnen und Kollegen. Komische Menschen. Das Mädchen namens Rosenberg in Jaffa – die hat später ein Buch über Lena geschrieben, das er nicht leiden kann und trotzdem zehnmal gelesen hat. Der Italiener, den sie in London getroffen haben – der hat ihn später angerufen und ihm ausgerichtet, er sei Lena begegnet, sie sei wohlauf, Mark solle sich keine Sorgen machen. Der seltsame Österreicher mit der John-Lennon-Brille, der so leise gesprochen hat – das war in Zürich gewesen, oder?

Der Asiate, der sie mit seinem Boot in der Kittelsbukkt von Arendal abgeholt hatte und mit ihnen auf die Insel Merdö gefahren war, hatte Mark freundlich angeschaut und dann Lena gefragt: »Ein Weißer, ein Rocker, ein Deutscher – du hältst nicht viel von Langeweile, was?« Das war fast noch unverständlicher gewesen für Mark, diese Bemerkung, als die Gespräche später und die großen Affekte. Die allerdings eindrucksvoll genug schwappten: Mark vergaß nie, wie unwohl ihm, der am andern Ende des Bootes geangelt hatte, geworden war, als der sonst so zurückhaltende, kleinwüchsige und blasse Mann plötzlich anfing rumzubrüllen: »So you think you can just rediscover these theorems and claim them as your discoveries, because your proofs and lines of reasoning are so flamin' different? You have no idea what forces you're dealing with! You rank, arrogant amateur … Branching away from mathematics as we know it, creating a new world beyond ... I don't know…«, und Lena hatte böse gelacht und zurückgeschrien: »Beyond frickin' Plato! Yeah! Jesus Christ, will you look at me: I'm only articulating what's already there, it's implicit. Fuck you.«

»Worum ging's da?« hatte er sie abends in der Koje gefragt.

Sie hatte erschöpft abgewinkt und gesagt: »Manche Leute wollen nicht aufwachen. Die schlafen den Schlaf weiter, der schon Tausende von Jahren andauert, und ich werd auch langsam müde darüber. Der älteste Krieg ist der zwischen denen, die was machen, und denen, die daran schmarotzen. Wer behauptet, es gäbe ewige Formen, will Leute versklaven, die neue Formen erfinden können. Schon mein Deutschlehrer hat mir beim Abi eine schlechtere Note gegeben, als er selber für angemessen hielt, mit der Begründung, die Zweitkorrektoren würden sie ja doch nur runtersetzen – hüte dich vor solchen Freunden, Mark. Vor Vermittlern. Ich bin Mathematikerin geworden, weil das ein Ausweg ist: Man schafft neue Formen und sichert sie gegen die Feinde von der platonischen Front ab, indem man ihnen plausibel macht, daß die neuen Formen ewig halten werden.«

Ich verstehe einfach nicht, was hier los ist, hatte Mark gedacht und stundenlang wach gelegen, immer und immer wieder, und sein einziger Trost war Lenas gleichmäßiger Atem: Endlich schläft sie wenigstens mal richtig.

*

Für den Mann auf der Insel, der vom Felsen heruntersteigt, um weiter am Strand entlangzugehen, war sie nie die Legende, »die Dieringshofen«, die man aus ihr machte – zumal er selber »der Dieringshofen« war, von dem sie den Namen hatte.

Die Legende und deren Kern, das Spätwerk dieser Frau, würde ohne ihn nicht existieren. Er hat sie vor dem Gefängnis bewahrt, weil er das Signal zur Flucht gegeben hat. So dachte er jedenfalls lange, allmählich aber tauchen Fragen auf. Alles, was sie nach

2020 geleistet hat, inklusive die von Shizuko und Rosenberg ihr zu Ehren so getaufte Kategorie »Dier« der Dieringshofen-Handlungen (Dieringshofen Actions) und die Dieringshofensche Vermutung, gibt es nur, weil er mit ihr im uralten Auto losgefahren ist. Stimmt das? Er sieht einen Leuchtturm auf einer der andern Inseln, noch einen näher am Festland, er wird die Türme zählen.

*

Pfeile und Diagramme, ein Blatt Papier auf dem Küchentisch und Lenas braune Hand, die etwas hinschreibt, Lenas Mund, der sagt: »Schau, ich erklär's dir. Kategorie-Theorie, das ist noch elementarer als die Mengenlehre. Es geht um eine sehr grundlegende Sorte von Objekten und um, wie ich sagen würde, Bewegungen, oder wie andere sagen: Abbildungen zwischen diesen Objekten. Eine Kategorie besteht immer aus Gegenständen und Morphismen.« Sie schrieb:

Objekte X, Y

Hom (X,Y) für die Menge der Morphismen von X nach Y.

»Man kann die vertrauten Mengenlehre-Begriffe ›kategorisieren‹: Die Menge hat Elemente, die Kategorie hat Objekte, die Menge hat Gleichungen zwischen Elementen, die Kategorie hat Isomorphismen zwischen Objekten, in der Mengenlehre gibt es ›Funktionen‹, die ein Element in ein anderes umwandeln – aus 3 wird 6 mit der Funktion, die X auf 2X abbildet. Dafür hat die Kategorienlehre ›Funktoren‹, die eine Kategorie in eine andere umwandeln können bzw. deren Objekte in die der andern. Eine Ebene höher gibt es in der Mengenlehre wie zwischen den Elementen auch zwischen den Funktionen Gleichungen, genauso gibt es in der Kategorienlehre zwischen Funktoren ›natürliche Isomorphismen‹. Die Kategorie ›Vect‹ zum Beispiel hat Vektorräume als Objekte, lineare Abbildungen als Morphismen. Verstehst du?«

Halbwahr sagte er: »Ja«, und sie freute sich.

*

Warum war sie hergezogen, in die kleinste aller Provinzen, wenn sie dann doch ein Viertel jedes Jahres im Ausland verbrachte? Um die Stadt zu knacken? Was heißt das?

Warum war sie, die in den elektronischen Kanälen und auf den elektronischen Umschlagplätzen der mathematischen Ideenbildung schon um 2010 ein Name war – »Ich bin ein *succès d'estime,* mehr ist nicht zu wollen, heutzutage«, pflegte sie zu sagen –, mit 25 Jahren in diese Stadt gezogen? Hier, wo man schwarze Frauen nicht mehr gesehen hatte, seit in den späten Achtzigern ein paar Flüchtlinge aus Äthiopien im örtlichen Auffanglager für Asylbewerber, einem ehemaligen Gefängnis, verbrannt waren und danach keine mehr herkamen. Die Lokalzeitung hatte noch nicht mal den Mumm gehabt, die Frage nach einem Brandanschlag zu stellen, sondern eine Erklärung des Bürgermeisters abgedruckt, in der es hieß, er sei doch sehr enttäuscht darüber, daß die Fremden ihr Gastrecht als Gelegenheit für Brandstiftung »und andere kriminelle Akte, Drogenhandel zum Beispiel« mißbrauchten.

Als Lena in ihre kleine Wohnung in der Weiermattstraße gezogen war, hatte sich das nach kaum drei Tagen in der ganzen Stadt rumgesprochen. Je nach Soziolekt war's eine »Mulattin« oder gleich eine »Bimba«, die jetzt da wohnte. Erster öffentlicher Auftritt der Neubürgerin: ein Gig von Marks damaliger Band Crazy Faith im autonomen Jugendcafé Irrlicht am Bahnhof. Coverversionen hatten sie gespielt – Rockmusik, Jimi Hendrix, St. Vitus, Black Crowes und AC/DC:

I'm gonna take this town, turn it around, I'm gonna roll, roll, roll ...

Der Schuppen war ein verquerer Anblick: drei Pfannen mit brennendem Pech hingen an Ketten von der Decke, Fackeln gab es an der Wand, aber auch Scheinwerfer und Neonlicht. An der Theke war Lena von einem Heavy-Metal-Quartalssäufer belästigt worden, und Mark hatte sich, ritterlich dazwischengehend, eine aufgeplatzte Wange, einen abgebrochenen Schneidezahn und Lenas dauerhaftes Interesse zugezogen.

Sie brachte ihn heim und verabschiedete sich an der Tür kokett: »Findest du mich eigentlich sexy?« Er fand genau das, und sie küßten sich.

Der junge Musiker war seinerzeit Gelegenheitsarbeiter – unter anderem Packer bei einer Werkzeugfabrik, Pizzabote und Wachmann einer Textilfirma. Er wohnte bei seiner verwitweten Mutter, die zwei Jahre später starb. Als das passierte, wohnte Lena schon bei ihm – auch die Mutter hatte sie ins Herz geschlossen, sich über die Heirat sehr gefreut. Die erste gemeinsame Zeit war die merkwürdigste Anlaufphase einer Beziehung, die Mark je erlebt hatte: Lena verschwand tage-, manchmal wochenlang, und wenn sie wiederkam, wollte sie oft ganze Nachmittage die kleine Stadt mit ihm erwandern.

Am Schreibtisch, erst in ihrem Apartment in der Weiermattstraße, dann im Haus der Dieringshofens, arbeitete sie Spazierrouten aus: »Wir können doch an der Tennishalle anfangen, Schlattholzstraße, dann nach links in die Oberfeldstraße, an den Eisenbahngleisen vorbei bis zur Himmelreichstraße und von da in die Innenstadt, ins Café, was meinst du?«

Er war dabei. Er war immer nur dabei: Das genügte ihm lange und hätte ihm vielleicht für den Rest seines Lebens genügt.

*

Mehr brauchte ich nicht, wenn es nach mir ginge: diesen Stuhl in meinem Kopf, auf dem ich sitzen kann, einen Bleistift, immer dieselben alten Grundvoraussetzungen: die Kategorie als Verallgemeinerung der Gruppe. Kommutativität fällt weg, wie wir es damals von Baez und Co. immer gehört haben und wie's auch Leviné betont hat. Da ist nämlich der Punkt, an dem wir in die Physik einsteigen können, denn die Quantenmechanik ist als Formalismus ja

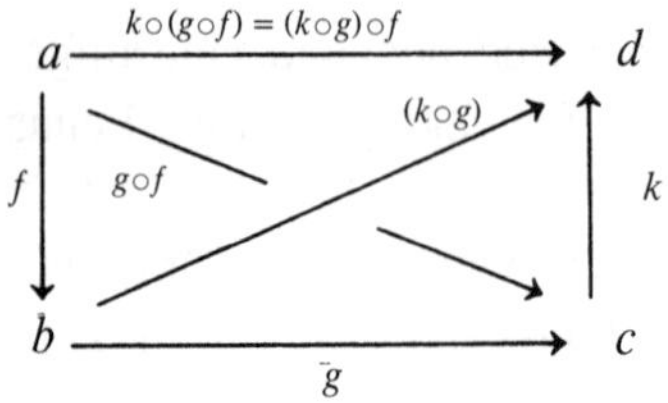

Was man überhaupt zusammensetzen kann, ist kommutativ.

auch bloß die Verallgemeinerung der klassischen Mechanik abzüglich Kommutativität. Ich nahm also den Bleistift und schrieb: Hier ist ein Schlüssel, wo mein wunderbarer Mund war. Ich bin verstummt für die draußen, aber ich mache weiter. Der Schlüssel paßt. Grab ihn aus, schmeiß ihn rüber. Wie sieht es aus mit der »Kategorie aller Kategorien«? Die ist eine 2-Kategorie: zusätzlich zu Objekten und Morphismen hat sie 2-Morphismen, das heißt Morphismen zwischen Morphismen. Nennen wir sie ›Cat‹, ihre Objekte ›Kategorien‹, ihre Morphismen ›Funktoren‹ und ihre 2-Morphismen ›natürliche Transformationen‹. Wo kann ich noch hinlaufen?

Man kann das weiterspielen von der 2- zur 3-Kategorie bis hin zur n-Kategorie. Die n-Kategorie hat Objekte, Morphismen zwischen Objekten, 2-Morphismen zwischen Morphismen, 3-Morphismen zwischen 2-Morphismen usw. bis zu n-Morphismen. Die ›Kategorie aller n-Kategorien‹ ist eine (n+1)-Kategorie, und das

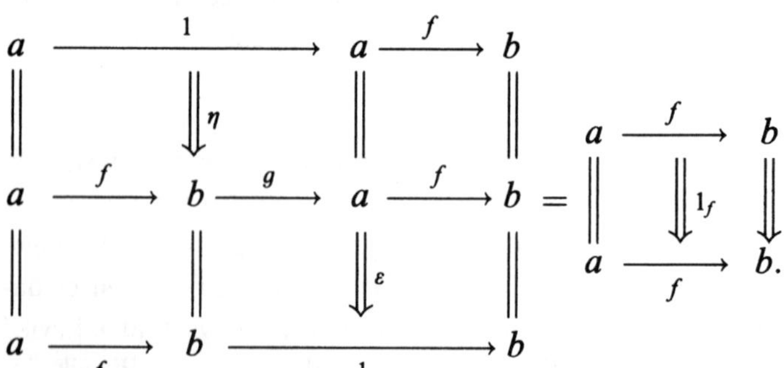

In 2-Kategorien wird adjungiert.

alles ist, wie Baez uns erzählt hat, nur die Spitze des Eisbergs einer Klein-Omega-Kategorien-Mathematik (remember Cantor: Klein-Omega, die größte Ordinalzahl). Hier hört es für die meisten auf, für mich fing's da erst an. Wirf mir den Schlüssel zu, Leviné, laß uns was *machen.* Im Anfang war die Tat. Auf dem Stuhl in meinem Kopf: ein Labyrinth, gemalt auf Papier. Bilder, Zeichen, Worte zum Ausschneiden. Fragen: Bin ich sexy? Spielt irgend etwas von dem, was ich gern für mich selber hätte, noch eine Rolle?

*

»Finkenweg! Meisenweg! Die ganze ... wie heißt es in dem Lied ... Vogelschar?«

Auf dem Altighügel, während sie sich entzückt zeigte über die Straßennamen, hatte er es nicht mehr ausgehalten: »Was ist das eigentlich für ein Lokalforscherwahnsinn? Warum interessiert dich diese Stadt so?«

Sie kapitulierte sofort, als wäre es nie ein Geheimnis gewesen: »Ich erzähl's dir. Im Café.«

Das tat sie wirklich, und so erfuhr er bei Mokka und Käsekuchen von der apokryphen Geschichte, die seit dem frühen dritten Jahrtausend in der internationalen mathematischen Community, wie sie das nannte, zu den Kinder- und Hausmärchen gehörte: »Völlig apokryph ... ein berühmter Kollege von mir, Franzose, und ein weniger berühmter Kollege waren hier mal ins Verschwinden eines jungen Mädchens verwickelt.«

»Candela Lauder? Diese alte Geschichte? Stimmt, da waren zwei Forscher dabei ... die hat man dann verhört, die haben nur ganz verrückte ... Es hieß, die Mädchen hätten den beiden Drogen zugesteckt, das war die Erklärung. Sie haben uns das hier ... das ist ein Gutenachtgrusel für Kids, die letzten dreißig Jahre lang. Widersprüchlichste Versionen. Es sind damals noch mehr Leute verschwunden, man nahm an, es hätte einen Serienmörder gegeben. Das war modern, so Zeugs. Sechs, sieben Leute insgesamt, das Lauder-Mädchen war die erste Person, die ... nein, halt, der Wirt von dieser Kneipe – ›Kupferdächle‹ hieß die, glaube ich ... der ist auch verschwunden ... ja, und dann hieß es, in der Kneipe würde es spuken, genau, danach ... eben, und in dieser Kneipe war sie noch gewesen, Candela Lauder, mit den zwei Wissenschaftlern und einer Freundin ... zwei Pächter gab es später noch. Die eine Frau wurde verrückt, der Typ nach ihr hat das Handtuch geworfen, dann wollte keiner mehr den Laden haben. Und Mitte der Neunziger, als sie diese Kneipe dann abgerissen haben, hat auch die Verschwinderei aufgehört ...«

»Klingt alles total nach Twin Peaks.« Lena schüttelte ungläubig grinsend den Kopf.

»Hä?«

»Fernsehserie. Zwanzigstes Jahrhundert.«

»Und du dachtest, du kannst diese Sache aufklären, mit Candela Lauder? Bist deshalb hergezogen?«

»Ich wollte in irgendeine deutsche Kleinstadt, nachdem ich mich mit Kollegen geeinigt hatte, daß wir uns gemeinsam und gleichzeitig zurückziehen aus dem Unibetrieb, um ... ein größeres Forschungsprojekt durchzuziehen. Und diese Stadt hier hab ich mir ausgesucht, weil ... na ja, wegen der Lauder-Geschichte, du hast schon recht. Es gab Leute, die Theorien hatten, die Sache hätte mit der Geometrie der Straßenzüge dieser Stadt zu tun. Ich wollte das rauskriegen, in der Freizeit.«

»Und?«

Lena zuckte mit den Schultern, machte ein unschuldiges Gesicht. Mark schnaubte theatralisch, dann redeten sie von was anderem.

*

Aus »The Woman Who Acted: A Life of Lena Dieringshofen« von W. Rosenberg, Berlin/Tokyo/Peking/New York 2045:

»In Prosa auszudrücken, worum es sich bei der ›Dieringshofenschen Vermutung‹ handelt, ist nicht ganz einfach. Ein möglicher Ansatz wäre dieser: Dieringshofen will uns zu dem Gedanken verführen, daß viele arithmetische und logisch-arithmetische Schwierigkeiten der klassischen Mathematik, aber auch die mengentheoretischen Antinomien wie die bezüglich der ›Menge aller Mengen, die sich nicht selbst als Element enthalten‹, ja sogar einige Schwierigkeiten in neueren Gebieten wie der algebraischen Topologie, nichts mit Attributen der mathematischen Objekte selbst zu tun haben, sondern sich aus dem ergeben, was wir beim Rechnen oder bei der logistischen Manipulation mit ihnen machen. Die Kategorie, die in Dieringshofens Spätwerk ›Akt‹ heißt und die wir mit Shizuko heute ›Dier‹ nennen, war ihr Versuch, die Unterscheidung zwischen Objekten und Morphismen neu und anders zu gewichten – ausgehend von ihrer Annahme, man könne Mathematik nicht länger in Gegenständen und deren Attributen, sondern nur noch in Handlungen denken. Dieringshofens zentrale Annahme über ihre ›Akt‹-Kategorie sagt: Wäre sie konsistent, das heißt wirklich auf ihre Grundbedeutung festzulegen, auf die Absicht nämlich, nur von mathematisch-begrifflichen Handlungen zu sprechen, so verschwänden die Widersprüche. Aber da es, wie sie zeigen konnte, nicht gelingen kann, diese Konsistenz herzustellen, verrät uns die Inkonsistenz der ›Akt‹-Kategorie womöglich, wie sie schrieb, ›etwas Tiefes über diese Sachen‹. Daß Lena Dieringshofen ihre Forschungen unter dem Druck der juristischen Verfolgung wegen der Drittmittel-Affäre nicht aufgegeben hat, verdeutlicht mehr als alles andere, wie sehr sie davon überzeugt war, auf etwas gestoßen zu sein, was jede Mühe lohnt.«

*

Deinen Namen habe ich gern angenommen, Mark. Ich wollte schon lange nicht mehr Travers heißen, mein Vater ist ein Widerling. Seine Idee war es übrigens, mich griechisch streng Helen zu taufen, was ich in Deutschland dann sehr gern zu Lena verändert habe. Höchstens Tallow hätte ich wieder heißen wollen – der Mädchenname meiner Mutter ist schön. Aber am liebsten bin ich doch eine Dieringshofen. Du gibst Dir sehr viel Mühe, manchmal beschämt mich das. Es ehrt Dich, daß Du mich außer Landes schaffen willst, Liebster, aber ich spüre in Deiner Panik auch einen Vorwurf: Warum habt ihr das getan, du und deine Mathematikerfreunde? Gegenfrage: Was hätten wir tun sollen? Nach den Kriegen, den Krisen, dem ganzen beschissenen Anfang dieses einundzwanzigsten Jahrhunderts? Die nicht anwendungsbezogenen Wissenschaften sind immer das erste, was den Hahn zugedreht kriegt. Frag nur mal die Physiker mit ihrer Geometrodynamik, den Karl-Schwarzschild-Instituten… Rezession? Depression? Was dachten diese Idioten denn – daß man endlos Fabriken bauen kann, die mit der Hälfte der Belegschaft – hurra, Fortschritt! – das Zehnfache des Outputs erzielen, und trotzdem bleiben Kaufkraft und alle anderen Parameter der Zirkulation gleich? Nein, wir mußten was tun. Wir mußten uns Mittel beschaffen, wir, die Unnützen. Und haben uns also unsere eigene kleine dezentrale Akademie gebaut, zumal die elektronische Vernetzung dank Ubicomp endlich den hinreichend entwickelten Grad erreicht hatte, um so einen Exodus nicht auf Kosten der sozialen Kontakte gehen zu lassen. Und so ging es los, erst fast unbemerkt, an den entsprechenden Fakultäten: immer mehr Dropouts, immer mehr junge Heldinnen und Helden, die auf eine offizielle Karriere verzichteten. Mehr brauchten wir nicht: der Stuhl in meinem Kopf, der Bleistift – es stand alles bereit. Und so haben wir uns die Zweitqualifikationen erworben, in Hacking und Finanzmanipulation. Hatte es nicht schon Ende des zwanzigsten Jahrhunderts geheißen: Erwerbt euch Zusatzqualifikationen? Waren nicht immer mehr Physiker in die Unternehmensberatung gegangen? Warum also nicht Verbrecher werden, solange es genug abwirft, um in Ruhe arbeiten zu können?

*

»Ich würde gerne eine Science-fiction-Geschichte aus deiner Arbeit machen, Lena. Du wärst eine Schriftstellerin ...«

Lena kicherte, Mark maulte: »Wie langweilig!«

Frau Rosenberg fuhr unbeeindruckt fort: »... und würdest entdecken, daß das Entscheidende an deinen Büchern die Morphismen zwischen lebenden Menschen und deinen fiktiven Gestalten sind. Das würde dich auf die Idee bringen, daß Handlung die Bücher trägt und die Handlungen das Leben tragen. Und dann würden sich deine Texte und du selber, dein Leben, vermischen ... irgendwas zwischen Borges und Oulipo.«

»Morphismen zwischen den Leuten und den Figuren«, Lena schlürfte an ihrem Essen, »das gefällt mir. Gibt es ja wirklich – aus einem Nguyen einen Eugen machen, wie bei Leviné, das ist noch einfach. Aber wenn ...«

»Ja, wenn man seine lebendigen Bekannten in Romanfiguren umgießt, dann wird es spannend. Denk dir zum Beispiel: Ein Autor kennt eine Cathrin, und aus der macht er eine Romanfigur und nennt sie Cordula, und dann schreibt er seine Autobiographie, wo er authentische Sachen über die Person mitteilen will, die für seine Leser Cordula heißt, aber auch da nennt er sie nicht Cordula, wegen der Verwechslungsgefahr mit der Romanfigur, aber er kann sie auch nicht einfach Cathrin nennen, wegen des Persönlichkeitsrechts und weil ja auch Erinnerungen Dinge verfälschen, also tauft er sie noch mal anders ... von mir aus ... äh ...«

»Candela«, schlug Lena vor und nahm den Faden auf: »Das könnte man alles auch kategorientheoretisch beschreiben – wir haben meinetwegen ›Fig‹, die Kategorie der literarischen Figuren, die Frage ist dann: Wie bilden wir sie auf ›Leu‹ ab, die Kategorie der echten Leute? Welche Verknüpfungen gibt es, welche Dynamik hat das ... das Wertvolle an Kategorien ist ja – hab ich damals von James Dolan und John Baez gelernt –, daß dadurch unser Begriff von dem verfeinert wird, was ›gleich sein‹ bedeutet. Zwischen Isomorphismen und dem, was durch ein Gleichheitszeichen verbunden wird, lernt man unterscheiden. In einer Kategorie können zwei Objekte auf bestimmte Art gleich, auf andere ungleich sein. In dem Zusammenhang muß man zum Beispiel die ›Symmetriegruppe‹ eines Objekts sehen – das ist einfach die Gruppe ihrer Automorphismen, also der Abbildungen, durch die man ein Objekt zu etwas verwandeln kann, was es selber schon ist – wie wenn man etwas um 360 Grad dreht, meinen Mann hier zum Beispiel auf seinem Handtuch, dann hat man ihn zwar bewegt, aber am Ende sieht er aus wie vorher.«

»Mag mich aber nicht bewegen«, maulte Mark.

»Spiel mal 'n Blues«, verlangte Lena, und er tat's.

*

Sie hatte ja recht, als sie mich in ihrer Romanidee zur Schriftstellerin machen wollte, aber das konnte ich damals nicht zugeben. Ich wäre wirklich ganz gern Künstlerin geworden – zumal Kunst und mein Fach ja nicht unversöhnlich sind. Hat vielleicht auch Mark gehofft – daß ich außer Querflötespielen mich mal mehr an seiner Musik beteilige, vor allem, als er dann endgültig auf Elektronik umgestiegen ist. Vielleicht hat er mir deshalb diese Platte geschenkt – die Gesamtaufnahme der Turing-Oper von Späth, »Der Implex«. Ziemlicher Kitsch, aber ich wollte seine Gefühle nicht verletzen und hab mich brav bedankt. Das war eine Woche bevor die Drittmittel-Bombe hochging, weil diese dumme Bank in England zusammengebrochen ist. Sofort gab es Razzien, Untersuchungen, wir konnten grad noch ein bißchen Geld verschwinden lassen, das Nötigste ... gut, daß Leviné es nicht mehr erleben mußte, wie sich die Medien gefreut haben: ein paar Mathematikerinnen und Mathematiker, gejagt und vorgeführt wie Terroristen oder Kinderschänder. Asoziale Elemente. Sie haben alles kaputtgemacht, diese Idioten. Hätten wir das Geld nicht anders ranschaffen können? Meine Mutter hat mir beigebracht, so nie zu fragen – sie hatte eine Konjunktivallergie. Mom war ziemlich verschroben, meine ältere Schwester und ich legen mit unseren Defekten Zeugnis davon ab, aber für dieses Erbe bin ich ihr dankbar.

*

Er war kurz entschlossen losgegangen, um ihr die versprochene Sonnenbrille zu kaufen.

Sie hatten eine Rast eingelegt, am Hauptbahnhof Köln, Lena wollte in die öffentlichen Waschräume, danach zu McDonald's. Er ist den neugebauten Glasturm hoch und dachte an ihre komischen Ideen, die sie ihm auf der Flucht im Auto erzählt hatte: »Ich finde, wissenschaftliche Neugier ist eine Art Angst – was, wenn es anders ist, als wir dachten? Wie sicher ist mein Grund und Boden? Ich denke manchmal, es gibt so was wie Karma: Strafe für Gewißheit. Demolierte Beweise. Vielleicht nicht nur Karma, vielleicht auch Seelenwanderung zwischen Problemen. Wenn man Spiritist wäre, könnte man das untersuchen, diese Wanderungen.«

»Kategorietheoretisch?« hatte er sie aufgezogen.

Sie hatte ganz ernsthaft erwidert: »Klar. Man muß nur klären: was sind Objekte, was sind Morphismen? Ist Metempsychose, die Seelenwanderung, eine besondere Form des Isomorphismus – geht es darum, wie die Seele schließlich wieder sie selber wird, wenn sie ganz woanders ist, wenn sie durch einen Körperwechsel gedreht wird ... was weiß ich, was es im Seelenreich alles für Symmetrien gibt, spezielle Erhaltungssätze ... können sich irgendwelche Emmy-Noether-Fans ja mal mit beschäftigen.«

Er ging zu McDonald's, die neue Sonnenbrille für Lena in der Hand, und wartete dort auf sie.

Aber Lena kam nicht. Sechs Stunden später, als er alle ihre Netzadressen akustisch, optisch, über sämtliche Ubicompanschlüsse, vom Armband bis zum Auto-Port, ein dutzendmal angewählt hatte, saß sie bereits in Frankfurt im Flugzeug, auf ihrem drei Wochen vorher unter falschem Namen reservierten Platz.

Erst am nächsten Morgen fand er in seinem Gitarrenkoffer ihren Brief, zwischen die Saiten der Gitarre geklemmt.

*

Aus »The Woman Who Acted: A Life of Lena Dieringshofen« von W. Rosenberg:

»Fängt mit der Kategorie Akt bzw. Dier wirklich etwas Neues an, wie derzeit vielfach behauptet? Oder wird etwas Altes vollendet? Die Geschichte der Kategorie-Theorie, die nicht abgeschlossen ist, kann darauf noch nicht antworten. Kurz skizzieren will ich sie dennoch. Es fing an mit der ›General Theory of Natural Equivalences‹ (1945) von Samuel Eilenberg und Saunders Mac Lane und der Einführung von Kategorien und Funktoren in dieser Arbeit. Der Funktor-Begriff stammt von einem Philosophen und Logiker, Rudolf Carnap, der Kategoriebegriff trägt ebenfalls beachtliches, vor allem kantisches, philosophisches Gepäck mit sich herum. Mac Lane hat die Theorie auch in einem verbreiteten Lehrbuch ›Categories for the Working Mathematician‹ kodifiziert, das gelbe Buch in einer zerlesenen Uraltausgabe von 1997 war Lena Dieringshofens Gebetbüchlein. Ich habe sie nie getroffen, ohne daß sie es dabeigehabt hätte. 1950 hat Mac Lane erstmals die Nützlichkeit der neuen Sprache für aparte und perspektivreiche Neudefinitionen bewiesen, indem er den Begriff des Produkts neu deutete. 1957 veröffentlichte dann Alexandre Grothendieck ›Sur quelques points d'algèbre homologique‹, und diese Arbeit, zusammen mit D. M. Kans Forschungen zu den adjungierten Funktoren, führte zur Verbreitung der Theorie in algebraischer Geometrie und algebraischer Topologie. Gleichzeitig zeichnete sich ab, daß man sie auch als Alternative zur Mengenlehre für die Grundlegung (im bourbakistischen Sinn) einer hypothetischen mathematischen Gesamtarchitektur verwenden kann. Grothendieck schlug vor, die Kategorie ›Topos‹ als Verallgemeinerung topologischer Räume und somit als

Bindeglied zwischen Logik und Geometrie aufzufassen. Er bot damit früh ein Modell der Kategorisierung, wie es auch Dieringshofen am Herzen lag, für allerdings ganz andere Aufgaben. Daß die Theorie seit den achtziger Jahren des zwanzigsten Jahrhunderts auch in den Computerwissenschaften (Semantik, Systemsprachenlogik) und in der theoretischen Physik (topologische Quantenfeldtheorien) benutzt wurde, hat nicht nur ihre Robustheit und Reichhaltigkeit bewiesen, sondern auch jene Universalität bekräftigt, die junge Talente wie die Leviné-Studentin Dieringshofen im ersten Jahrhundertviertel auf die Idee brachten, sich ihr zu widmen.«

*

Vier Leuchttürme in Sichtweite und zu viele kleine Inseln mit zu vielen roten und gelben Holzhäuschen drauf, die sie gemietet haben könnte, unter weiß Gott was für Namen, nur mit Booten erreichbar. Die Gischt vor seinen Füßen führt viel Grünes mit sich, das satter wird im Licht der Dämmerung, da der Tag anbricht.

Muscheln knirschen, Müll, ein Kinderschuh, eine Waschmittelpackung, Zeitungspapier, vollgesogen mit Salzwasser und gedruckter Angst vor der Zukunft.

Mark stapft ins Sandige zwischen die Grasbüschel. Seine autoregulierte Heizjacke wird wärmer, weil ein noch eisigerer Wind aufkommt.

Innen auf seiner Brille sieht er sich zum dritten Mal in dieser langen Nacht ihren Brief an, den er damals gescannt hat und auf all seinen virtuellen Rechnern im Ubicompnetz deponiert, damit er ihn jederzeit und überall lesen kann – Lieber Mark . .. was hätten wir sonst tun sollen ... vielen Dank ... Du mußt Dich schützen ... such mich nicht.

Und ganz unten: ich liebe Dich.

Das Rätselhafteste an dem Brief ist das Bild von dem Stuhl in ihrem Kopf, daß sie nicht mehr braucht als diesen, daß sie sich da drauf setzen will und arbeiten.

Er ist damals zur Polizei gegangen – er hatte befürchtet, daß sie vielleicht entführt worden war oder in Schlimmerem steckte, als er ahnte. Er schämt sich nicht dafür: Mark hätte es vorgezogen, sie im Knast zu wissen als in den Händen irgendwelcher Gangster. Wenn das Verrat ist: na gut. Noch lieber aber weiß er sie in Freiheit, auch wenn er sich die meiste Zeit fühlt wie die Möwenschreie, die vom Pier herkommen: kraaahk kriiihhk, Gier und Panik.

Sie ist woanders. Er hätte ihr jeden realen Stuhl hingestellt. An den in ihrem Kopf kam er nicht ran. Einmal, zum dritten Hochzeitstag, brachte er eine Blume mit, eine gelbe Rose. Erst als sie die Rose in eine schmale Vase stellte und sagte: »Danke schön, mein Kitschcowboy!«, war ihm eingefallen, daß er gar nicht wußte, ob sie Blumen überhaupt mochte, ob Rosen okay waren, ob ausgerechnet Gelb die richtige Farbe war. Er hat nie viel von ihr gewußt. War es falsch, trotzdem so nah an sie ranzurücken, wie es ging? Ist sie auch deshalb abgehauen, weil sie seine hilflosen Annäherungsversuche nicht mehr ausgehalten hat – aus Mitleid? Er sieht in manchen der nur eine kurze Bootsfahrt entfernten Häuschen Lichter angehen, braungelb und warm. Vielleicht sitzt sie an einem der Schreibtische – wie soll ich das rauskriegen, ohne Detektiv? Es war wohl doch falsch, an die Orte zu fahren, die sie zusammen besucht haben, in der Hoffnung, Lena zu finden. Seine Gummistiefelspitze kickt eine Cola-Plastikflasche weg, er ist kurz wütend, aber dann fällt ihm ein: Nein, falsch war es nicht. Er ist nicht nach Norwegen gefahren, um sie aufzuspüren, sondern um sich zu verabschieden.

Hier sind sie glücklich gewesen.

»Ich hätte dich bloß gern besser kennengelernt«, sagt Mark zu dem Brief, bevor er die Brille abschaltet und sich auf den Weg zurück zum Boot macht.

ABBILDUNGSNACHWEISE

52: John Casti, *Die großen Fünf. Mathematische Theorien, die unser Jahrhundert prägten,* Basel, Birkhäuser, 1996.

212: Tristan Bastit, *Autobiographie by Catastrophe Graph Co-ordinates,* in: *Oulipo Compendium,* Harry Mathews, Alastair Brotchie (eds.), London, Atlas Press, 1998.

253: Jean-Pierre Petit, *Le Topologicon. Les aventures d'Anselme Lanturlu,* © Librairie Classique Eugène-Belin, 1985.

256: Vladimir Arnold, *Singularity Theory,* in: Jean Paul Pier (ed.), *Development of Mathematics 1950–2000,* Basel, Birkhäuser, 1991.

290: Benoît Mandelbrot, *Die fraktale Theorie der Natur,* Basel, Birkhäuser, 1987.

322/323: Stephen Wolfram, *A New Kind of Science,* Champaign, Wolfram Media, 2002.

331/338: Saunders Mac Lane, *Categories for the Working Mathematician,* 2. Auflage, Tokyo, Springer, 1998.

KLEINE KOMMENTIERTE BIBLIOGRAPHIE

Amir D. Aczel, ***Die Natur der Unendlichkeit. Mathematik, Kabbala und das Geheimnis des Aleph,*** Reinbek bei Hamburg, Rowohlt, 2002. *Sehr schönes Buch über Cantor und die Mengenlehre.*

Robert B. Brandom, ***Tales of the Might Dead. Historical Essays in the Metaphysics of Intentionality,*** Cambridge, Harvard University Press, 2002. *Enthält zwei Aufsätze über Gottlob Frege, in denen metaphysische und sprachanalytische Aspekte der Debatte um die Grundlagen der Mathematik von einem der interessantesten Philosophen der Gegenwart erörtert werden.*

John Casti, ***Die großen Fünf. Mathematische Theorien, die unser Jahrhundert prägten,*** Basel, Birkhäuser, 1996. *Vom Haltproblem bis zu Minimax: Anschauliche kleine Monographien.*

Jean-Luc Chabert (et al.), ***A History of Algorithms. From the Pebble to the Microchip,*** Heidelberg, Springer, 1999. *Eine Geschichte der Rechenvorschriften: Es fing nicht mit dem Computer an.*

Gregory J. Chaitin, ***Conversations with a Mathematician. Math, Art, Science and the Limits of Reason. A Collection of his Most Wide-Ranging and Non-Technical Lectures and Interviews,*** Heidelberg, Spinger, 2002. *Chaitin erläutert seine Welt.*

Paul Adrien Maurice Dirac, ***The Principles of Quantum Mechanics,*** Oxford, Oxford Science Publications, 4. Auflage, 1999. *Ein Nachdruck des klassischen Lehrbuchs.*

Erwin Engeler, ***Metamathematik und Elementarmathematik,*** Heidelberg, Springer, 1983. *Hier heißt der Ansatz: Problemlösung, aber im historischen Kontext.*

Björn Engquist, Wilfrid Schmid (eds.), ***Mathematics Unlimited – 2001 and Beyond,*** Heidelberg, Springer, 2001. *Die (nächste und nähere) Zukunft des Fachs.*

Graham Farmelo (ed.), ***It Must Be Beautiful. Great Equations of Modern Science,*** London, Granta, 2002. *Einige der wichtigsten Gleichungen, etwa von Dirac, Schrödinger, Shannon etc. werden neben einigen Persönlichkeiten porträtiert.*

Jeremy J. Gray, ***The Hilbert Challenge,*** Oxford, Oxford University Press, 2000. *Geschichtlicher Abriß zum Schicksal der 23 Hilbertschen Probleme.*

Harry Henderson, ***Modern Mathematicians,*** New York, Facts on File, 1995. *Ein Band mit ausgezeichneten Porträts, für Schüler geschrieben, aber auch für Erwachsene hilfreich.*

David Hilbert (u. a.), ***Die Hilbertschen Probleme. Ostwalds Klassiker der exakten Wissenschaften,*** Band 252, Verlag Harri Deutsch, Frankfurt am Main, 1998. *Der Quellentext, mit hilfreichen Einzelanalysen.*

Andrew Hodges, ***Alan Turing, Enigma,*** Wien, Springer, 1994. *Eine der ganz wenigen Mathematikerbiographien, die dem Menschen und dem Forscher gleichermaßen gerecht werden.*
Klaus Jänich, ***Topologie,*** 6. Auflage, Berlin, Springer, 1999. *Eine Einführung auf Universitätsniveau, arbeitet mit Begriffen der Mengenlehre.*
F. William Lawvere, Stephen H. Schanuel, ***Conceptual Mathematics. A First Introduction to Categories,*** Cambridge, Cambridge University Press, 1997. *Eine Einführung in die Kategorientheorie, die auch für Nichtmathematiker sehr gut lesbar ist.*
Herbert Mehrtens, ***Moderne Sprache Mathematik. Eine Geschichte des Streits um die Grundlagen der Disziplin und des Subjekts formaler Systeme,*** Frankfurt am Main, Suhrkamp, 1990. *Großer geistes- und methodengeschichtlicher Überblick.*
Michael Monastyrsky, ***Modern Mathematics in the Light of the Fields Medals,*** Wellesley, AK Peters, 1997. *An den Preisträgern des »Nobelpreises für Mathematiker« orientierter Abriß.*
Michael Otte (Hg.), ***Mathematiker über die Mathematik,*** Berlin, Springer, 1974. *Sammlung hochinteressanter Selbsterläuterungen, u. a. von Thom und Dieudonné.*
Friedhelm Padberg, Rainer Danckwerts, Martin Stein, ***Zahlbereiche. Eine elementare Einführung,*** Heidelberg, Spektrum, 1995. *Was sind reelle, rationale, komplexe Zahlen? Hier erfährt man es.*
Jean-Pierre Petit, ***Das Topologikon,*** Braunschweig, Vieweg, 1995. *Eine Topologie-Einführung in bestmöglicher Form: Als Comic.*
William Poundstone, ***Prisoner's Dilemma. John von Neumann, Game Theory, and the Puzzle of the Bomb,*** Oxford, Oxford University Press, 1992. *Eine Einführung in die Spieltheorie, verwoben mit der Biographie ihres Mitbegründers.*
V. Prassolow, ***Topologie in Bildern. Eine leicht verständliche Einführung,*** Frankfurt am Main, Verlag Harri Deutsch, 1995. *Hält, was der Untertitel verspricht.*
Constance Reid, ***Hilbert,*** New York, Springer, 1996. *Eine vorbildliche Biographie des wohl größten Mathematikers mindestens der ersten Hälfte des zwanzigsten Jahrhunderts.*
Matthias Schirn (Hg.), ***The Philosophy of Mathematics Today,*** Oxford, Clarendon Press, 1998. *Nach Themen aufgeschlüsselter Überblick über den Stand einiger zentraler Debatten.*
Guido Walz (u. a.), ***Lexikon der Mathematik.*** Sechs Bände, Heidelberg, Spektrum, 2001–2003. *Unersetzlich.*
Eric W. Weisstein, ***CRC Concise Encyclopedia of Mathematics,*** London, CRC Press, 1998. *Leider nicht mehr lieferbar, sehr übersichtlich.*
Benjamin H. Yandell, ***The Honors Class. Hilbert's Problems and their Solvers,*** Natick, AK Peters, 2002. *Biographisch orientiert, unbedingt lesenswert.*

»Von einem solch klar blinkenden Stern wie Alexander von Humboldt läßt man sich gern vom Ursprung der Welt erzählen.«

Christian Geyer, Frankfurter Allgemeine Zeitung

Alexander von Humboldt
KOSMOS
Entwurf einer physischen Weltbeschreibung
Ediert von Ottmar Ette und Oliver Lubrich
Etwa 944 Seiten
Zweifarbig schwarz und rot auf 80 g/m² holz- und säurefreies Bücherpapier gedruckt, zwei Lesebänder, in Kosmos-Leinen gebunden
Mit Berghaus-Atlas, 90 Tafeln im Original-Kolorit
Im Schuber
Folio-Format
Euro 99,– (D) sFr 168,–
ISBN 3-8218-4549-X

Alexander von Humboldts populärwissenschaftlichen *Kosmos*-Vorlesungen lauschte einst halb Berlin – und doch ist das Hauptwerk des größten deutschen Universalgelehrten fast vergessen. Höchste Zeit für eine Humboldt-Renaissance, sagte Hans Magnus Enzensberger und öffnet den Kosmos neu: als Prachtband in der ANDEREN BIBLIOTHEK, ergänzt mit 94 Farbtafeln im Schuber. Humboldts *Kosmos* gehört zum unverzichtbaren Kanon unserer Zivilisation. Gemäß seinem Credo, dass »jede große und wichtige Idee, die irgendwo aufklimmt, neben den Tathsachen hier verzeichnet sein muss«, lässt der Naturforscher Muschelverkalkungen und Sternschnuppen vom Ursprung der Welt erzählen, berichtet von schwarzen Löchern, fernen Kometen, der Schönheit der Tropen und des Eismeers. Und er lehrt das Staunen und weckt in uns die Lust, weiter zu fragen: Wie schön wäre doch, wenn man mehr wüsste ...

DIE ANDERE BIBLIOTHEK
HERAUSGEGEBEN VON HANS MAGNUS
ENZENSBERGER
EICHBORN VERLAG